AF547069

Die Erfindung der
Kontinente

Christian Grataloup

Die Erfindung der Kontinente

Eine Geschichte der Darstellung der Welt

Aus dem Französischen von Andrea Debbou

wbg THEISS

Der Autor

Christian Grataloup ist 1951 in Lyon geboren. Studium der Geographie an der ENS Cachan, Agrégé und Docteur en géographie, Professor emeritus der Universität Paris-Diderot (heute: Universität von Paris). Lehraufträge an der Sciences Po Paris und den Universitäten von Reims, Dakar, Genf und Lüttich. Experte für Geografiegeschichte, Mitgründer (1975) der Zeitschrift *Espaces Temps* (heute espacestemps.net). Publikationen: *Géohistoire de la mondialisation* (Armand Colin, 2015), *Vision(s) du Monde* (Armand Colin, 2017) und *L'Atlas historique mondial* (Hrsg., Les Arènes, 2019). 2020 erschienen bei Armand Colin *Un cabinet de curiosité de l'histoire du Monde* sowie eine Taschenbuchausgabe des 2017 geschriebenen *Le Monde dans nos tasses. Une histoire du petit déjeuner* bei Dunod. Ebenfalls 2020 wurde unter seiner Leitung *L'Atlas historique de la France* (Les Arènes) publiziert.

Für Anne-Marie

Von den Kontinenten
bis an alle Enden der Welt

Inhalt

Englische Porzellanfigur aus der zweiten Hälfte des 18. Jahrhunderts

Geopolitik

vor dem Hintergrund geografischer Einteilungen

»Für Európē ist gewiss, dass niemand sagen kann, ob es seitens des Sonnenaufgangs und des Nordwinds von einem Meer begrenzt wird; im Gegensatz dazu weiß man, dass es sich der Länge nach so weit erstreckt, wie Asia und Libýē zusammen.«

Herodot, *Historien* (IV, 45), um 420 v. Chr.

OCEANO BRITANICO
BRABANTIA
PICARDIA
NORMANDIA
PARIS
INGOLSTAT
SVEVIA
OCEANO
EQVITANICO
HISPANIA
VGA
LO
MVRZIA
REG DE
GRANADA
COR
SICA
SARDINIA
MARE
TRETO DE GIBELTERRA
REGNO DE
ALGERE
REGNO DE
REGNO DE
BVZIA
REGNO
COSTANTINA
REGNO DE
TVNISE

So unsicher und beunruhigend die heutige Welt auch wirken mag (wäre das neu?), so unbestreitbar erscheint demgegenüber das Aussehen der Erde. In dem Bild, das Medien und Werbung von ihr unablässig verbreiten, steht häufig die Küste im Vordergrund, der Grenzbereich zwischen Land und Meer. Durch den Verlauf der sogenannten »Küstenlinie« entstehen die vertrauten Formen, die wir als »Kontinente« und »Ozeane« bezeichnen. Sie wirken so natürlich und selbstverständlich, dass kaum Anlass zu bestehen scheint, sie infrage zu stellen.

Am 16. Juli 2009 reicht Island, ein kleiner, am Rande des Polarkreises im Nordatlantik gelegener Inselstaat (103 000 km², 310 000 Einwohner), seine Bewerbung um die EU-Mitgliedschaft ein. Das Land wird ab dem 27. Juli vom Europäischen Rat als Beitrittskandidat geführt und tritt einige Monate später in Beitrittsverhandlungen ein. Die Türkei hatte 22 Jahre zuvor, am 14. April 1987, einen EU-Beitrittsantrag gestellt, doch sie musste auf ihre Anerkennung als Kandidatin bis 1999 warten, und Beitrittsgespräche begannen erst im November 2005. Bis 2020 hatte sich der Wunsch nach einer EU-Mitgliedschaft für keines der beiden Länder verwirklicht. Island zog seinen Antrag am 12. März 2015 zurück; bezüglich der Türkei verhängte das Europäische Parlament am 24. November 2016 die Aussetzung ihrer Kandidatur. Der diplomatische Kurswechsel vollzog sich in beiden Fällen im Kontext einer Krise, die beim isländischen Antrag geldpolitischer Art war und beim Einfrieren des türkischen Antrags migrationspolitische Hintergründe hatte. Der große Unterschied lag in den jeweiligen Diskussionen und dem Klima, in dem sie sich abspielten. Sie erklären auch den Kontrast zwischen dem schnellen Voranschreiten der isländischen Kandidatur und den zähen festgefahrenen Verhandlungen mit der Türkei. Denn der europäische Charakter der atlantischen Insel schien auf der Hand zu liegen, während eine Reihe von EU-Akteuren und ein großer Teil der öffentlichen Meinung ihn in Bezug auf die Türkei bestritten.

Dabei hat Island mit der EU keine Landgrenze, die Färöer-Inseln sind 200 und Schottland 400 Kilometer entfernt. Die Türkei dagegen verfügt in Thrakien über eine fast 500 Kilometer lange gemeinsame Grenze mit Bulgarien und Griechenland; der Migrationsdruck ruft diese Asymmetrie regelmäßig in Erinnerung. Als EU-Mitglied kann sich laut Artikel 49 des Europäischen Vertrags »jeder europäische Staat, der die in Artikel 2 genannten Werte achtet«, bewerben, es genügt also, demokratisch und »europäisch« zu sein. Doch für Letzteres enthält kein offizieller Text der EU eine Definition oder stellt einen Kriterienkatalog auf. Jeder Versuch einer mit dem Siegel »europäisch« ausgestatteten Institution, das Problem zu knacken, hat nichts als Zirkeldefinitionen produziert à la »Europäisch ist ein Land, wenn es ein Land Europas ist«. Und die Ukraine, Armenien, Marokko – gehören sie dazu? Eine akademisch anmutende geografische Frage hat das Potenzial, sich zum geopolitischen Problem zu entwickeln, weil das Bewusstsein fehlt, dass die Vorstellung von der Aufgliederung der Welt auf geschichtlichen Entwicklungen basiert und somit relativ ist.

In jüngerer Zeit führte der Brexit, Großbritanniens EU-Austritt, der häufig wie eine Herauslösung aus Europa selbst empfunden wird, wieder einmal die Plastizität

Westeuropa und der Maghreb
Ausschnitt aus dem Wandfresko in der Sala del Mappamondo (Kartensaal) der Villa Farnese in Caprarola; Giovanni Antonio da Varese, genannt Venosino.

Europas vor Augen. Verlieren aber die Grenzen des »Alten Kontinents« an Deutlichkeit, so büßen auch die Begriffe »Asien« und sogar »Afrika« ihre Kraft ein. Und wenn man es recht bedenkt, ist »Ozeanien« doch ein seltsamer Begriff. Sobald die Kontinente unscharf werden, wird auch das, was dazwischenliegt – die Ozeane –, unklar. Wie soll man zum Beispiel im südlichen Indischen Ozean eine Grenze ziehen? Dennoch sind die Namen der Erdteile nach wie vor eine gewohnte Konstante in unserer Welt. Schließlich wurden sie früh erlernt, konsequent eingeübt und haben im Vergleich

Empfang eines europäischen Gesandten beim Großwesir Damat Ibrahim Pascha (Gemälde von Jean-Baptiste Vanmour)

In der Tulpenzeit (1718–1730), einer Zeit des Friedens und beginnender Verwestlichung, eröffneten in Konstantinopel zahlreiche europäische Botschaften. Der französische Maler Vanmour (1671–1737) lebte von 1699 bis zu seinem Tod am Hof des Sultans. Er hielt in seinen Gemälden zahlreiche Audienzen fest, aber auch Szenerien, in denen sich der Orientalismus in der Kunst bereits ankündigte.

zu anderen Einteilungen geografischer Räume, die sich mit dem Ende des Kalten Krieges und des Eisernen Vorhangs überlebt hatten oder (»Dritte Welt«) mit dem Aufstieg der »Schwellenländer« obsolet wurden, gewisse Vorteile. Angesichts der Komplexität und Wandelbarkeit von Wirtschaftsbündnissen und strategischen Allianzen scheint im Diskurs über die Welt oft die Geografie die erwünschte »natürliche«, nicht politikgebundene Ausgangsbasis zu bieten. Dass ein Erdteilname, Europa, für die Bezeichnung eines wirtschaftlichen und politischen Konstrukts – die EU – verwendet wurde, verursacht nun Schwierigkeiten.

Groß war der Aufruhr, als Valérie Giscard d'Estaing am 7. November 2002 über die Türkei äußerte: »Ihre Hauptstadt liegt nicht in Europa, und 95 Prozent ihrer Bevölkerung leben außerhalb von Europa, somit ist sie

Allegorische Darstellung Europas (Stich von Julius Goltzius nach einer Zeichnung von Maarten de Vos, Antwerpen, Ende 16. Jh.)

Im 16. Jahrhundert kommen emblematische Darstellungen der vier Erdteile auf – ein Bildthema, das in der Druckgrafik weite Verbreitung erfährt. Europa wird mit allen Insignien der Macht (Krone, Reichsapfel, Zepter) präsentiert. Zunehmend ersetzt das Pferd den Stier als Symboltier für Europa. Bauernarbeit und Schlachtgetümmel im Hintergrund zeigen Europa als Herrin in Frieden und Krieg.

Allegorische Darstellung Afrikas (Stich von Julius Goltzius nach einer Zeichnung von Maarten de Vos, Antwerpen, Ende 16. Jh.)

Afrika ist im Gegensatz zu Europa weitgehend nackt dargestellt, was die Barbarei dieses Erdteils illustrieren soll. Die Landschaft – gewollt ohne Anzeichen landwirtschaftlicher Betätigung – verrät in erster Linie die topografische Unkenntnis des Zeichners. Ein paar Menschlein fliehen vor einem Krokodil. Der Wagen wird von Löwen gezogen – sie gelten seit der Antike als Attribut Afrikas.

kein europäisches Land.« In den 2010er-Jahren geriet diese Debatte mit Recep Tayyip Erdoğans Abrücken von Grundwerten aus Artikel 2 des EU-Vertrags wie Demokratie, Rechtsstaat und freie Meinungsäußerung etwas in Vergessenheit, doch vermutlich nicht für alle Zeiten. Und dann werden diejenigen, die gegen ein Europäertum der Türken sprechen, von Neuem die Geografie als natürlichen Beweis ins Feld führen. Im Gegensatz zu ihnen haben die Befürworter offener Pforten Europas größere Vorbehalte, die Erdteilgrenzen als Argumentationsbasis zu nutzen: »Weder Geografie noch Religion sind hinreichend für eine klare Entscheidung« (Michel Rocard). »Ein großherziges ›Ja‹ wäre durch die Geschichte gerechtfertigt, sofern nicht durch die Geografie« (Hubert Védrine).

Am 1. Mai 2004 wurden mit Malta und Zypern zwei Inselstaaten des Mittelmeers in die EU aufgenommen,

Heinrich Büntings Karte Europas in Form einer anthropomorphen Darstellung (1581)

Im 16. Jahrhundert beginnt die Wahrnehmung Europas als eines Territoriums, mit dem sich die Bewohner identifizieren: Sie lernen, sich »Europäer« zu nennen. Kartografische Darstellungen Europas als Königin entstehen, ein Rückgriff auf Züge der Jungfrau Maria kommt dabei sogar im protestantischen Umfeld vor. Der erste bekannte Kupferstich dieser Art stammt von Johannes Putsch (1516–1542); bei ihm wird Italien zum rechten und Dänemark zum linken Arm, Spanien bildet das gekrönte Haupt: Es ist das Europa Karls V. und der Habsburger.

Die meisten Nachfolgedrucke kopieren das Ursprungsmodell ohne größere Variationen. Die bekannteste Darstellung ist im Werk *Itinerarium Sacrae Scripturae* des protestantischen Pastors Heinrich Bünting (1546–1606) enthalten. Eine neue Ausgabe der *Cosmographia Universalis* von Sebastian Münster (1488–1552), sicher das am weitesten verbreitete Geografiewerk im 16. Jahrhundert, enthält 1588 eine weitere, Putsch nachempfundene Abbildung der Europa Regina-Virgo. Dieses ikonografische Motiv als Ausdruck der Heiligkeit eines geeinten Europas tritt eigenständig auf und wird niemals zum Teil einer Darstellung der vier Erdteile.

SVETIA
MARE SARMATICVM
LIVONIA
MOSCOVIA
RVSSIA
RVSSIA.
SARMATIA
Mons Regius
PRVSSIA
POMERANIA
POLONIA
LITHVANIA
EVROPA
VVALACHIA
TRANSSYLVANIA
HVNGARIA
Danubius fl.
Danubius fl.
Buda
Alba Græct
BVLGARIA.
MONS ALBANVS
ILLIRICVM
ALBANIA
Constantinopolis.
GRÆCIA.
ASIÆ MINORIS PARS
Roma
TERRANEVM
SICILIA
Athene
Corinthus.
PELOPONNESVS
Sparta
MALTA

Allegorische Darstellung Asiens (Stich von Julius Goltzius nach einer Zeichnung von Maarten de Vos, Antwerpen, Ende 16. Jh.)

Asien, in prunkvoller Kleidung, weist Ähnlichkeiten mit Europa auf – eine Anerkennung seiner uralten Kultur. Zwar fehlen die Europa vorbehaltenen Attribute der Macht, doch das Weihrauchgefäß verweist auf die große religiöse Tradition. Symboltier des in erster Linie orientalischen Asiens ist das Dromedar; der Hintergrund sieht bis auf ein paar Elefanten fast wie in der Europa-Allegorie aus.

was beim unbedarften Blick auf eine Mittelmeerkarte erstaunen mag, denn Zypern liegt nur knapp 100 Kilometer von der türkischen und syrischen Küste, aber 400 Kilometer von Rhodos als nächstgelegenem »europäischen« Gebiet entfernt (und wurde bis zum 20. Jahrhundert in allen Atlanten Asien zugeordnet). Die Distanz von Malta zu Sizilien ist zwar geringer als die zu Tunesien, doch dann gibt es die Inselchen Pantelleria und Lampedusa, die ganz nahe an Nordafrika liegen, aber trotzdem zu Italien zählen. Hier zeigt sich schon, dass wohl nicht immer die geografische Lage das ausschlaggebende Kriterium bildet. Es ist bezeichnend, dass kein Protest gegen Zypern und Malta laut wurde, niemand sprach ihnen 2004 ihren europäischen Charakter ab (genauso wenig wie Island im Jahr 2009). Heute sind sie unbestritten ein Teil der Europäischen Union, während eine Reihe guter Gründe

für die Zuordnung griechischer Inseln wie Limnos, Lesbos, Samos, Chios oder Rhodos zu Asien spräche. Der Kern des Problems liegt also anderswo. Operiert die gegen eine EU-Mitgliedschaft der Türkei gerichtete Argumentation mit Begriffen wie »Asien« oder »Afrika«, so soll dies oft kaschieren, dass im Klartext »Islam« gemeint ist. Island, Malta und Zypern können auf eine alte christliche Tradition zurückblicken, bei den Mittelmeerinseln reicht diese bis zu den Kreuzzügen und bei Island bis in die Wikingerzeit im 9. Jahrhundert zurück. Dagegen wurde schon im Jahr 1987 die Ablehnung des 1984 von König Hassan II. gestellten EU-Aufnahmeantrags Marokkos mit der Zugehörigkeit des Landes zu Afrika begründet. Fragen nach der Identität Europas ließen sich auf diese Weise einfach umgehen. Dabei ist die Straße von Gibraltar gerade

Allegorische Darstellung Amerikas (Stich von Julius Goltzius nach einer Zeichnung von Maarten de Vos, Antwerpen, Ende 16. Jh.)

Die Wildheit und Grausamkeit des letzten damals bekannten Erdteils äußert sich als Nacktheit; die Waffen bestätigen den Eindruck. Die Federkrone ist ein gängiges Attribut für Amerika. Über die Fauna des Kontinents herrscht weitgehende Unkenntnis, ein Einhorn muss dafür herhalten. Manche Gebräuche der Amerindianer, von denen die kannibalischen Szenen im Hintergrund künden, schockierten die Europäer.

einmal 14 Kilometer breit. Marokko als geografischen Teil Afrikas zu definieren, ist natürlich einfacher als eine Positionsbestimmung Europas gegenüber dem Islam. Argumentiert man mit Kontinenten als einer von der Natur vorgegebenen Tatsache, so lässt sich damit eine Stellungnahme zu Kulturräumen und Zivilisationen diplomatisch umgehen.

Die Ausblendung der kulturellen Dimension der europäischen Idee in der Debatte ist übrigens ungleich verteilt: Auf die »natürliche« Gegebenheit der kontinentalen Grenzen verweisen eher jene, die sich einer Integration traditionell muslimischer Völker entgegenstellen, ohne dies allzu deutlich sagen zu wollen. Die Geografie wird zum Vorwand. Für wissenschaftliche Argumente sind diese lupenreinen Anhänger und Verteidiger des christlichen Europa wenig zugänglich. Anders als sie stehen die Befürworter einer Öffnung für ein Europa als Idee im Geiste der kantischen Universalität ein: Dies ist ein andersartiges Erbe, das sich *per definitionem* nicht in räumliche Grenzen fassen lässt. Betrachtet man Europa als Idee anstatt als umgrenzten Teil der Erdoberfläche, so muss man der Frage nachgehen, worauf sich vorhandene Aufgliederungen gründen. Was hat den Ausschlag gegeben: die Physiogeografie oder die Humangeografie?

Das vorliegende Werk will zeigen, dass die Einteilung in kontinentale und maritime Weltregionen durch kulturelle Festlegungen im Lauf der Geschichte geprägt wurde. Es wären auch andere Varianten möglich gewesen, sodass ein geopolitisches Vorgehen nicht an »natürlichen« Gegebenheiten entlang ausgerichtet werden kann. Man wird, um zu stichhaltigen Entscheidungen zu kommen, eine bessere Argumentationsbasis erschließen müssen. Sobald einmal darauf verzichtet wird, der Türkei und Marokko (und in Zukunft anderen Kandidaten, etwa Armenien oder Russland) den Zutritt zu Europa mit dem ungeeigneten Vorwand, sie lägen auf der falschen Seite einer »natürlichen« imaginären Linie, zu verweigern, lassen sich andersartige Kriterien finden, anhand derer man ihre Gesellschaften fraglos Europa zuordnen könnte. So sind die Türkei und Marokko zum Beispiel vom Standpunkt der wirtschaftlichen Integration aus gesehen seit Langem weitaus intensiver mit Europa verbunden als viele der zuletzt aufgenommenen Länder. Der Abschied von einer Logik des Denkens in »Kontinenten« erfordert also eine Neudefinition dessen, was unter »Europa« zu verstehen ist. Aber das ist ein anderes Thema …

Große geopolitische Bündnisse führen nach wie vor Kontinente und Ozeane in ihrem Namen – Nordatlantikpakt (NATO), Asiatisch-Pazifische Wirtschaftsgemeinschaft (APEC) … Warum ist für die Region, deren Wirtschaft und wachsende Macht zu Beginn des 21. Jahrhunderts die größte Dynamik zeigt, der Begriff »Asien« so präsent? Warum hat »afrikanisch« zu sein heute einen so starken Sinngehalt? Warum wird von »atlantischer« Zivilisation gesprochen? Woher kommt dieses Festhalten, da doch bei näherem Hinsehen die Schwammigkeit dieser Kategorien sofort klar wird?

Ein Grund mag sein, dass ein sehr modernes Bedürfnis, Ordnung in die komplexe globalisierte Welt zu bringen, sich mit der im 18. Jahrhundert ausgeformten traditionellen Vorstellung von »Erdteilen« verbindet, deren Wurzeln bis ins (europäische) Mittelalter zurückreichen. Diese beiden Denkansätze schieben sich übereinander. Das Instrumentarium zur Einteilung der Erdoberfläche scheint, bei aller Zufallsbedingtheit, allein schon aufgrund seines langen Gebrauchs den Vorteil einer »natürlichen«, sozusagen zeitlosen Neutralität zu bieten. Doch in seiner Entstehungsgeschichte gab es immer wieder markante Wendungen und Weichenstellungen.

Die Erde aus dem Weltall gesehen (Mercator-Projektion)

Die Darstellung der Satellitenaufnahmen erfolgt hier gemäß der gewohnten Sichtweise: Das Meer ist blau, die Landmasse ockerfarben oder grün, mit Ausnahme der weißen Polarzonen. Norden ist oben, und alle Meridiane liegen parallel zueinander, was in den hohen Breitengraden zu einem starken Vergrößerungseffekt führt. Diese Projektion ist nicht »richtiger« oder »falscher« als andere. Aber weil man an sie gewöhnt ist, erscheint sie als »die Wirklichkeit«.

Auch Kontinente und Ozeane **haben eine Geschichte**

»Das am wenigsten Einfache und Naturgegebene, das am meisten Künstliche und somit am wenigsten Unabänderliche, am meisten Menschliche und Freie in der Welt ist Europa.«

Jules Michelet, *Einführung in die Universalgeschichte* (1834)

AMERICA
GROENLAND
THE NORTH SEA
Variable Winds
Variable Winds
OCEAN
AFRICA
ÆTHIOPIAN SEA
The Meridian of London

»Kontinent« und »Ozean« sind Begriffe, mit denen wir aufwachsen und die uns eingeprägt wurden - teils im Schulunterricht, teils über das kollektive Gedächtnis, das durch die europäische Weltsicht »formatiert« ist. Sie haben sich eingeschliffen, erscheinen als ganz natürlich. Doch wie bei allen solchen Konzepten ist Vorsicht geboten.

Die kontinentale Einteilung der Welt ist ein Bestandteil des Bildungskanons, eine Art mentales Universum. Es entsteht aus Vorstellungen, denen wir schon im frühesten Alter begegnen und denen wir verhaftet bleiben.

Selbstverständliches Allgemeingut

Erdteile und Himmelsrichtungen – diese zwei Gruppen bilden das zentrale, universelle Grundgerüst geografischer Betrachtung. Ost – West – Nord – Süd sind die Kardinalpunkte, so kennen wir das. Dass diese Einteilung auf die Wikinger zurückgeht, ist weitgehend unbekannt. Wenn sich diese im Baltikum und in der Nordsee seit alters gebräuchlichen Bezeichnungen gegenüber den im Mittelmeer verbreiteten Termini Sonnenaufgang, Sonnenuntergang, Septentrio und Meridies (Tagesmitte) durchsetzten, kommt darin der eindeutige Triumph der atlantischen Seefahrt zum Ausdruck. Nur wenn in romanischen Sprachen von *Midi* und *Mezzogiorno* (also »Mittag«) über den Südteil des Landes gesprochen wird, erkennt man noch die ansonsten verloren gegangene Verquickung der Himmelsrichtungen mit dem Sonnenlauf von Levante oder Orient (Sonnenaufgang) nach Ponente oder Okzident (Sonnenuntergang). Der etymologische Ursprung ist derselbe: »Ost« stammt aus der indoeuropäischen Wurzel *es* oder *os* (Sonnenaufgang); »West« geht auf dieselbe Wurzel wie »Vesper«, nämlich *wes* (Abend, Sonnenuntergang), zurück. Die Hesperiden der griechischen Mythologie, die die goldenen Äpfel im äußersten Westen hüten, sind die Töchter des Atlas und der Nacht. Der Osten ist das Morgen-Land und der Westen das Abend-Land. Der zweite Begriffssatz, den wir im gemeinsamen Kulturgepäck haben, ist ein zweigliedriger. Er umfasst Afrika, Amerika, Asien, Europa, Australien/Ozeanien und Atlantik, Pazifik, Indischen Ozean, also fünf terrestrische und drei maritime Teile. Für die Franzosen bilden sie fünf Kontinente, Briten oder US-Amerikaner zählen sieben (dort gelten Nord- und Südamerika als je ein Kontinent, ebenso die Antarktis), anderswo geht man von sechs aus, mit Amerika als Gesamtkontinent.

Die Aufgliederung der Welt an sich – nämlich in Kontinente und Ozeane – wird durch solche Varianten keineswegs infrage gestellt, sie gilt als selbstverständlich. Die französischen Geografen des 19. Jahrhunderts nutzten noch die straffere Zweiteilung in Alte und Neue Welt, mit fünf (oder mehr) großen Landmassen (die in späterer Zeit die Bezeichnung »Kontinent« erhielten). Die Alte Welt umfasste sämtliche bereits vor der Zeit der großen Entdeckungen bekannten Gebiete: Asien, Afrika und Europa bildeten eine Einheit, welche der von Christoph Kolumbus entdeckten Neuen Welt gegenübergestellt wurde. Diese Ausdrucksweise ist noch heute im Titel einer der ältesten französischen Geografiezeitschriften erkennbar: *Revue des Deux Mondes* (»Zwei Welten«).

Mittlerer Teil einer Weltkarte von Samuel Thornton (um 1702–1707)
Diese Darstellung der Welt steht zwischen den traditionellen Portolankarten und der modernen Kartografie. Die »weißen Flecken auf der Landkarte« erscheinen noch nicht, und die Landmasse ist ausgefüllt mit Grenzen, Bergen und Flüssen, die noch stark von der Fantasie bestimmt sind. Dagegen zeigen die Angaben der Winde in diversen Bereichen, dass die britische Kartografie vor allem auf nautische Zwecke ausgerichtet war.

Mit dem Übergang zum Begriff »Kontinent« wurden Alte und Neue Welt aus dem Wortschatz gestrichen, interessanterweise wäre das Bezeichnete hier gerade näher an der etymologischen Bedeutung von »Kontinent« gewesen, nämlich »zusammenhängendes Land«. Doch eine Zweiteilung bietet sich wenig an, um die moderne Welt zu fassen, sie erinnert eher an das Zeitalter der Entdeckungen und überginge außerdem Australien und die gesamte Inselwelt. Im 19. Jahrhundert kam »Kontinent« in französischen Beschreibungen der Erde noch relativ selten vor, eine zentrale Rolle spielte dagegen »Erdteil«. Der Erdkundeunterricht stand im Lehrplan der Grundschulen und weiterführenden Schulen immer unter dem Thema der »fünf Erdteile«, erst Mitte des 20. Jahrhunderts verschwand der Ausdruck aus den Schulbüchern.

Übrig blieb »Kontinent«, das im Sprachgebrauch nun auf fünf statt auf zwei Teile anzuwenden war. Man mag darin (wie in vielen anderen Bereichen) den kulturellen Einfluss der USA erkennen, da im anglophonen Sprachraum »Kontinent« seit dem 18. Jahrhundert überwog. Doch in stärkerem Maße entsprach es einem Bedarf angesichts des Wandels und des Aufkommens neuer Formen der Gliederung der Welt. Zunächst begannen sich die Kolonialreiche (und mit ihnen der Anspruch, abgegrenzte Kulturräume zu formen) definitiv aufzulösen. Stattdessen entstand mit dem Kalten Krieg eine neue, nicht mit Okzident und Orient identische Zweiteilung der Welt in West und Ost. Bald wurde aus ihr eine Dreiteilung, als der Franzose Alfred Sauvy in Analogie zum »Dritten Stand« – E. J. Sieyès hatte diesen im Januar 1789 postuliert – die Wortschöpfung »Dritte Welt« aufbrachte. (Bei der Konferenz der blockfreien Staaten in Bandung 1955 sahen sich diese also mit jenem unterprivilegierten Stand gleichgesetzt, der im absolutistischen Frankreich den Großteil der Bevölkerung ausgemacht hatte.) Die Dekolonisation und der Kalte Krieg erforderten neue Interpretationsraster, um die Welt, in der sich die Menschen bewegten, zu erfassen: Bei einer explizit geopolitischen Betrachtungsweise ist ein neutral erscheinendes Substrat notwendig, um Dinge einzugrenzen und zu beschreiben. Dieser sowohl akademische als auch journalistische Bedarf existiert nach wie vor und hat sich mit den Veränderungen der Weltlage am Ende des 20. Jahrhunderts sogar verstärkt.

In den 1980er-Jahren löste sich das Dritte-Welt-Konzept wieder auf und der Kalte Krieg ging zu Ende. Westlich des Pazifiks bildete sich ein neuer Pol aus: Nach Japan und den Tigerstaaten *(Newly Industrialized Countries)* der 1970er-Jahre erwachte nun China. Das Vokabular zur Beschreibung der veränderten Welt zog nach: 1985 prägte der japanische Essayist Ken'ichi Ōmae, in den USA damals ein Starautor, das langlebige Konzept der »Triade« (drei jeweils wichtigste Wirtschaftszentren der Welt). Eine weitere beliebte Neuprägung war »Nord-Süd-Konflikt«, womit sich Entwicklungsgefälle benennen ließen, ohne dabei konkreter zu werden. Der Begriff stammt aus dem Nord-Süd-Bericht *(Das Überleben sichern)* von Willy Brandt, der zu allumfassender menschlicher Solidarität und internationaler Zusammenarbeit aufrief. Zeitgleich mit dem Brandt-Report begann 1980 der Siegeszug des Begriffs »Globalisierung« als Ausdruck für den neuen Zustand der Weltgemeinschaft.

Die Verwendung von Himmelsrichtungen als Bezeichnung von Teilstücken der Welt ist nicht neu. Den Anfang machte die Aufteilung der Welt in Ost und West. Im Unterschied zu Begriffen wie »Unterentwicklung«, »Peripherie«, »Entwicklungsland« und »Dritte Welt« hat eine Beschreibung, die eine Zuordnung zu geografischen Gegebenheiten trifft, wertfreien Charakter. Sie erscheint losgelöst von zeitlichen Bedingungen oder Entwicklungen. Seit einigen Jahrzehnten ist

Circius.
Septentrio.
Corus.
Exte rius mare quod occiduum vocatur.
Hiberna
Albion
Germa nia. 4.
Sarma tia
Euro pae. 8.
Gall ia. 3.
Narbonen
Italia. 6.
Sardi nia. 7.
Corsica. 6.
Mare inte
Creta. 10.
Cyprus
Libya
Afri
Libya interior. 4.
Aethi opia
sub Aegy pto. 4.
Arabia Felix. 6.
Arabia deserta. 4.
Hyrcanum mare siue Caspium
Sinus Persicus
Scythia
AFRICA 4 tabulas habet
Aethiopia interi or. 4. tab:
Agisymba
regio Aethiopum
Lunæ montes a quibus Nili paludes niues suscipiunt.
Sinus Barbaricus
INDICUS
Africus.
Euroafricus.
Auster
Notus.

darum »Kontinent« derjenige Begriff, der sich immer noch konkurrenzlos hält. Die so bezeichneten Teile der Welt wirken wie eine natürliche Gegebenheit, während sich an den Europa-Debatten ständig zeigt, dass hier beileibe keine interne europäische Angelegenheit verhandelt wird, sondern im Bereich der ehemaligen Alten Welt bei der Nennung Europas (und seiner Grenzen) indirekt Asien und Afrika immer mitbetroffen sind. Aber sogar die »natürlichen Gegebenheiten« stehen auf den zweiten Blick gar nicht so fest, wie man meint.

Die Ozeane und die Kontinentaldrift

Zu Themen der Geophysik hat die Öffentlichkeit meist wenig Zugang. Eine Ausnahme macht das in der zweiten Hälfte des 20. Jahrhunderts aufgekommene Modell tektonischer Platten. Zunächst schien es die Abgrenzungen der Kontinente und Ozeane als naturgegeben zu bestätigen, allerdings zum Preis des Verlusts der Eigenständigkeit Europas, das sich in dem Fall auf das westliche Endstück der eurasischen Platte oder, so Paul Valéry nach dem Ersten Weltkrieg, »das kleine Kap des asiatischen Kontinents« reduziert sah.

Einige Jahrzehnte zuvor hatte der deutsche Meteorologe Alfred Wegener ab 1912 mit seiner Idee von einem Urkontinent Pangäa, der im Lauf der Zeit auseinandergebrochen war, die Theorie der Kontinentalverschiebung vorangetrieben. Eine dunkle Ahnung davon war bereits im 16. Jahrhundert aufgekeimt, als der Kartograf Abraham Ortelius (in diesem Band sind mehrere seiner Weltkarten abgebildet) zeigte, dass die Umrisse Westafrikas und Brasiliens zusammenpassen könnten.

Darstellung der Welt nach dem System von Ptolemäus
(Gerardus Mercator, 1585)

Claudius Ptolemäus (2. Jh. n. Chr.) war der große Kartograf der Antike. In Europa wurde er im 16. Jahrhundert wiederentdeckt, als der Vorstoß in den Atlantik begann. Nach seiner Methode erstellte Karten kamen bis zum Ende des 16. Jahrhunderts heraus, so in Mercators Sammelausgabe der Ptolemäus-Karten, dem ersten als »Atlas« bezeichneten Werk. In der dreigeteilten Kolorierung kommt bereits eine neuzeitliche Sicht zum Ausdruck.

Weltkarte von Vuillemin in Mercator-Projektion (1857)

Diese mit einer Fülle praktischer Informationen angereicherte Karte bildet die Welt auf eine Weise ab, die sich im 19. Jahrhundert als Norm etabliert hat: Nord-Süd-Ausrichtung, Europa im Zentrum, parallele Meridiane und somit Flächenreduzierung der Regionen in den niedrigen Breitengraden. Der Autor, Alexandre Vuillemin (1812–1886), war ein überaus produktiver Kartograf. Er fügte zwei Abbildungen der »Bekleidung der verschiedenen die Erde bevölkernden Rassen« ein. Amerikanische Indigene und die meisten afrikanischen und polynesischen Völker kommen darin nicht vor.

OCÉAN GLACIAL ARCTIQUE
SPITZBERG
NOUVELLE ZEMBLE
MER DE KARA
ISLANDE
NOUVELLE SIBÉRIE
MER DE BEHRING
MER D'OKHOTSK
ASIE
ALLEMAGNE
MER NOIRE
MANDCHOURIE
MONGOLIE
TARTARIE INDÉPENDANTE
PERSE
ARABIE
EGYPTE
GRAND DÉSERT
AFRIQUE
EQUATEUR ou Ligne Equinoxiale
OCÉAN PACIFIQUE
POLYNÉSIE
MALAISIE
MER DES INDES
OCÉANIE
AUSTRALIE ou NOUVELLE HOLLANDE
GRAND OCÉAN
TERRES AUSTRALES
ANTARCTIQUE
TERRE VICTORIA
TABLEAU EXPLICATIF
LONGUEURS, SOURCES ET EMBOUCHURES DES PRINCIPAUX FLEUVES DU MONDE.
EUROPE
ASIE
AFRIQUE
AMÉRIQUE
COSTUMES DES DIFFÉRENTES RACES QUI PEUPLENT LA TERRE.

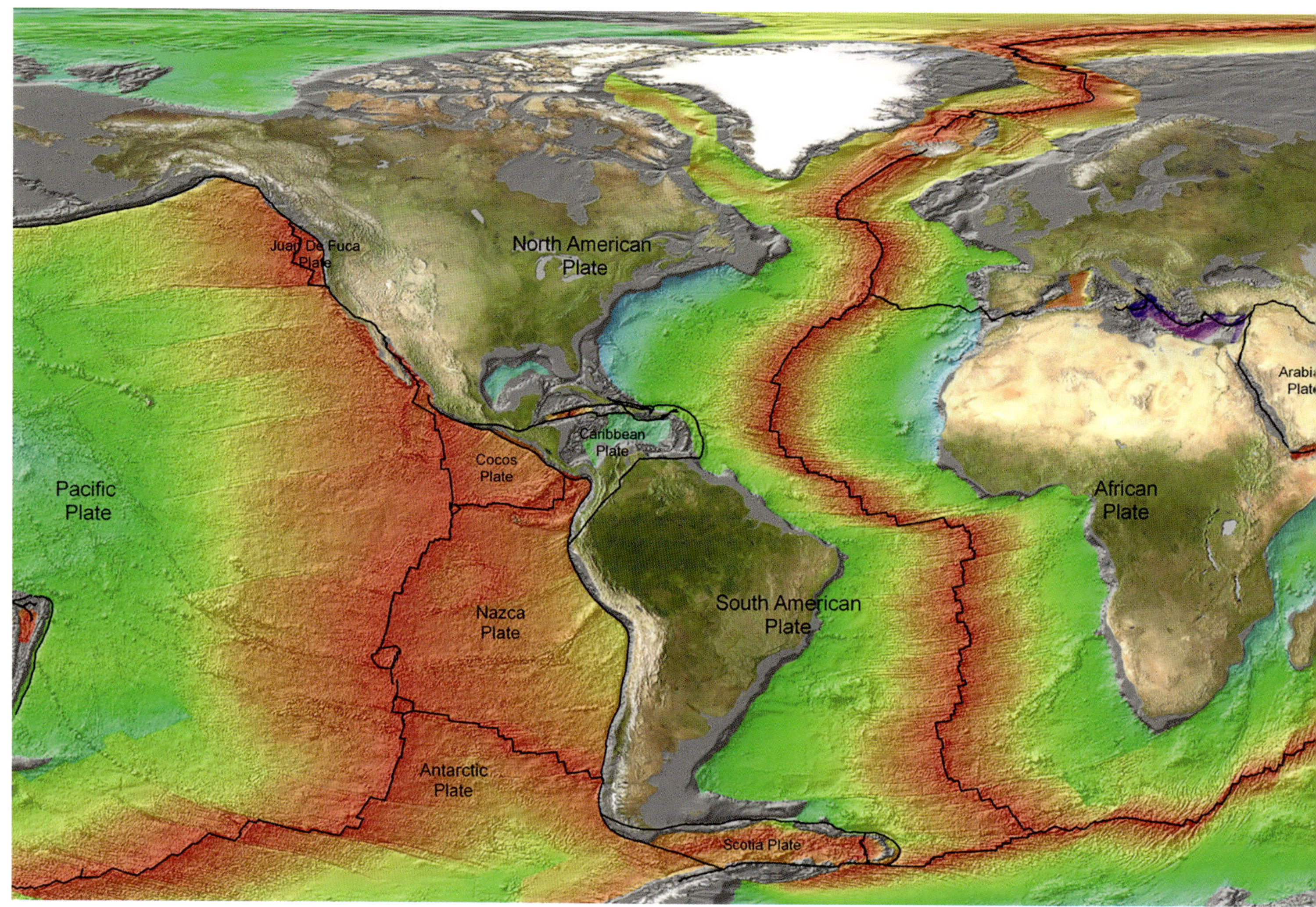

Niemand hatte die Theorie der Kontinentaldrift damals ernst genommen. Dagegen verankerte sich mit dem Modell einer Tektonik fester Platten, das ein weitaus höheres wissenschaftliches Ansehen genoss, im öffentlichen Bewusstsein die Vorstellung einer in tiefen Erdschichten existierenden kontinentalen Aufgliederung. Erst nach dem Zweiten Weltkrieg führte die Erforschung der Meeresböden teilweise zu einem Wiederaufgreifen von Wegeners »mobilistischer« Konzeption, nach der sich die Kontinente wie bewegliche Objekte oder Schiffe auf einem relativ plastischen ozeanischen Untergrund bewegen. Der Durchbruch geschah, als Harry Hammond Hess 1960 die Theorie einer Materialkonvektion im Erdmantel aufstellte: Die mittelozeanischen Rücken zeigen Bereiche an, in denen durch aufsteigende Magmaströme eine Neubildung von Erdkruste stattfindet. Tiefseerinnen markieren Subduktionszonen, wo eine Platte unter eine andere »abtaucht«. Die Kontinentalblöcke werden dadurch wie auf einem langsamen Fließband verschoben.

Alternativ können sich Teile der Erdkruste – dieses wichtige Konzept kam 1965 dazu – an Plattengrenzen aneinander vorbeischieben. Dadurch entstehen horizontale Verwerfungen (Transformstörungen), die sich auch im Inneren einer Platte manifestieren können. 1968 teilte der Franzose Xavier Le Pichon die Erdoberfläche in sechs litosphärische Platten ein, die er auf seiner Karte in Anlehnung an herkömmliche Bezeichnungen für die kontinentalen und ozeanischen Teile der Erde benannte. Gegen die Theorie der

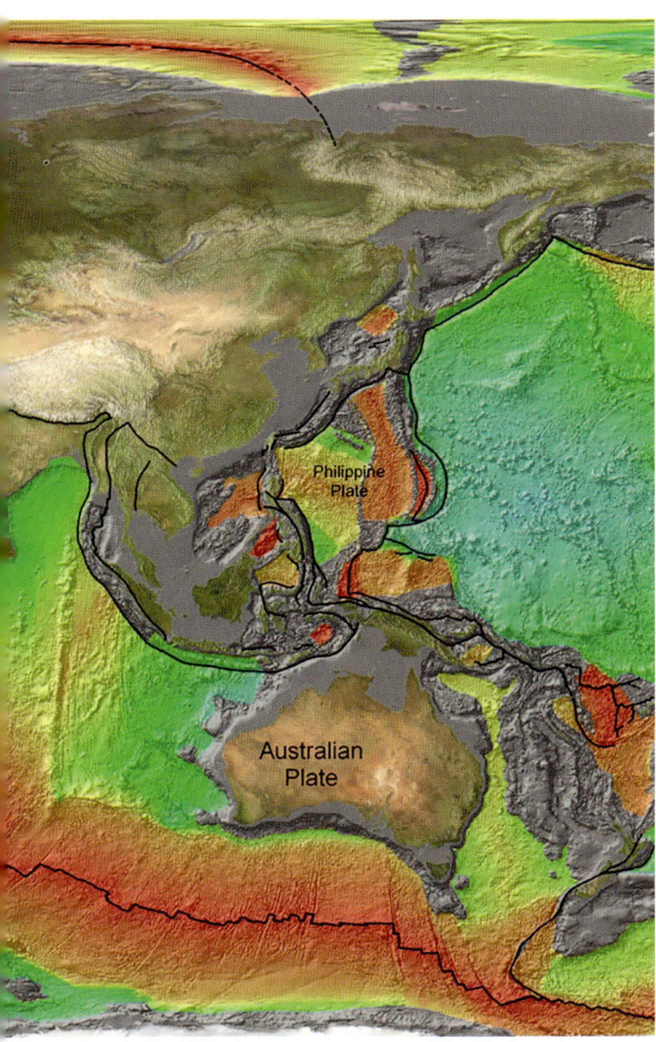

Kontinentaldrift gab es zunächst starken Widerstand anderer Geologen, nach deren Ansicht sie zwar für ozeanische Böden gelten mochte, nicht jedoch für die Kontinentalgeologie: Wie ließen sich seismische Aktivitäten innerhalb der Platten erklären? Wie Grenzen zwischen den Kontinenten definieren, wenn sich doch Erdbeben über weite Landstriche verteilten? Dank John Deweys und John Birds Erkenntnissen über aktive und passive Kontinentalgrenzen und Kollisionsgebirge, die eine Neuinterpretation hinsichtlich der Auffaltung der alten Gebirgsketten auslösten, wurde es in den 1970er-Jahren möglich, das Modell auch auf über 200 Millionen Jahre alte Gesteinsschichten anzuwenden. Dies führte zu einem Paradigmenwechsel; die Erdgeschichte wurde umgeschrieben. Die heutigen Geowissenschaften beruhen alle auf der Tektonik beweglicher Platten. Im Lauf der Entwicklung dieses geophysikalischen Makromodells fand eine immer tiefere Auseinandersetzung mit dem Bild der Erde statt. Wegener hatte den Küstenverlauf untersucht und sich auf das neueste geologische Wissen seiner Zeit über die Kontinente bezogen. Neue Erkenntnisse zum Ozeanboden und eine exaktere Kartografierung der Erdbebenzonen und des Vulkanismus machten in den 1950er-Jahren seine Forschungen wieder aktuell. Zu Beginn dieser Wissenssynthese blieb man noch nahe an der traditionellen Einteilung der Welt und lehnte sich bei der Benennung an diese an: eurasische, amerikanische, pazifische, antarktische Platte (aber auch die australische Platte, die Indien einschließt).

Mit der weiteren Zunahme des Wissens wurde eine neue, kleinräumigere Einteilung und Nomenklatur nötig: karibische, pazifische, arabische Platte, Nazca-Platte, Cocosplatte, philippinische Platte … Bereits ein flüchtiger Blick auf die Karte zeigt, dass sie sich nur vage mit den klassischen Grenzen der Erdteile decken, allein schon aufgrund ihrer größeren Anzahl. Dem Pazifischen Ozean entspricht zwar eine Platte (die größte von allen), doch durch den Atlantik verläuft der Länge nach eine Plattengrenze, der Mittelatlantische Rücken, an dem sich die beiden amerikanischen Platten einerseits und die afrikanische und die eurasische Platte andererseits etwa zwei bis drei Zentimeter pro Jahr auseinanderbewegen. Das löst vulkanische Aktivität und Gebirgsbildungen aus, teils unterseeisch, teils an der Oberfläche auf einer Linie von der Bouvetinsel (54° S. B.) bis Jan Mayen im Arktischen Ozean (71° n. B.) über Tristan da Cunha, St. Helena, die Azoren, Island und einige unbedeutendere Inseln.

Litosphärische Platten

Die äußerste Schicht des Erdkörpers, die Litosphäre, besteht aus relativ starren Platten, die aufgrund der Hitze des Erdinneren in ständiger Bewegung sind. Man hat die Vorgänge der Plattentektonik erst in den frühen 1960er-Jahren begriffen. Die erste Benennung (durch Xavier Le Pichon) fand in Analogie zu gewohnten Namen der Kontinente und Ozeane statt, obwohl die Einteilungen nicht deckungsgleich sind (Indien zählt zum Beispiel zur australischen Platte).

Hätte man die Geologie zum Kriterium für Islands EU-Beitritt bestimmt, so hätte nur die Osthälfte Aufnahme gefunden, der Westteil dagegen hätte seinerzeit an die NAFTA (Nordamerikanisches Freihandelsabkommen) oder heute an das USA-Mexiko-Kanada-Abkommen Anschluss suchen müssen.

Ein Teil der Plattengrenzen verläuft unterseeisch, andere aber kontinental, oft kommt es dort zur Aufwerfung (Orogenese) von Bergzügen. So ist die Indische Halbinsel, die zur selben litosphärischen Platte wie Australien gehört, von der eurasischen Platte durch den Himalaya-Gebirgszug getrennt. Dieses höchste Gebirge der Erde ist infolge der Kollision der beteiligten Blöcke entstanden. Der Ural, ebenfalls ein Faltengebirge, bildet in mehrfacher Hinsicht das diametrale Gegenteil zum Himalaya, denn er liegt an keiner Plattengrenze, dafür aber an der Grenze zweier »Erdteile«.

Die Geologen haben den Begriff des »untergetauchten Kontinents« eingeführt, um Platten zu beschreiben, die aus kontinentaler Erdkruste bestehen, dabei aber größtenteils unter Wasser liegen. Zwei davon liegen im Indischen Ozean, das Kerguelen- und das Maskarenen-Plateau, am größten aber ist Zealandia im Pazifik; nur ein geringer Teil dieses Kontinents befindet sich heute oberhalb der Meeresoberfläche. Seine Landmasse hat sich abgesenkt, nachdem sie sich vor rund 100 bzw. 80 Millionen Jahren von der Antarktis und Australien gelöst hatte. Mit einer Fläche von 3,5 Millionen Quadratkilometern ist Zealandia fast halb so groß wie Australien. Es hat eine starke Längenausdehnung von Neukaledonien im Norden über Neuseeland (nach dem es benannt wurde) bis zu den Campbell-Inseln und der Macquarie-Insel im Süden.

Der Grabenbruch bei Thingvellir (Island)

Die Divergenz der Platten lässt Dehnungszonen entstehen. Eine Folge kann, wie hier, ein Grabenbruch sein, aber auch das Emporquellen magmatischen Gesteinsmaterials. So entstanden am Mittelatlantischen Rücken - dem Spalt zwischen den amerikanischen Platten im Westen und der afrikanischen und der eurasischen Platte im Osten (sie wandern etwa 2 cm im Jahr) - Vulkaninseln wie Island, die Azoren und Sankt Helena. Man sieht, »Kontinent« ist absolut nicht deckungsgleich mit »Platte«.

Tektonische Aktivität und Meeresspiegel

Die Abgrenzungen der Platten, in welche die äußere Erdhülle gegliedert ist, entstanden in Äonen der Erdgeschichte. Die Vorstellungen von den Umrissen der Kontinente dagegen gehen auf die kurze Geschichte der Menschheit zurück und weichen deutlich davon ab, denn sie waren, als die Theorie der Plattentektonik entstand, schon seit 200 Jahren gefestigt. Zudem war man von der aktuellen Küstenlinie ausgegangen, diese aber ist von einem sehr variablen Faktor abhängig, dem Meeresspiegel, der in den letzten 500 000 Jahren eine Schwankungsbreite zwischen 100 Meter über dem gegenwärtigen Niveau (vor 350 000 Jahren) und 150 Meter darunter (vor knapp 20 000 Jahren) aufwies. Das Rote Meer zum Beispiel, dessen Ausläufer man bei der Grenzziehung zwischen Afrika und Asien zugrunde gelegt hatte, ist von geringer Tiefe und wird durch keinen Fluss gespeist. Ist es vom Ozean abgetrennt, wie es während der letzten Eiszeit (und sicher mehrmals zuvor) geschah, verschwindet es. Auch die Fläche des Mittelmeers schrumpfte in solchen Phasen stark. Dies ist von Bedeutung, wenn man die Ausbreitung des *Homo erectus* und später des *Homo sapiens* verstehen will. Es relativiert aber auch die Anwendbarkeit der heutigen Einteilungen der Welt auf die entsprechenden prähistorischen Epochen, man denke etwa an die so beliebte Out of Africa-Theorie oder an den Einfall, zwei Millionen Jahre alte Relikte von Hominiden, die im nördlichen Mittelmeergebiet gefunden wurden, als »die ersten Europäer« zu bezeichnen.

Die Art, wie man die Kontinente abzugrenzen gewohnt war, stand also Pate bei der Bezeichnung der tektonischen Platten – und nicht umgekehrt. Es handelt sich um zwei Realitäten, jede mit ihrer eigenen Geschichte und Stufen der Entwicklung, die nicht deckungsgleich sind. Zweifellos entstand die Verteilung von

PONTUS EUXINU
Cio I.
SINUS ZOGANI
Silistria
Putrachan
Horchel
Urana F.
Scro
Marconpolis
Omidie
Domfudava
Copri
NUNC
Armilla
ADRIANOPOLIS
Agatopolis
Fanar
Japiaghilo
Esurat
Neocastro
Pera
Algiro
Carri
Candria
Cagari
Barech
Bendereg
Suraviza
Gagali
Tempisa
Drusilbaba
SILIVREA
Recrea
CONSTANTINOPOLIS
Scutari
Pendich
CALCEDONIA
Quiviza
Adda
Candria
Maximianopolis
RO
MA
NIA
Mariza
Zurla
Gonga
BE
SCA
OMO
COMIDIA
N
G
Nicopolis
Marogna
Serri
Eno
Colla
Aprodisiada
Polistro
Lysimachia
PROPONTIS
Antiope
Xopon
Cabangui
Carcoli
Chebrel
Tuschebasar
Marmora
Coma
Halael
Fanar
Chalcis
Ciezcol
Tridamo
Isnich
Cabangui Lacus
Gem
Kal
Gallica
Zangarat
Tzaduin
Caridia
GALLIPOLIS
Japsi
Inegul
Abiuch
Pasarich
TASSO I.
Lampascus
Abidus
Camaner
Panorm
Diasgouli
Milea seu Apamia
Musampola
Montagna
Curlunli
Einagial
Midoli
Cangri
LEMBRO
Policastro
Miletopolis
Lupadali F.
PRUSA
Sagota
Setful
Conese
Matita
Dardanelli
Simon
Lanizari
Lupadio
PROPRIA
Bossinge
Sinau
Calburgi
Arcobio
Dpcini
Eilacidetoman
Molefo
STALIMENE
LEMNUS
TROJA
Magistro F.
Jubat
Cute
Agasar
Cadi
Girmastri
Balichsteria
Abida
Agasar
Pelare
Scamandrus
Caralia
Santiqua
Elmanicam
S. Dimitri
Andramiti
NATOLIA
Sufighirli
MA
RE
Irapio
Mandragora
Sinnau
Endromin
Mustevi
GERMIAN
Einashisar
Saura
VEL
Methymna
Mitylene
Muolo
Lesbo
S. Adonia
S. Giorgio
PERGAMUS
A
Judai
Curugidi
ASIA
S
Magnelia
Lacus Salsus
Noman
Strumizza
DURGUT
Dugasse
LESBUS
METELINO
Degleme
Basculimbei
Marmora
Thira
Esakisar
Sebastopoli
Cuma hod. Foja
Sarabat
Aphion
Chonos
Cona
Chiai
Sciro
GEUM
Manafsa
Mugla
Magnesi
Dorgut
ALAKARI
Nisa
Tachiali
Bambucale
Alepia
Gazzo
SMYRNA
Pangarbachi
Lacerca
Sardo Ipepa
Tarbale
Aacera
Solbazar
Colire
Urla
Sufor
CHIUS hod. SCIO I.
Scio
Altoluogo
Jampuaci
Mangresia
Tovo
Mesture
Celestria
Myonnesus
Altobosco
Amna
AIDINELLI
S. Croce
MINTSELLI
ANDRO
Venetico
Scalanova
EPHESUS
AIDINELLI
Elebenda
Comba
Stantoni
Prepia
CA
Micone I.
Rochol.
SAMOS
Michale
Palatenia
MELASSO
Messi
Gomba
MINTSEL
Pinara
ARC
TINE
DELOS I.
HI
NICARIA
Ferime
Curlia Garouzi
Fornoli
Mandria
Bodron
Mentese
HALICARNASUS
Castrum Fieschi
Rosa
Laqualia
Gina
Cutat
Serpho
Sifna
Dragon
Patmos
Palmosa
Termerium
Mamore
Valpo
Malfetan
SINUS MAGRI
Levisi
Sirbi
PE
L
A
GU
S.
NICSIA
Leria
Capea
Standia
Urlie
Polsello
Fermeni
Thera I.
Pira I.
MURGOL
SPORA
Cos I.
Gnido
Rodi
Spessio I.
Siphanto
Levita I.
Chiraa
NIZARI
Filermo
Flando
RHODUS
Strongo
Castri
CY
CLADES
Falconara
Camira
DE

Land und Meer durch geophysikalische Prozesse und hatte wesentliche Folgen für die Geschichte der Gesellschaften. Doch die Menschen konnten mit ihrer Art, sich von alters her die Welt zurechtzulegen, nicht vorausahnen, zu welchen Schlüssen die Wissenschaft in der zweiten Hälfte des 20. Jahrhunderts kommen würde, abgesehen vielleicht davon, dass sie, sobald präziseres Kartenmaterial vorlag, erkannten, wie auffallend gut die Küstenlinien westlich und östlich des Atlantiks zusammenpassen (was neugierige Geister wie Ortelius, Francis Bacon oder etwas später Athanasius Kircher faszinierte, der sich den geologischen Ähnlichkeiten zwischen den Küsten Afrikas und Brasiliens mit großem Interesse widmete).

Alles außer den Inseln

Inzwischen dürfte einleuchten, dass »Kontinent« und »Ozean« gar nicht so einfach zu definieren sind. Kaum akzeptabel ist die weitverbreitete (nur meist nicht so simpel formulierte) Vorstellung, es handle sich um sehr große Inseln, um riesige, von Wasser umgebene Landmassen. Mit der Einteilung in Europa und Asien hätte es dann ein Ende, es bliebe Eurasien. Probleme ergäben sich auch mit der Gesamtheit der ozeanischen Inselwelt, hier bliebe nur Australien über. Eine vorsichtige Definition bietet die französische Universalenzyklopädie von Larousse an: »Ausgedehnte Festlandsmasse, die als ein Erdteil aufgefasst wird und der die nahe gelegenen Inseln zugeordnet werden.« *Le Robert* wagt sich mit der Erwähnung der Außengrenzen weiter vor: »Große, von einem oder mehreren Ozeanen begrenzte Landfläche«. Ebenso das Wörterbuch der Académie française: »Ausgedehnte zusammenhängende Festlandsmasse, die von Ozeanen umgeben ist.«

So vertraut sind diese historischen Definitionen, dass sie, selbst wenn man nicht mehr daran glaubt, dass sie natürliche Realien abbilden, unverfänglich erscheinen. Immerhin bieten sie eine erste Ordnungskategorie zur Sortierung der Welt. Doch in der praktischen Anwendung ergeben sich Probleme, und das immer häufiger. Demonstrieren lässt sich das eindrucksvoll am Verlauf der »Grenze« zwischen Asien und Ozeanien (die weniger bekannt ist als die seit Langem als problematisch geltende Kontinentalgrenze am Ural). Sie folgt strikt einer mitten durch die Insel Neuguinea verlaufenden Staatsgrenze, die beiden Inselhälften gehören also unterschiedlichen Kontinenten an – eine weitere Bestätigung des Eindrucks, dass Kontinentalgrenzen reine Konvention sind. Dies trifft allerdings nur fern von Europa in Regionen zu, wo die Festlegungen aus jüngerer Zeit stammen. Dagegen liegen die seit jeher, nämlich seit der Frühzeit der Aufteilung der Welt, als Grenze zwischen Asien und Europa geltenden Meerengen (Bosporus und Dardanellen) im Inneren des türkischen Staatsgebiets, das somit Anteil an zwei Kontinenten hat. Genau an den Verlauf der Staatsgrenzen hält sich die Grenze zwischen Amerika und Asien in der Beringsee. Die meisten der zahlreichen Inseln sind Staatsgebiet der USA und somit ein Teil Amerikas, nur die Kommandeurinseln ganz im Westen der Aléuten sind russisch, also ein Teil Asiens. (Tektonisch liegen die Aléuten übrigens auf der nordamerikanischen Platte, die auch den Ostteil Sibiriens einschließt.) Ebenso kontinental aufgeteilt sind die Siedlungsgebiete der indigenen Völker – Inuit im Norden, Aléuten im Süden. Auch im freien Ozean sind die Kontinentalgrenzen, soweit sie in jüngerer Zeit festgelegt wurden, durch die politischen Grenzen vorgegeben. Im Nördlichen Eismeer orientiert sich ihr Verlauf nicht an der Küstenlinie, sondern an den Einflusszonen der Anrainerstaaten wie Russland und Kanada.

Ägäis und Kleinasien
(Francesco Griselini, 1717–1787)

Im Kartensaal des Dogenpalasts in Venedig zeigt ein Gemälde von Gian Battista Ramusio (1485–1557) die Häfen des Mittelmeers. Im 18. Jahrhundert griff der Autor und Kartograf Francesco Griselini für seine Darstellung des Osmanischen Reichs darauf zurück.

Hinsichtlich der in der Larousse-Enzyklopädie erwähnten Zuordnung der »nahe gelegenen Inseln« zu den Kontinenten erkennt man rasch deren geopolitischen Charakter. Das Beispiel Island hat es klar gezeigt, eine Orientierung an der Natur wäre dort angesichts der plattentektonischen Gegebenheiten auch wenig hilfreich. Doch die Zugehörigkeit dieser von Wikingern besiedelten und sehr früh christianisierten Insel zu Europa wird nie infrage gestellt, und ein neuer Antrag des Landes würde in dieser Hinsicht keine Polemiken auslösen.

Es wundert sich auch niemand, auf den Euro-Banknoten die Kanarischen Inseln, die Azoren und Madeira abgebildet zu sehen: atlantische Inseln, die sich gut und gern Afrika zurechnen ließen. Diese Inselgruppen werden manchmal mit den vor Senegal gelegenen Kapverdischen Inseln unter der Bezeichnung Makaronesien zusammengefasst, wobei aber die Kapverden – der Öffentlichkeit sind sie hauptsächlich durch die Sängerin Cesária Évora bekannt – unbestritten Afrika zugeordnet werden. Die Azoren könnten übrigens gleichermaßen als eurasisches oder amerikanisches Gebiet gelten, denn sie liegen ungefähr an einem Punkt, wo drei tektonische Platten aufeinandertreffen. In der Charta der Organisation für Afrikanische Einheit (OAU) wurden die Kanarischen Inseln, Madeira und die Azoren als Gebiete aufgeführt, die weiterhin unter der Kolonialherrschaft der Europäer stünden, und im »strategischen Plan« der Afrikanischen Union, welche 2002 die Nachfolge der OAU antrat, sind sie gemeinsam mit Sankt Helena, La Réunion und Mayotte als »afrikanische Gebiete unter ausländischer Besetzung«

Der Felsen von Gibraltar (Foto, um 1900)

Die Straße von Gibraltar. Hier werden die Grenzen Europas in der Regel akzeptiert, während sie sonst nirgendwo eindeutig scheinen. Doch dieser Grenzverlauf entstand, weil es nach der Einnahme von Ceuta 1415 allem Einsatz zum Trotz bis ins späte 16. Jahrhundert nicht gelang, die iberische Reconquista auf die südliche Seite der Meerenge hinüberzutragen. Mit der desaströsen portugiesischen Niederlage vom 4. August 1578 in der »Dreikönigsschlacht« bei Alcácer-Quibir (Marokko) endeten die Versuche, die südlichen Grenzen Europas auszudehnen. Seit 1704 ist der Gibraltarfelsen in britischer Hand.

aufgeführt. Man sieht sich hier der sicher ersten Übertragung der Plattentektonik in den Bereich der Geopolitik gegenüber, denn die genannten Inseln gehören tatsächlich zur afrikanischen Platte. Nun hatten aber Spanier und Portugiesen die nordatlantischen Inselgruppen ab dem 15. Jahrhundert erobert und in der Folge besiedelt und erschlossen. Nur die Kanaren waren bereits von den Guanchen, einem nicht islamisierten Berbervolk, besetzt. Madeira und die Azoren waren unbewohnt, ebenso Île de France und Bourbon (die heutigen Inseln Mauritius und La Réunion) bis zur Einnahme durch die Franzosen im 17. Jahrhundert. Der Anspruch der Afrikanischen Union bleibt wohl rein rhetorisch, er würde zudem gewiss mit dem Selbstbestimmungsrecht der Völker kollidieren, doch seine Legitimität ist »tektonisch« untermauert. Man sieht, unsere gewohnten Kontinente sind im Wesentlichen konventionell festgelegte Erdteile, in deren starren Einteilungen eine Gefahr liegt, weil sie die Anpassung der »geistigen Weltkarte« an die Entwicklungen der Welt erschweren kann.

Die Welt einteilen und verbinden

Die olympische Flagge ist zweifellos die bekannteste symbolische Darstellung der fünf Erdteile. Die fünf verschlungenen Ringe stehen für die im olympischen Geist verbundenen fünf Kontinente. Ironie der Geschichte: Pierre de Coubertin erfand dieses Symbol eines friedlichen Geistes am Vorabend des Ersten Weltkriegs im Jahr 1913. Es wurde im Juni 1914 sogar noch offiziell auf dem Olympischen Kongress von Paris vorgestellt, wo die Spiele von 1916 in Berlin vorbereitet werden sollten. Diese wurden aus den bekannten Gründen abgesagt, und so wehte die olympische Flagge erst 1920 in Antwerpen zum ersten Mal über Olympischen Spielen.

Interessant ist die Wahl der Farben, mit der Baron de Coubertin Abstand von den Farben der »Rassen« (weiß, schwarz, gelb, rot) nimmt, die den vier Erdteilen lange Zeit zugeordnet wurden. Er führte später aus: »Die olympische Flagge hat bekanntlich auf weißem Hintergrund fünf verschlungene Ringe im Zentrum: blau, gelb, schwarz, grün, rot, wobei sich der blaue Ring links oben befindet. In dieser Form ist sie symbolisch zu verstehen. Sie stellt die in der olympischen Bewegung vereinten fünf Erdteile dar; die sechs Farben entsprechen den Farben sämtlicher Nationalflaggen der heutigen Welt.« (Die Zahl Fünf für die Kontinente zeigt, dass Coubertin Franzose war.) Coubertin legte also Wert darauf, dass keine Ringfarbe mit einem Kontinent assoziiert werden konnte, wozu auch beitrug, dass er Weiß für den Hintergrund wählte anstelle für einen Ring (den man sonst für Europa hätte halten können). In ihrer Form trägt die Flagge zur Bestimmung der modernen Olympischen Spiele bei, »die Kontinente einander näher zu bringen«.

Wenn die späteren Olympischen Spiele und ihr nationalistischer Wettstreit nicht immer den Hoffnungen ihres Begründers gerecht wurden, so ruft dies in Erinnerung, dass die Zivilgesellschaft weltweit immer wieder vor der Notwendigkeit steht, zu bedenken, welche Faktoren die Menschheit spalten. Die Frage der europäischen Grenzen ist nur eines unter vielen Problemen, die allesamt große Sprengkraft haben. Schon die unverfänglich erscheinende Vermittlung geografischer Grundlagenkenntnisse verlässt neutralen Boden. Die »metageografischen« Sinnschemata, anhand derer wir – beginnend bei den Kontinenten – die Welt deuten und einteilen, verdienen es, auf ihre historische Bedingtheit untersucht zu werden.

Plakat der Olympischen Spiele von London (1948)
Die Olympiaflagge wurde 1913 von Pierre de Coubertin (1863–1937) entworfen, auf den die Wiederbelebung der Olympischen Spiele zurückgeht. Die fünf Ringe stehen für die Erdteile. Ihre keinem speziellen Kontinent zugeordneten Farben und ihre Verbindung symbolisieren die Universalität des olympischen Gedankens. Diese Flagge sollte erstmals 1916 in Berlin gehisst werden, doch erst die Spiele von Antwerpen 1920 standen unter dem Zeichen der olympischen Ringe.

OLYMPIC GAMES
29 JULY 1948 14 AUGUST
LONDON

Das Weltbild der **Kirchenväter**

»Der allmächtige Gott lässt im Herzen der Menschen wirken, was er in den verschiedenen Gegenden der Erde schuf. Eine Fülle von Früchten jeder Art hätte er einer jeden geben können, doch hätte nicht jede Gegend der Früchte der anderen bedurft, so wären sie nicht in Gemeinschaft getreten. [...] So bringt eine jede das herbei, woran es der anderen mangelt, und diese gibt dafür das, was die Erste nicht hatte. Und die Länder sind, selbst wenn sie voneinander getrennt sind, ebenso durch eine Gemeinschaft des Wohlwollens miteinander verbunden.«

Gregor der Große, *Homilien zu Ezechiel*, I, 10, 34 (603)

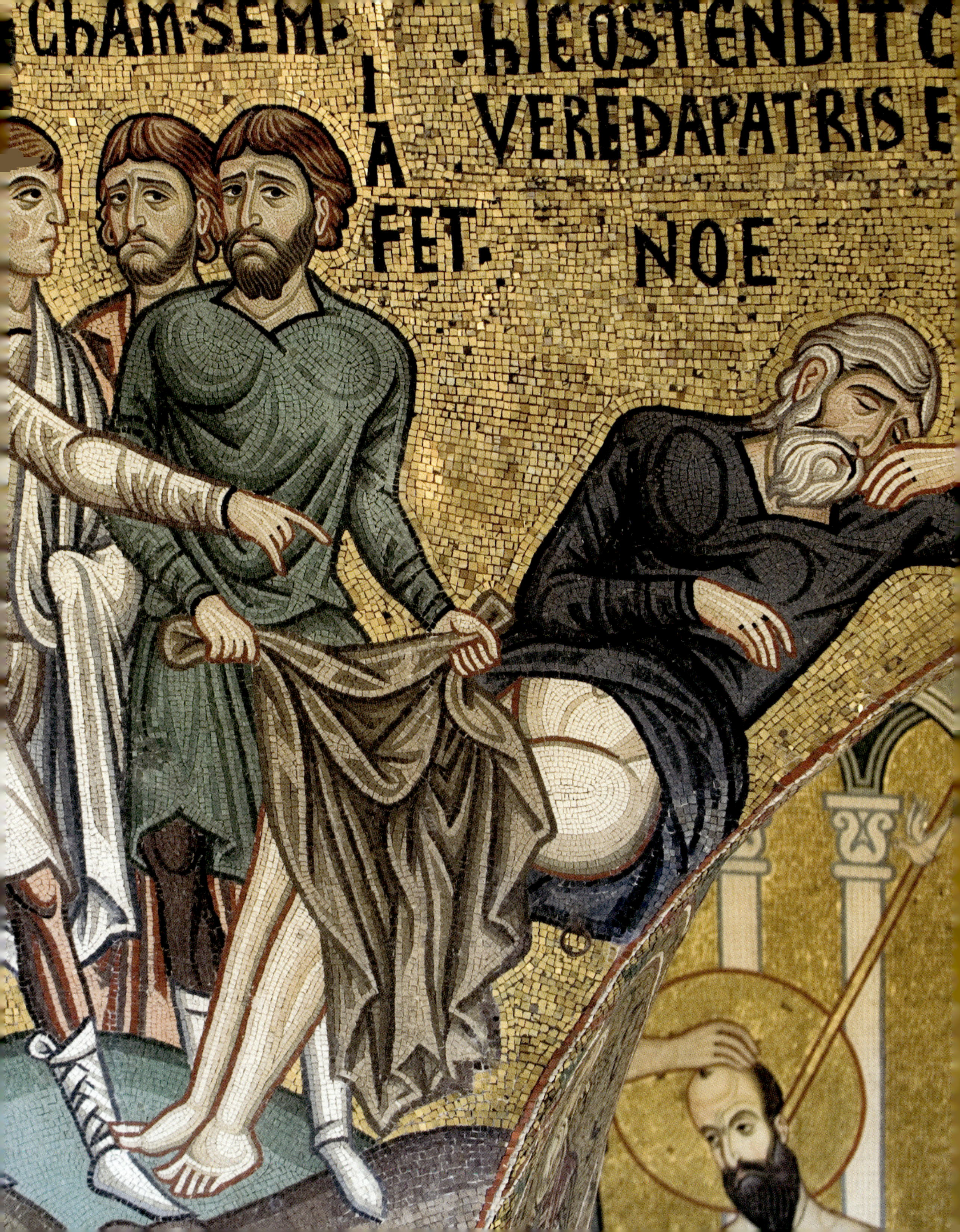
ChAM·SEM·
IAFET·
·hIC OSTENDIT C
VERĒDAPATRIS E
NOE

Die Patristik – die Wissenschaft von den Lehren der Kirchenväter – ist der breiten Öffentlichkeit wenig bekannt. Doch das Werk dieser Autoren der Spätantike ist unverzichtbar, will man die Grundlagen des europäischen Denkens begreifen, das später der modernen Wissenschaft ihre Ausprägung gab. Auf der Suche nach den Anfängen einer Einteilung der Welt in Kontinente müssen wir deshalb nicht exakt das Geografieverständnis des antiken Griechenlands erforschen, wohl aber den Umgang mit diesem Erbe. Nicht, dass die Kirchenväter den Begriff »Kontinent« erfunden hätten – dieser bleibt eine Schöpfung der Neuzeit. Doch Grundelemente des von ihnen übermittelten Weltverständnisses sind nach vielen Veränderungen schließlich zu jenen Vorstellungen geworden, mit denen wir heute umgehen.

Die Kirchenväter haben eine Synthese aus Fragmenten vom Kulturerbe des Altertums, insbesondere der Spätantike, und wörtlich ausgelegten Bibelstellen geschaffen. Für viele Wissensbereiche war Isidor von Sevilla die wichtigste Referenzquelle. Der zwischen 560 und 570 geborene Gelehrte wurde im Westgotenreich 601 zum Bischof von Sevilla ernannt und hatte dieses Amt bis zu seinem Tod im Jahr 636 inne. Sein Hauptwerk, die *Etymologien*, eine umfangreiche Enzyklopädie, lag in zahlreichen mittelalterlichen Bibliotheken auf und übte einen bedeutenden Einfluss aus. In Buch XIV, *De mondo et partibus* (»Über die Welt und ihre Teile«), kommt bei Isidor die grundlegende und überall geläufige Vorstellung der europäischen Gelehrten des Mittelalters von der Welt zum Ausdruck.

Die Trunkenheit Noahs (Mosaik in der Pfalzkapelle von Palermo)
Die Kapelle im Palast der Normannenkönige von Sizilien wurde im 12. Jahrhundert erbaut und ist mit großartigen Mosaiken geschmückt, die eine Lektüre der Bibel in Bildern ermöglichen. Dazu gehört die Geschichte von Noahs Trunkenheit (Genesis 9,19–21). Der Patriarch schläft nach übermäßigem Weingenuss. Sein jüngster Sohn Ham zeigt den beiden Älteren die nackte Scham des Vaters, diese nähern sich mit abgewandtem Gesicht und bedecken ihn mit einem Mantel. Beim Aufwachen verwünscht Noah die Nachkommenschaft seines Jüngsten, sie seien zu »Dienern der Diener seiner anderen Söhne« bestimmt, ein Fluch, der später als Rechtfertigung für den gesamten Sklavenhandel dienen wird. Jeder der drei Söhne wird einen Teil der Welt besiedeln, die man sich im Mittelalter als dreigeteilt vorstellte.

Die mittelalterliche Synthese

Die textlichen Ausführungen sind häufig von grafischen Darstellungen begleitet. Diese sind eher Schaubilder als Landkarten und sollten vermutlich zur Einprägsamkeit beitragen. Es gibt zwei sich ergänzende Arten. Der erste Typ geht großenteils auf einen Text aus dem 4. Jahrhundert zurück, den *Kommentar zu Scipios Traum* von Macrobius, der ein Bindeglied zwischen dem Denken des Altertums und des Mittelalters darstellt. Die Erdkugel wird hier aufgeteilt in Zonen gezeigt (griech. ζώνη, unsere Klimazonen), deren Grenzen von den Wendekreisen und Polarkreisen gebildet werden, übereinstimmend mit der astronomischen Geografie der Griechen. So unterschied man seit Aristoteles' *Meteorologie* fünf Zonen: eine heiße zwischen den Wendekreisen, die von zwei gemäßigten Zonen gesäumt ist, dazu im Norden und Süden zwei eisige Zonen. Die Breitenkreise, auf denen die Trennlinien (Wendekreise und Polarkreise) liegen, war im 3. Jahrhundert v. Chr. von Eratosthenes und im folgenden Jahrhundert noch einmal genauer von Hipparchos berechnet worden. Direkt von den Schaubildern des zweiten Typs leitet sich die Einteilung der Welt in Kontinente und Ozeane ab: Die sogenannten TO-Karten, von denen knapp 800 Beispiele erhalten sind, zeigen das Festland als Kreis, der ringförmig von Ozean (»O«) umgeben ist und durch einen waagerechten Balken und eine senkrechte Säule, die ein »T« bilden, in drei Teile geschnitten wird.

Die von Menschen bewohnte Erde, die »Ökumene«, besteht somit aus drei Teilen. Diese Weltsicht verbietet nicht, auch noch andere »Kontinente« auf der Erdoberfläche zu platzieren, insbesondere an den Antipoden. Die Lehrmeinung über die Welt, die sich damals durchgesetzt hat, entspricht also der Weltsicht der griechischen und römischen Geografen (die eine Sphäre im Zentrum anderer Sphären in einem harmonischen Kosmos annahmen). Es ist nicht die in der Bibel überlieferte Konzeption der semitischen Völker von einer flachen und kreisförmigen Erde, die sämtlichen Gesellschaften in der Region des »Fruchtbaren Halbmonds« gemeinsam war – eine der ältesten Wurzeln der Bibel. Sie lässt sich auf mesopotamischen Tafeln, in Texten und sogar auf einer heute im British Museum in London aufbewahrten berühmten Kartendarstellung (siehe S. 42) nachweisen. Die »Karte« begleitet die Schilderung der Eroberungszüge des Sargon von Akkad (um 2300 v. Chr.). Gut erkennbar ist das »O«, das die Erde umgibt, welche von einer halbmondförmigen Form durchzogen wird, dem »Großen Tal« Mesopotamien, es verbindet das »Obere Meer« (Mittelmeer) mit dem »Unteren Meer« (dem Arabisch-Persischen Golf). Die Erde ist hier noch nicht dreigeteilt. Sie ist rund und flach. Auch die Karten nach dem TO-Schema greifen die Idee eines Erdenkreises auf, ohne dabei andere, unbewohnte »Landinseln«, wie sie das babylonische Schema zeigt, auszuschließen, doch sie situieren diese Welt auf einer kugelförmigen Erde.

TO-Karte. Illustration zur Geografie des Isidor von Sevilla
(Französische Nationalbibliothek [BNF])
Im Rückgriff auf Texte des Altertums beschreibt der Kirchenvater eine Welt, die gemäß der biblischen Erzählung unter den drei Söhnen des Noah aufgeteilt ist: Sem, der ältere, hält mit Asien den größten Teil, Japhet Europa und Ham Afrika. Die Welt ist umgeben vom Ozean.

Die drei Söhne Noahs

Die durch das T entstehende Dreiteilung trifft man bereits in der antiken Kartografie an – von Herodot übrigens kritisiert (*Historien*, IV, 36) –, doch formal variierte sie noch stark. Bei einer wörtlichen Auslegung der Bibel lag indessen nahe, sie in systematischerer Form aufzugreifen, wozu sich der heilige Hieronymus offenkundig als Erster entschloss. In der Tat wird die Besiedelung der Erde in Kapitel 9 der Genesis erwähnt: Als es nach dem Rückgang der Sintflut auf der Erde kein Lebewesen mehr gab, besiedelten die Überlebenden aus der Arche auf Noahs Geheiß die Erde. Die Menschheit geht also in ihrer Gesamtheit auf Noah zurück. Der Patriarch hatte drei Söhne: Sem, Japhet und Ham. Jeder brach mit seiner Familie in eine andere Richtung auf. Ein Ziel gibt die Bibel nicht an, sie enthält nur eine Reihe Ortsangaben. Viele von ihnen sind nicht zuverlässig identifizierbar, doch hält man sich an das, was sich zuordnen lässt, so ist vorstellbar, dass sich die drei Gruppen in drei verschiedene Richtungen bewegt haben: Sem gen Osten, da Siedlungsorte in Mesopotamien genannt sind, Japhet gen Nordwesten, da eher anatolische Orte vorkommen, und Ham gen Südwesten, da die Ortsnamen oft mit Ägypten zu tun haben. In Wirklichkeit ist dies eine zu starke Vereinfachung, denn die Orte waren stärker gestreut und bildeten somit Siedlungsräume aus, die sich teilweise überschnitten. Doch die Theologen des Hochmittelalters hatten weder ein exaktes geografisches Wissen, noch kam es ihnen darauf besonders an.

Die TO-Karten sind also zunächst eine Übertragung der Heiligen Schrift in eine geografische Gestaltung. Ein höchst wichtiges Element dabei ist, dass sich die Grenzlinien zwischen den drei Sektoren, auf die sich die aus der Arche kommenden Völker verteilen (in der mittelalterlichen Bildkunst ist diesen eine jeweils unterschiedliche Fauna zugeordnet), in der Mitte des Kreises, dem Knotenpunkt der Erde, kreuzen: dort, wo die Passion Jesu Christi und seine Grablegung stattfanden. Ausgehend von diesem »Nabelpunkt«, dem *omphalos*, wie die Griechen gesagt hätten, bilden die drei Richtungen Winkel, was näher am Denken der Antike ist als an der neuzeitlichen Art, die Erde einzuteilen. Erst ab der Renaissance wurden die nach und nach entdeckten Erdteile wie eine Art Puzzle angeordnet, analog dazu, wie man auf einer anderen Ebene die Staaten, durch lineare Grenzlinien getrennt, aneinanderfügte. Zuvor waren dagegen viele räumliche Konzeptionen (etwa der mittelmeerischen Antike und mancher ihrer Erben wie Muslime und Ostchristen) ausgehend vom Standpunkt des Betrachters organisiert, der folglich das Zentrum der Welt bildete. Von dort aus sahen sie den Raum als hintereinander gestaffelte Zonen mit immer stärkerem Neigungswinkel (griech. *klimata*). Die arabische Kartografie ist dieser antiken Geografie lange treu geblieben.

Im Gegensatz dazu stellten sich die Urheber der *Mappae mundi* des mittelalterlichen Abendlands nicht in den Mittelpunkt ihrer Darstellung. Dies erstaunt nicht, wenn man bedenkt, dass seit der Offenbarung Christi (oder genauer, seit Pfingsten) die Frohe Botschaft nicht nur an das jüdische Volk, sondern an alle Völker der Erde, also überallhin, übermittelt werden sollte. Laut der Apostelgeschichte verlieh der in Form von Feuerzungen herabgekommene Heilige Geist den Predigten der Apostel das Vermögen, in allen Sprachen verstanden zu werden. Das Pfingstfest erinnert daran. Die Kirche und das Evangelium sind allumfassend, und der Beginn seiner Verkündigung machte den Fluch rückgängig, der seit dem Einsturz des Turms von Babel, der Zerstreuung der Nachkommen der Söhne Noahs und

◄ **Weltdarstellung auf einer babylonischen Tafel**
(7. Jh. v. Chr., British Museum, London)

Im Fruchtbaren Halbmond der Antike stellte man sich die Welt als flache, vom Ozean (*marratu*, salziges Meer) umschlossene Scheibe vor. Die zentrale Achse bildet Mesopotamien mit Babylon in der Mitte; im horizontalen Rechteck ist der Name eingraviert. Weitere Einträge, vor allem Assyrien, sind zu erkennen, sowie sieben Inseln jenseits des Ozeans, die als Spitzen symbolisiert sind.

der Aufsplitterung ihrer einheitlichen Sprache in 72 füreinander unverständliche Idiome auf der Menschheit gelegen hatte. Die Latein sprechende Christenheit war sich bewusst, dieser Sprachverwirrung zu entstammen. Durch die Reiseberichte der urchristlichen Missionare, vor allem des Apostels Paulus, die den Wegen der direkten Nachkommen des Patriarchen folgten, wurde den Gläubigen der Hergang vor Augen geführt. Dass Noahs Söhne in Kartendarstellungen auftreten, illustriert darum die Besiedelung der Erde und zugleich die Bekehrung der Menschheit. In beiden Fällen war der geografische Ursprung des Geschehens derselbe: das Heilige Land, Jerusalem. Das Herz der Welt unterschied sich also von dem Ort, wo die Bewohner des Abendlands lebten. Dies mag die Entwicklung des Konzepts von einer Welt begünstigt haben, die aus Teilen besteht, anstelle nach Richtungsachsen angelegt zu sein, deren Grenzen sich jenseits des Horizonts verlieren. In jedem Fall dürfte damit auch das Bedürfnis in Verbindung gestanden haben, das Zentrum wieder zu besetzen,

Karel van Mander, *Confusio Babylonica* (Stich, um 1598, BNF)
In der Ikonografie des Turms von Babel stehen eher der spektakuläre Bau und dessen Zerstörung im Vordergrund und nur selten die Verwirrung der Sprachen. Dieser von Jacob de Gheyn anhand einer Zeichnung von Karel van Mander angefertigte Stich bildet eine Ausnahme. Der Zorn Gottes äußert sich hier bibelgetreu nicht in der Zerstörung des Turms, sondern in der Zerstreuung der Nationen. Im Vordergrund sind drei Tafeln: eine in Griechisch, eine in Hebräisch, die dritte mit Zeichen, die arabische Schrift imitieren sollen. Sie erinnern an die »drei Rassen«, die aus Noah hervorgegangen sind: Europäer, Semiten und Afrikaner.

Die unter Noahs drei Söhne verteilte Erde (Buchmalerei), Simon Marmion zugeschrieben (ca. 1459–1463, Königliche Bibliothek Belgiens, Brüssel)
Diese für ihre Zeit altertümliche Weltkarte (im 15. Jahrhundert dominiert in der Kartografie wieder das ptolemäische Weltbild) zeigt die Söhne Noahs – namentlich bezeichnet – auf ihrem jeweiligen Kontinent. Kartografischer Realismus ist nicht angestrebt: Jeder Erdteil ist gekennzeichnet durch eine Fantasielandschaft europäischen Typs. Genau oberhalb von Sem ist die Arche auf dem Gipfel des Bergs Ararat zu erkennen. Auch die Himmelsrichtungen sind angegeben: Orient (oben), Meridies, Okzident und Septentrio.

Orient
Midi
Occident

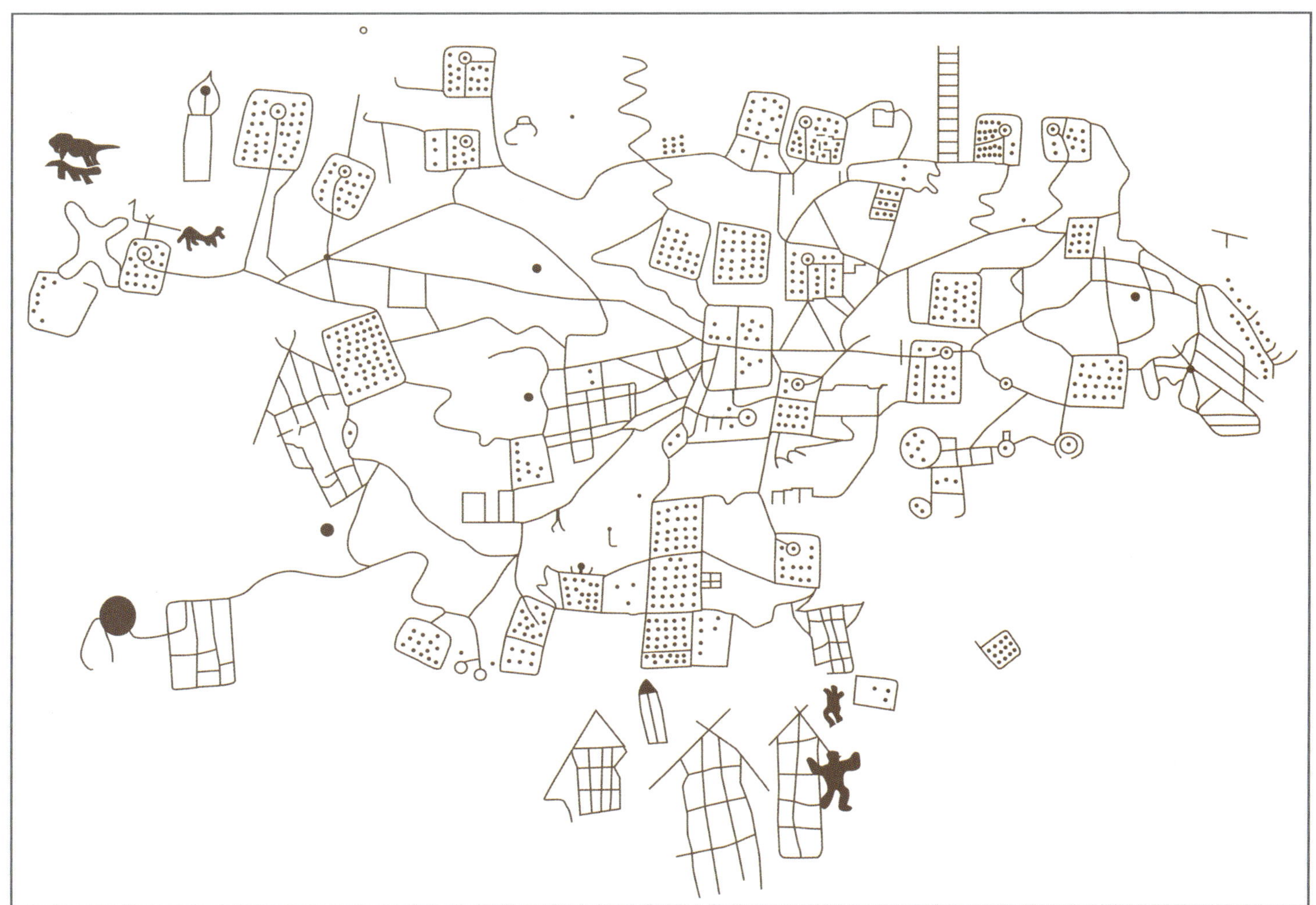

Jerusalem »zurückzuerobern«: Ziel aller Kreuzzüge. Die Korrelation von Raum- und Zeitbewusstsein ist hier gut zu erkennen. In der Geschichtsbetrachtung des Abendlands schwingt die vom Fruchtbaren Halbmond ausgehende Ausbreitung immer unterschwellig mit. Die Geschichtsdidaktik in der Schule, die, beim alten Ägypten und Palästina beginnend, zu Griechenland und Rom übergeht und sich schließlich auf das westliche Europa festlegt, verkörpert diesen geografischen Aspekt der Geschichte.

Die Weltsicht, nach der die TO-Karten strukturiert sind, ist mit der sich gleichzeitig ausbildenden christlichen Zeitrechnung kohärent. Im 6. Jahrhundert berechnete Dionysius Exiguus das Annum Domini. Er harmonisierte die Zeitzyklen früherer Komputisten und legte vor allem die Regeln für die Bestimmung des Osterdatums fest, das Herzstück des kirchlichen Kalenders. *Anno Domini Nostri Jesu Christi* (im Jahr unseres Herrn Jesus Christus), abgekürzt A. D., das den Moment der Geburt

Die *Mappa di Bedolina*
(Archäologiepark der Gemeinde Seradina-Bedolina, Norditalien)
und die Nachzeichnung des Archäologen Miguel Beltrán Lloris

Von den zahlreichen Felsritzungen im Valcamonica ist diese 3000 Jahre alte, in Bedolina innerhalb der Ortschaft Capo di Ponte auf einem von Gletschern geglätteten Felsen gefundene Landkarte wohl die berühmteste. Zu Recht lässt sie sich als Katasterplan des unterhalb gelegenen Tals interpretieren. Es konnten vier Bearbeitungsphasen festgestellt werden, aus denen die fortschreitende Besiedelung und Entwicklung des Tals hervorgeht, unter Umständen auch seine Invasion durch andere Siedler. Rechtecke und Kreise scheinen gegenüberliegende Flächen anzudeuten, die durch Linien verbunden sind. Die gängige archäologische Auslegung sieht darin eine Vielzahl von Parzellen, bestellten Feldern, Behausungen und Wegen, die der Flächeneinteilung im Tal in der späten Bronzezeit (Ende des 2. Jahrtausends v. Chr.) entspricht.

Jesu Christi bezeichnet, wurde zum zentralen Punkt in der christlichen Zeitrechnung, die bis heute weltweit Gültigkeit hat, ungeachtet der Konkurrenz anderer religiöser Traditionen. Das *Anno Domini* wurde so zu einer Art zeitlicher Mitte, die mit der räumlichen Mitte der Ökumene – Jerusalem – kongruent war.

Wann spricht man von »Landkarte«?

Sofern unter »Karte« jede auch nur ungefähre Darstellung der Erdoberfläche verstanden wird, sind die mittelalterlichen *Mappae mundi* unbestreitbar Landkarten. Aber alles hängt vom Verhältnis ab, in dem Fantasie und die Wiedergabe überprüfter Informationen dabei stehen. Lange Zeit war dies eine Frage der erfassten Größenordnung. Seit der Jungsteinzeit ist die Erstellung von katasterartigen Verzeichnissen bekannt, mit deren Hilfe man zugeeignete und bestellte Landflächen verwaltete. Unter anderem sind ägyptische Papyrusfragmente erhalten, die den Verlauf von Straßen und Feldern zeigen. Sie erleichterten nach jedem Rückgang der Nilflut die Wiederherstellung der Parzelleneinteilung, deren Markierungen das Hochwasser ausgelöscht hatte. Rätselhafter ist die sogenannte Bedolina-Karte (siehe S. 46/47). Auf dieser Ritzzeichnung vom Ende des zweiten Jahrtausends vor Christus, die auf einem Felsen oberhalb eines Tals in den italienischen Alpen entdeckt wurde, sind Felder, Häuser und Straßen sowie Menschen und Nutztiere zu sehen. Für dieses Artefakt aus einer Gesellschaft, die über keine Schriftkultur verfügte, ist die plausibelste Erklärung, dass es sich um einen Katasterplan handelte. Archäologische Befunde aus dem Landstrich, der von dem Felsen aus sichtbar ist, stützen diese These.

Weltkarte aus dem *Kommentar zur Apokalypse* (um 1050)
Diese Karte aus dem 11. Jahrhundert stammt aus einer illuminierten Abschrift des *Kommentars zur Apokalypse*, der Beatus von Liébana (ca. 730–798) zugeschrieben wird. Dieser Text enthielt die sicher ältesten Karten des westlichen Christentums. Das Original ist verloren gegangen, doch es bestehen zahlreiche spätere Abschriften. Deutlich zu erkennen ist oben (im Osten) das irdische Paradies, grün wie ein Garten, mit Adam und Eva, die die Erbsünde bereits begangen haben, denn ihre Haltung zeigt, dass sie sich ihrer Nacktheit bewusst sind.

Auf dieser Ebene hat man es mit einer kleinen Welt zu tun, weit entfernt von einer Darstellung des Erdganzen. Sie ist überprüfbar, das Auge kann das Abgebildete in der Realität wiederfinden. Mit der Zeit wurden der Informationsgehalt und seine Übertragung in die Kartografie komplexer und ausgedehnter. Eine positivistische Sicht zöge sicher gern den Schluss, dass der Umfang des Imaginären in der Kartengestaltung durch topografische Fortschritte und verbesserte Techniken zur Gewinnung geografischer Daten fortschreitend zurückgedrängt wurde. Ein solcher Progressivismus mag sich darin bestätigt sehen, dass in den wenig bekannten Bereichen, wo auf den alten Karten noch Ungeheuer die Meere und Kontinente unsicher machten, diese zunächst durch Leerstellen (»weiße Flecken auf der Karte«) und später durch gesicherte Erkenntnisse ersetzt wurden. So gesehen wären die TO-Karten mit ihren zahlreichen mythologischen Elementen (die dank der Ethnografie von vielen Völkern überliefert sind) das exakte Gegenteil der empirisch überprüfbaren Katasterkarten, und Letztere somit die echten Vorläufer der neuzeitlichen Kartografie, die sich ab dem 15. Jahrhundert von theologischen Darstellungen zu lösen begann.

Nun ist aber jede Karte (und darum muss man bei den mittelalterlichen Schöpfungen beginnen) sowohl eine *Dar*stellung als auch eine *Vor*stellung: eine materielle Gestaltung, die die Realität umsetzt, sowie ein geistiges Bild, das erlaubt, sie gedanklich zu fassen. Unsere heutigen Weltkarten machen hier, eben weil sie Totalansichten anbieten, keine Ausnahme. Selbst wenn sie im Wesentlichen ein Ergebnis des technischen Vorgehens sind, das die flämischen Kartografen im 16. Jahrhundert praktizierten (insbesondere ihrer Verfahren der Projektion, die uns heute »normal« vorkommen), bleiben sie implizit doch die Träger einer Weltsicht, die auf ältere Quellen zurückgeht. Denn es war das Denken der mittelalterlichen Welt, welches die europäische

Armenia
Capadocia
Calcedonia
Iudea
Babilonia
India
Berbena
Tingi
Seuilia

Eurus
Vulturnus
Aquilo
Boreas
Auster
Zephirus
h' est paradisus
Jndia superior
media
assiria
persida
thebaida
ethiopia
babi lon
Sicilia
Sarda nia
alemannia
hispania
Brittan nia
Gades herculis

Kartografie des 15. und 16. Jahrhunderts mit Techniken zusammenführte, die Zug um Zug verbessert wurden und den Betrachtungswinkel dehnten (die kartografische Entsprechung ist der »kleine Maßstab«). Sich mit der Geschichte des Kontinentbegriffs zu befassen, ist darum kein Ausdruck unnützer Wissbegier, sondern es schafft Bewusstsein für Konzepte der Welt, die längst unter die Wahrnehmungsschwelle abgesunken sind, von wo sie unbemerkt unsere Sicht auf die heutige globalisierte Menschheit beeinflussen.

Warum die »Orientierung« nach Norden?

Wer eine Landkarte zur Hand nimmt, muss sie zunächst in die richtige Richtung drehen, um sich zu »orientieren«. Dabei ist der Ausdruck eigentlich paradox: Denn die Ausrichtung wird ja so sein, dass Norden oben ist, während »orientieren« wörtlich bedeutet, zum Orient, also nach Osten auszurichten. Hier stößt man in einem simplen Alltagsbegriff auf ein Relikt aus der Kartografie des Mittelalters. Bei den TO-Karten liegt der Osten nämlich oben, und dafür gibt es einen Grund: An dieser Stelle wurde damals das Paradies auf Erden eingezeichnet. Darum zeigen alte, geostete Landkarten ganz oben häufig zwei Gestalten: Mann und Frau, Adam und Eva, leicht an ihrer schamvollen Nacktheit und der Gegenwart der Schlange zu erkennen (siehe S. 49). Im Rahmen einer wörtlichen Auslegung der Bibel muss das irdische Paradies, sofern es eines gegeben hat (was niemand im Mittelalter bezweifelt hätte), seinen Platz auf den Darstellungen der Welt haben. Nur kommt es nach der Vertreibung von Adam und Eva nicht mehr vor, außer der Vermutung, dass östlich des Paradieses nichts mehr ist. Kain (im Koran heißt er Qâbil) wird nach dem Mord an seinem Bruder ins Land Nod »östlich von Eden« verstoßen. »Nod« leitet sich von einer hebräischen Wurzel ab, die »Herumirren« bedeutet. Man folgerte also, dass das Paradies ganz im Osten lag. Einer Auslegung nach wurde es von der Sintflut fortgerissen, meistens glaubte man jedoch an sein Weiterbestehen, was eine Erklärung für rätselhafte Erscheinungen wie die Herkunft der Gewürze bot. Sein Vorhandensein auf einem Bild der Welt kennzeichnet diese Weltsicht als eine theologische. »Liest« man von oben nach unten, gelangt man vom alten Menschen zu Jesus, dem »neuen Adam«, dessen irdischer Wohnort ins Zentrum der Welt gesetzt wird. Der räumliche Mittelpunkt Jerusalem deckt sich mit dem zeitlichen, Christi Geburt.

Von der schlichten geometrischen Form, die den Text des Isidor von Sevilla illustrierte, entwickelten sich die *Mappae mundi* nach und nach zu immer detaillierteren und präziseren, mit Ortsnamen versehenen Darstellungen. Eine erste Modifikation bestand darin, Teile der physischen Geografie auf die Begrenzungen der »Anteile« von Noahs Söhnen zu übertragen. Das einfachste und über die Zeit beständigste Element bestand in der Darstellung der vertikalen Säule des T als das Mittelmeer. Wir stehen hier vor den Ursprüngen der Abgrenzung Europas. Es lässt sich mitverfolgen, wie dieser Grenzbereich von einer Karte zur nächsten breiter wird; dann tauchen Inseln auf, bald auch ihre Namen. Die Grenze zwischen den Gebieten von Sem und Ham bildete nicht das Rote Meer, das erst sehr spät auf der Karte der Welt in den *Grandes Chroniques de France* (siehe S. 50) auftauchte, sondern der Nil. Er blieb übrigens bis ins 16. oder sogar 18. Jahrhundert die Trennlinie zwischen Asien und Afrika. Im Norden ist das

◄ *Mappa mundi* aus den *Grandes Chroniques de France*
(um 1270, Bibliothek Sainte-Geneviève, Paris)

Diese Karte stammt aus dem Besitz des französischen Königs Charles V. Oben (im Osten) ist das Paradies zu sehen, umgeben von einem Flammengürtel, der den Zutritt verwehren soll, links davon (also weiter nördlich) eine weitere bogenförmige Grenze, darin der Hinweis: »Hier sind Gog und Magog gefangen.« Gemeint sind die Kräfte des Bösen, deren Befreiung erst zum Endkampf erfolgt, der dem Kommen des Antichrist vor dem Ende aller Zeiten vorangehen wird. Ein Bezug des Orts zu den Reitervölkern der Steppen liegt nahe; die Karte entstand kurz nach dem großen Sturm der Mongolen, die einige Jahre zuvor das Fürstentum Kiew zerstört hatten und in Polen und Ungarn eingefallen waren. Der Nil bildet die Verlängerung des Roten Meers, Jerusalem thront im Mittelpunkt der Welt.

Schwarze Meer als Grenze zwischen Sems und Japhets Teil zu erkennen; jenseits davon weiter nördlich wird es undeutlich, der Bereich wird manchmal mit Tanaïs, dem heutigen Don, assoziiert. Aber das waren ohnehin Gegenden, die man fast nur aus Legenden kannte, und der reale Bezug spielte keine Rolle.

Die Farbe Rot ist auf dieser Karte zweimal verwendet. Natürlich für das Rote Meer, aber auch ganz oben als Grenze des Paradieses (*»Hic est paradisus«* ist dort angemerkt). Wenn der Garten Eden schon nicht durch die Sintflut von der Erde fortgeschwemmt worden war, so musste er unerreichbar sein, sonst bestand die Gefahr, dass die Suche nach dem irdischen der Suche nach dem himmlischen Paradies Konkurrenz machte. (Dieser Traum vom Paradies schwang bei den Entdeckungsreisen des 15. und 16. Jahrhunderts, vor allem bei Kolumbus, noch mit.) Es gab deshalb eine apokryphe Tradition, gemäß derer man sich den Garten Eden von einem unüberwindbaren Flammengürtel umgeben vorstellte, der auf der Karte in Rot dargestellt war.

Paradies auf Erden

Mit dem Aufschwung der Handelsbeziehungen in der Alten Welt ab dem 12. Jahrhundert kauften die Europäer in den Häfen der Levante, also des östlichen Mittelmeers, zu enormen Preisen aromatische Stoffe, die sie »Gewürze« nannten. Halb als Arznei, halb als Geschmackszutat verwendet, bezogen diese einen guten Teil ihres Ansehens (und damit Preises) aus ihrer geheimnisvollen Herkunft. Da sie aus dem Orient kamen, bot sich als einfache Erklärung an, dass sie Früchte der Paradiesbäume waren. Diese Hypothese hatte zudem den Vorzug, zu einer Überlieferung zu passen, nach der die großen Flüsse, vor allem der Nil, im Garten Eden entsprangen. So kam der Rest der Welt dank dieser Gewässer in den Genuss der Gewürze.

Die Erklärungen, die Joinville von ägyptischen Kaufleuten erhielt, als er Ludwig IX. auf dem siebten Kreuzzug begleitete, waren sehr klar: Die Gewürze fallen von Paradiesbäumen in die Flüsse, etwa den Nil; weit flussaufwärts spannen Völker Netze aus, um die Wunderdinge aufzufischen und dann per Schiff flussabwärts zu schicken. Dieser Ursprung und die Durchquerung der halben Welt erklären die horrenden Preise. Es ist nicht ausgeschlossen, dass die Händler in den Souks der Hafenstadt Damiette ernsthaft an diese Geschichte glaubten, die sie Joinville erzählten. Dies alles war ja auch Teil ihres eigenen geistigen Universums und ihres Bildes der Welt, ob sie nun Juden, Muslime oder Ostchristen waren. Man löst sich nicht leicht vom gewohnten geistigen Kosmos, und ganz verlässt man ihn nie.

Die Weltinterpretation der TO-Karten konnte sich bis zum 14. Jahrhundert halten. Doch dann wuchs das geografische Wissen enorm an, vor allem weil sich der Handel zwischen dem Chinesischen Meer und dem Mittelmeer im 13. Jahrhundert aufgrund der politischen Einigung des größten Teils von Eurasien unter der Herrschaft der Mongolen explosionsartig ausweitete. Es war die Zeit der Reisen von Marco Polo, Johannes de Plano Carpini, Wilhelm von Rubruk …

Joinville und die Herkunft der Gewürze

»Bevor der Nil nach Ägypten kommt, spannen Menschen, deren Gewerbe das ist, dort ihre Netze aus. Wenn der Morgen kommt, finden sie in den Maschen die Gewürze, die nach Ägypten gebracht werden, Ingwer, Rhabarber, Aloe und Zimt. Es wird gesagt, dass diese Dinge aus dem irdischen Paradies kommen […] Was in den Fluss fällt, verkaufen die Händler aus diesem Land an uns.«
Das Buch von den guten Taten unseres heiligen Königs Ludwig [IX], 1309 (aus der neufranzösischen Ausgabe von 1963, 10/18, S. 51)

Der Raub Europas durch Zeus in Stiergestalt
(Griechische Kratervase, um 380 v. Chr., Museum für kykladische Kunst, Athen)
Europa – vom phönizischen Wort für Sonnenuntergang/Westen – ist in der griechischen Mythologie die Tochter Agenors, des Königs von Tyros. Zeus entführt die Schöne von einem Strand bei Sidon, wozu er die Gestalt eines weißen Stiers annimmt, und bringt sie nach Kreta, wo sie drei Kinder haben werden. In diesem Mythos erkennen die Griechen implizit ihr phönizisches Erbe an. Er hat seit der Antike bis in unsere Zeit (Darius Milhaud) viele Künstler inspiriert.

Eine neue Kartografie

Mit der Zunahme der maritimen Handelsbeziehungen kamen Karten auf, die stärker empirischen Charakter hatten. Oft wird dafür der Begriff »Portolane« verwendet, er ist aber nicht exakt (und wurde erst im 19. Jahrhundert gebräuchlich), denn ursprünglich verstand man darunter eine nautische Beschreibung mit Seerouten, Ortsnamen, Gefahrstellen und Häfen. Besser spricht man darum von Seekarten. Sie sind mit geraden Linien – dem sogenannten Rumben- oder Windstrahlennetz – überzogen, die strahlenförmig von Windrosen ausgehen. Dieser Kartentyp tauchte Ende des 12. Jahrhunderts auf und hielt sich bis ins 18. Jahrhundert. Die »Pisaner Karte« aus dem 13. Jahrhundert, die den gesamten Mittelmeerraum zeigt, gilt als älteste erhaltene Karte dieser Art, sie wird im Landkarten- und Planarchiv der französischen Nationalbibliothek (BNF) aufbewahrt. Wie die meisten Portolane ist sie genordet. Es gibt keinen schriftlichen Nachweis, der diese Karten explizit in Zusammenhang mit der Verwendung von Kompassen bringt; zeitlich stimmt ihr Aufkommen und Gebrauch im Mittelmeerraum jedenfalls überein. Der Begriff »Orientierung« beginnt seine wörtliche Bedeutung zu verlieren.

Trotz der Zunahme empirischer Informationen und der beginnenden Berücksichtigung der magnetischen Deklination in der Kartografie bedeutete das 13. Jahrhundert für die TO-Karten noch nicht das Aus. Noch gegen 1300 entstanden ausgesprochen reichhaltige und eindrucksvolle Beispiele wie die *Mappa mundi* in der Kathedrale von Hereford (1,65 × 1,35 m) oder die Ebstorfer Weltkarte (3,60 × 3 m, mit über 2300 Einträgen). Letztere wurde 1943 bei den Luftangriffen auf Hannover zerstört, ist aber in Reproduktionen erhalten. Nicht zu vergessen Simon Marmions Buchmalerei aus der Mitte des 15. Jahrhunderts mit den drei Söhnen Noahs, jeder auf seinem Teil Land (siehe S. 45), die in der Königlichen Bibliothek Brüssel aufbewahrt wird.

Im späten Mittelalter wurden die TO-Karten seltener, man ergänzte sie aber durch neue geografische Wissensinhalte, zum Beispiel über die Mongolen, deren Macht im 13. Jahrhundert an der Seidenstraße den Frieden sicherte. Zuvor waren sie brutale Eroberer gewesen, die bis an die Ostgrenzen Europas vordrangen und 1241 Schlesien und Ungarn verwüsteten. Die »Reiter des Teufels« (so nannte man sie im Okzident) wurden mit Gog und Magog gleichgesetzt, die in den jüdischen und christlichen Schriften Personifizierungen der Kräfte des Bösen waren. Laut der Apokalypse sollen sie das Kommen der Endzeit ankündigen. Die beiden Namen findet man darum auf der Karte in den *Grandes Chroniques* von Frankreich (siehe S. 50) an einer Stelle eingetragen, die der Lage der Mongolei entsprechen könnte; diese Weltkarte entstand tatsächlich nur wenige Jahre nach dem Mongoleneinfall.

Ab dem 16. Jahrhundert waren die Tage der schematischen Darstellungen gezählt. Entdeckungsreisen in immer größere Ferne, wachsendes Interesse der Europäer an den Atlantikinseln (Azoren, Madeira; im 15. Jahrhundert nutzte man die Kanaren als Zuckerrohrinseln) und zunehmendes Wissen über Asien standen am Anfang der Suche nach neuen Darstellungsformen, um die Welt abzubilden. Manchmal wird die rasch fortschreitende Veränderung als »ptolemäische Revolution« bezeichnet, was sicher übertrieben ist. Die Idee, Claudius Ptolemäus sei bei den mittelalterlichen Gelehrten total in Vergessenheit geraten, ist ebenso ein Mythos wie sein angeblicher Glaube an eine flache Erde. All dies ist eher den Polemiken des 19. Jahrhunderts geschuldet, in denen Positivisten das Denken des Mittelalters als obskurantistisch hinstellten, um die aufkommende moderne Wissenschaft heller leuchten zu lassen. Wahr ist, dass die Arbeiten des antiken

Geografen im 14. Jahrhundert wieder verstärktes Interesse weckten. Indessen ging die Botschaft der mittelalterlichen Idealdarstellungen, die nur mehr als Objekt akademischer Neugier erschienen, noch lange nicht unter. Nach wie vor »orientieren« wir uns zum Beispiel. Ebenso geschieht die Ausrichtung von Kirchen bevorzugt mit der Apsis nach Osten, zur aufgehenden Sonne, ohne dass dies auf einem theologischen Gebot beruhen würde. Eigentlich müssten wir ja »septentrionieren« sagen (schön klänge das nicht), da wir unsere Karten jetzt nach Norden ausrichten. Ein noch viel folgenreicheres Relikt, das in unseren Köpfen herumspukt, ist die Vorstellung einer dreigeteilten Welt, selbst wenn später einige andere Teile hinzugefügt worden sind.

Von den Ufern der Ägäis zu den Küsten des Mittelmeers

Auf den Illustrationen zum Werk Isidor von Sevillas mit den drei T-förmig getrennten, vom O des Ozeans umgebenen Teilen sind nicht nur die Namen von Sem, Japhet und Ham angegeben, sondern auch Asia, Europa und Africa. Der Kirchenvater kompilierte die Aussage der Genesis mit den Bezeichnungen der griechisch-

Römisches Mosaik mit der Darstellung Afrikas (Casale, Sizilien)

Die Ende des 3. Jahrhunderts erbaute römische Villa unweit der Piazza Armerina in Casale ist mit 3500 m^2 Mosaiken geschmückt, die durch einen Erdrutsch, der das Gebäude unter sich begrub, konserviert wurden. Interessant ist vor allem die Darstellung einer dunkelhäutigen Frau – zu ihren Seiten ein Tiger und ein Elefant –, die einen Elfenbeinzahn hält. Sie wird als »Afrika« bezeichnet, was aus späterer Zeit stammen könnte; die Römer hätten eher von »Libya« gesprochen. Die umfangreichen Jagdszenen aus Nordafrika führten zu der Vermutung, dass die Villa einem Numiden gehört haben könnte, der mit dem Verkauf von Tieren an den Zirkus reich geworden war.

römischen Antike für die Ufer des *Mare nostrum*. Alles begann im Herzen der griechischen Welt; sie konnte bei diesem Volk von Seefahrern nur eine maritime sein. Der Mutterschoß der Griechen war nicht das heute »Griechenland« genannte Endstück des Balkans, sondern die Ägäis von Kreta bis Thrakien, von Euböa bis Ionien, bis hin zur Peripherie, vor allem dem Schwarzen Meer (Pontos Euxinos). Die griechischen Begriffe für die Küsten mit ihren wichtigen Städten lauteten »Asia« (für das Festland an der östlichen Ägäisküste) und »Európē« für die Westküste.

»Asia« wird erstmals am Beginn der *Ilias* genannt, es bezeichnet eine Prärielandschaft. Etwas später steht im *3. Hymnus Homers an Apollo*, einem archaischen religiösen Gesang, »Európē« für das griechische Festland nördlich des Golfs von Korinth; etymologisch könnte es »weites Land« bedeuten. Besser bekannt ist »Europa« aus der griechischen Mythologie als Tochter des Königs Agenor von Tyros. Das passt zu der (recht plausiblen) Theorie, welche »Asia« und »Europē« auf semitische Wurzeln, und damit einen levantinischen Ursprung, zurückführt (auch das griechische Alphabet ist eine Weiterentwicklung der phönizischen Schrift). Zeus hatte sich in die phönizische Prinzessin verliebt, er verwandelte sich in einen prächtigen weißen Stier und entführte sie nach Westen, Richtung Kreta. Eine alternative, allerdings nicht unumstrittene Meinung leitet die beiden Begriffe aus dem Assyrischen ab, wo die Ost- und die Westküste der Ägäis in einem Text mit »Assu« und »Ereb« (Sonnenaufgang und Sonnenuntergang) bezeichnet werden. Asien und Europa wären damit einfach Ost/Orient und West/Okzident. Später kam ein dritter Begriff dazu: Libýē. Damit war das südliche Ufer des Meers, der *thalassa*, gemeint, auf dem die Hellenen Schifffahrt betrieben, also die Nordküste des heutigen Afrika. Exakt bezeichnete es den gesamten Norden Afrikas von Ägypten im Osten bis zu den Säulen des Herakles (ein Begriff, zu dem es Textbelege in der *Ilias* und der *Odyssee* gibt) im Westen. Schwarzafrika war eher »Aithiopia«, hiermit bezeichnete man das Königreich von Aksum südlich von Ägypten und Nubien. Diese Begriffe wurden von den Römern in romanisierter Form übernommen, Asia, Europa, Libya. Europa erfuhr eine Umorientierung: Lag es zu Beginn eher im Westen, so rückte die Bezeichnung schließlich ans Nordufer des Mittelmeers. Der Name »Africa« galt bei den Römern eher für ihre Provinz, die dem heutigen Tunesien entsprach. Herodot erwähnt die im 5. Jahrhundert v. Chr. bereits etablierte Tradition einer Aufteilung der Welt in drei Teile, von der er sich irritiert zeigt: »Ich kann weder verstehen, aus welchem Grund die Erde, die eins ist, drei Namen erhalten hat, die Frauennamen sind, noch warum man ihr den Nil von Ägypten und den Phasis in Kolchis (oder nach einer anderen Meinung den Fluss Tanaïs am Maeotis und den Kimmerischen Bosporus) als Grenzen gegeben hat. Weder konnte ich in Erfahrung bringen, wer diese Abgrenzungen getroffen hat, noch worauf diese Benennungen zurückzuführen sind. Nach der heutigen Ansicht der meisten Griechen hat Libya seinen Namen von Libiē, einer Einheimischen, und Asia ist benannt nach Asieus, dem Sohn des Kotys (Sohn des Manes), also nicht nach der Gattin des Prometheus, weshalb sich der Stamm von Sardeis [Lydien] ›Asia‹ nennt. Was Europa betrifft, so ist unbekannt, ob es von Meer umschlossen ist, woher sein Name kommt und wer ihn ihm gegeben hat. Zumindest wird gesagt, es habe seinen Namen von Europe von Tyros. Zuvor war es namenlos wie die anderen Teile.« (Herodot, *Historien*, IV, 45)

Die Araber, den Römern hierin treu, blieben bei »Ifriqiya« (Afrika). Es bezeichnete den Bereich östlich der »Insel des Sonnenuntergangs« (djeziret-el-maghreb), deren Mitte, Algerien (arab. al djazayïr), in seinem heutigen Namen noch deutlich das Wort

»Insel« erkennen lässt. Die Namen der späteren Kontinente kamen in den alten Texten weder häufig vor noch war ihr Gebrauch streng festgelegt, und so erstaunt es nicht, wenn »Africa« im Mittelalter plötzlich beliebter wurde als »Libya«.

Für die Griechen und Römer wäre es widersinnig gewesen, im buchstäblichen Sinn von Kontinenten zu sprechen. Die weiblichen Eigennamen, die später die Erdteile bezeichnen sollten, gaben bei ihnen eher Richtungen an: den Norden, Süden oder Osten des *Mare nostrum*, genauso wie »Atlantik« die Region des Sonnenuntergangs bezeichnete. Dies war aber noch wenig verbreitet; es kommt dem späteren Gebrauch der Kardinalpunkte sehr nahe. »Asia« und »Africa« waren vor allem die Namen von Provinzen des Römischen Reichs. Zusätzlich kam ab dem 4. Jahrhundert in Byzanz der Begriff »Anatolien« auf (griech. ἀνατολή und türk. *anadolu* für «Sonnenaufgang«). Außer im Amtsgebrauch waren »Afrika« und »Asien« keine Toponyme (örtliche Bezeichnungen), auch ließen sich aus ihnen keine Adjektive oder Ethnonyme (Volksbezeichnungen) bilden. Einwohner Phöniziens wären genauso erstaunt gewesen, wenn man sie als »Asiaten« bezeichnet hätte, wie Athener, die man »Europäer« genannt hätte. Das soll aber nicht heißen, dass die Vorstellung einer Aufteilung der Welt den Autoren der Antike vollkommen fremd gewesen wäre. Ihre beschreibende Geografie praktiziert (vor allem in den Werken von Herodot und Strabo), da sie auf einer Gliederung nach Völkern aufbaut, durchaus eine regionale Einteilung der Welt. Die Namen, welche die Kirchenväter letztendlich wählten, um die »Erblande« zu bezeichnen, die Noahs Söhnen zugewiesen wurden, waren somit nur eine von mehreren Optionen, da sie auf einen umfangreicheren Vorrat an Toponymen zurückgreifen konnten. Die getroffene Entscheidung sollte Geschichte schreiben: Heute sprechen wir alle von Afrika, Asien und Europa.

Kanaans Verfehlung

Die Abstammung von Noah bedeutete für einen der Erdteile schlechte Karten: Mit der Zuteilung des Namens Afrika an die von Hams Nachkommen besiedelte Region – in ihr waren sämtliche Gebiete südlich des Mittelmeers zusammengefasst –, fiel auf alle Afrikaner der Fluch, der über Hams Sohn Kanaan verhängt worden war. Die Erzählung der Genesis (Gen 9,19–21) enthält eine Episode, die oft als »Noahs Trunkenheit« bezeichnet wird. Sie steht zeitlich zwischen dem Auszug aus der Arche und der Verstreuung der Abkommen des Patriarchen.

Noah hatte vermutlich für ein Fest, mit dem er Gott danken wollte, Trauben geerntet, trank zu viel Wein und fiel in einen schweren Schlaf. Dabei entblößte er sich und bot einen unschicklichen Anblick. Dies belustigte seinen jüngsten Sohn Ham, der seine beiden Brüder herbeiholte, die das Ganze weniger komisch fanden und den Vater mit seinem Mantel bedeckten. Beim Aufwachen geriet der Patriarch, wohl von seinen loyalen Söhnen aufgeklärt (die Bibel sagt dazu nichts), über Ham in Wut. Manche später entstandene Texte, vor allem der Talmud und die Hadithen, enthalten eine drastischere Version, in ihnen beschämt der Sohn den Vater nicht nur, sondern vergeht sich an diesem oder an der Mutter. Doch auch dort ist als Kernstück die Wut des Patriarchen enthalten, der zur Strafe Hams Sohn Kanaan verflucht. Dass nicht der Schuldige bestraft wurde, sondern dessen Sohn, hat Bibelleser mit ganz anderer Mentalität als die der Völker im Nahen Osten vor 3000 Jahren oft erstaunt. Exegeten dieser Textstelle vermuteten im Allgemeinen (vor allem Justinus der Märtyrer im 2. Jahrhundert), dass Ham, der wie alle Passagiere der Arche von Gott gesegnet worden war, von Noah nicht mehr verflucht werden konnte. Doch ob es nun um Ham oder Kanaan ging, das Entscheidende dabei war, dass Noah einen ganzen Zweig seiner Abkömmlinge dazu verdammte, »Diener der Diener seiner Brüder« zu sein.

Diese wenigen Worte haben bis in die heutige Zeit eine endlose Liste von Randbemerkungen ausgelöst, denn sie dienten vielen Gesellschaften zur Rechtfertigung des Sklavenhandels. Dies geschah sogar im Widerspruch zur Bibel selbst, in der Kanaans Nachkommen, die Kanaaniter, gemeinsam mit den Hebräern Bewohner des westlichen Fruchtbaren Halbmonds (Phönizien und Palästina) sind. Das In-Bezug-Setzen des Fluchs zu den Völkern Afrikas entstammt also eindeutig nicht der Tradition der Antike.

Doch im Gegensatz zu einer vereinfachenden Sicht, die es heute als eine spezifische Praxis des kolonialen Europa darstellen möchte, die Versklavung der dunkelhäutigen Völker mit dieser Bibelstelle zu rechtfertigen (selbst wenn es ausgiebig davon Gebrauch gemacht hat), geht dieses Vorgehen auf weit ältere Zeiten zurück als die transatlantische Zwangsverschickung von Menschen. Man kann es nämlich bereits für jüdische Gemeinschaften in Mesopotamien im 7. Jahrhundert nachweisen. Später wird es von den Muslimen aufgegriffen, um den Sklavenhandel im Orient zu rechtfertigen.

Der Text der Genesis stellt eindeutig keinerlei Verbindung zwischen dem Fluch und der Hautfarbe her. Zudem würde die Assoziation Afrikas mit den Kananitern im Licht der Ortsangaben zu Völkern, die sich wenige Verse später finden, wenig kohärent wirken. Doch Ham hat drei weitere Söhne (Gen 9,6; der Fluch wird hier nicht erwähnt). Viele Exegeten halten diese für die Vorväter der Völker im Nordosten Afrikas: Mizraim (Ägypter), Put (Somalier) und Kusch (Äthiopier). (Aus ägyptischen Quellen ist übrigens der Name »Kusch« für die Völker im südlichen Niltal belegt.)

Noahs Trunkenheit (Mosaik in der Basilica di San Marco, Venedig)
Dieses Werk aus dem 13. Jahrhundert ist im Narthex des Markusdoms in Venedig zu sehen. Es fügt sich organisch in das Bildprogramm, das die wichtigsten alttestamentlichen Motive in der Binnenvorhalle zeigt. Die Nacktheit des Patriarchen wird ungeschönt gezeigt. Die beiden älteren Söhne nähern sich, gemäß der Genesis, mit abgewandtem Gesicht.

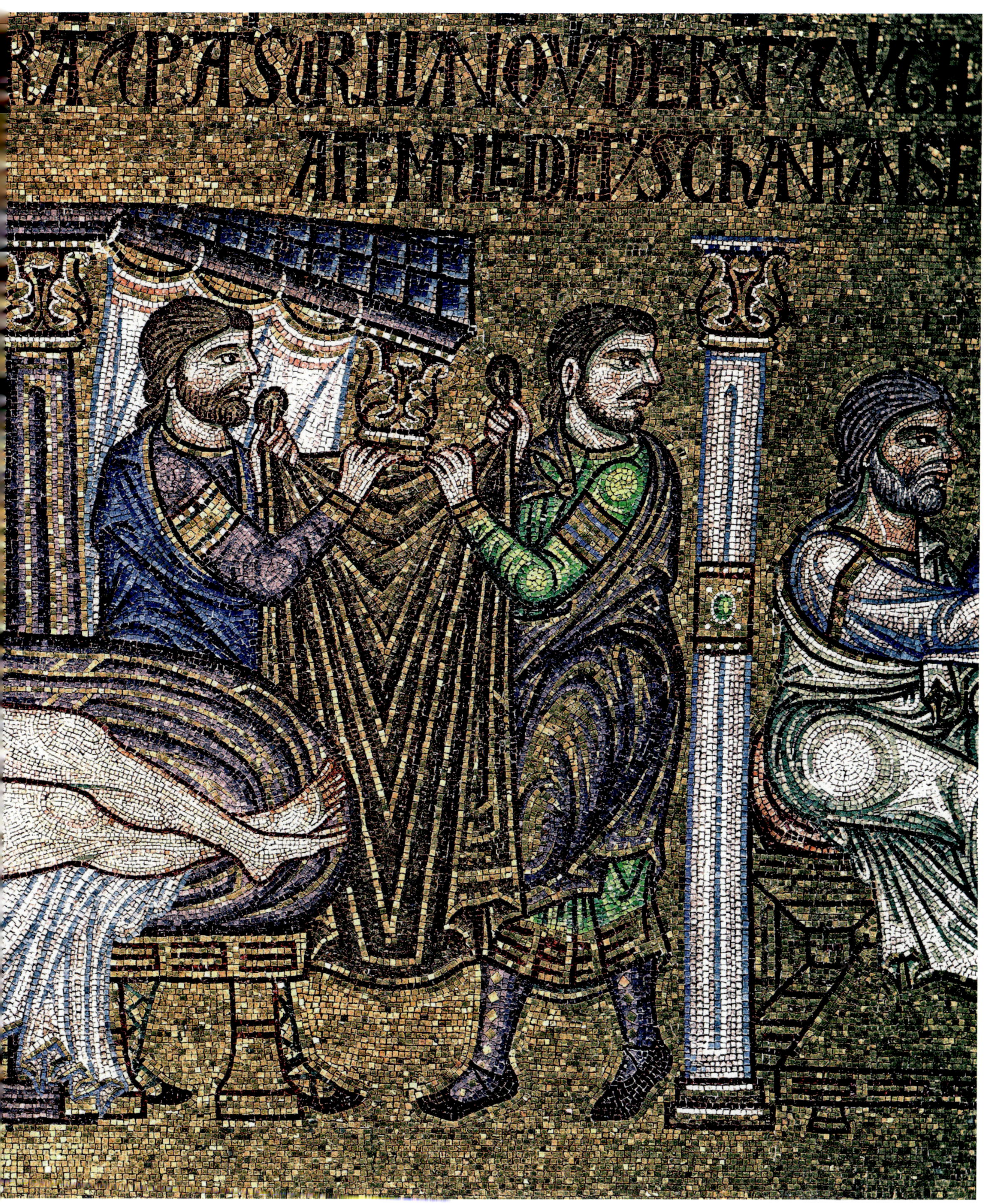

Spät taucht ab 1843 in der westlichen Ikonografie manchmal das Motiv auf, dass Hams oder Kanaans Haut im Moment des Fluches dunkel wird.

Diese ganze Bibelauslegung könnte überholt erscheinen, böte sie nicht manchen Gruppierungen auch in der heutigen Zeit Anlass zu Kontroversen. So wird auf gewissen militanten Internetportalen der Négritude gegenüber den jüdisch-christlichen Traditionen, manchmal auch allen monotheistischen Religionen, der Vorwurf erhoben, sie trügen den gegen Schwarze gerichteten Rassismus von Grund auf in sich. Und umgekehrt liest man auf den Seiten mancher Kirchen in den USA mit überwiegend dunkelhäutigen Gläubigen auch entgegengesetzte Aussagen. Dass die Debatte noch nicht geschlossen ist, zeigt, wie sehr das ganze Konglomerat aus Einteilung der Welt, Vergabe von Bezeichnungen für Kontinente und Rassen und Unterstellung von Hierarchien zwischen den so geschaffenen »Völkern« einen Hemmschuh für das Ideal einer geeinten Menschheit bildet.

Die Herkunft der drei Stände

Zu den umfangreichen Interpretationen dieser Genesis-Textstelle zählt eine sehr interessante, die aber in keiner Weise im Bibeltext begründet liegt. Eines der bekanntesten Einteilungsmuster des mittelalterlichen Denkens war die Aufteilung der Gesellschaft in drei Ordnungen (»das Weltbild des Feudalismus« nach einem Ausdruck des Mediävisten Georges Duby). Es stand am Ursprung der drei Stände des *Ancien Régime* in Frankreich (und wirkt heute in Begriffen wie »Dritte Welt« nach). Diese Ordnungen waren insbesondere in einer stattlichen Kompilation des 12. Jahrhunderts formuliert, die auf Honorius Augustodunensis zurückgeht. In seiner Abhandlung *Vom Bild der Welt* führte

Die drei Söhne Noahs
(James Tissot, zwischen 1893 und 1902, Jewish Museum, New York)

Am Ende seines Lebens schuf der Maler James Tissot (1836–1902) Bilder zum Alten Testament. Dazu zählt diese Darstellung von Sem, Ham und Japhet (von links nach rechts), vermutlich vor dem Einsteigen in die Arche, in einer Landschaft, die an den Libanon anmuten soll.

er die Abstammung von den drei Söhnen Noahs als Begründung für die Naturgegebenheit der Ordnungen an: »Was vom Menschengeschlecht nach der Sintflut im zweiten Zeitalter übrig geblieben war, wurde dreigeteilt in *liberi*, Freie, die von Sem, *milites*, Ritter, die von Japhet, und *servi*, Sklaven, die von Ham abstammen.« Honorius erläutert weiter, Sem repräsentiere »das Sacerdotium« und Japhet »das Regnum«. Der dritte Sohn, »der in den Dienst seiner beiden Brüder gestellt ist, ist als das Volk zu verstehen, das dem Sacerdotium und dem Regnum untergeben ist«. Biblische Inhalte finden sich hier in den Kontext der indoeuropäischen Dichotomie von kirchlicher und weltlicher Macht versetzt.

Das »Dreiklassenmodell« scheint, wie der Historiker Georges Dumézil darlegt, in den Gesellschaften des indoeuropäischen Sprachraums eine Konstante zu sein, veranschaulicht in der wiederkehrenden Einteilung in Priester, Krieger und Arbeiter, die man sowohl bei den Völkern Nordindiens und Irans wie in Europa antrifft. Bezieht man sich auf die drei Söhne Noahs, um eine Einteilung nicht zwischen Völkern, sondern sozialen Gruppen innerhalb ein- und desselben Volkes vorzunehmen, so bringt man die geografische Dimension der Bibelinterpretation zum Verschwinden. Was bleibt, ist eine hierarchische, ungleiche Sicht. Europa wird sie auf die Welt projizieren.

Die Symbolik der Heiligen Drei Könige

Eine weitere Dreiergruppe wurde manchmal mit Noahs Söhnen assoziiert, diesmal wieder mit einem Bezug zur Einteilung der Welt: die Heiligen Drei Könige. Zu ihnen gibt es eine Fülle von Bilddarstellungen. Eine Passage im Matthäus-Evangelium (Mt 2,1–12) berichtet von Weisen aus dem Morgenland, die Herodes aufsuchen, um ein zum König bestimmtes neugeborenes Kind zu sehen, das ihnen durch einen Stern angekündigt worden ist. Durch die Prophezeiung beunruhigt, fordert Herodes sie auf, das Kind zu suchen. Vom Stern geleitet, entdecken sie die Krippe, werfen sich vor Jesus nieder und bringen ihm Gold, Weihrauch und Myrrhe dar. Die letzte Episode – die Huldigung der Drei Könige – ist eines der häufigsten Motive in der christlichen Kunst. Der Evangeliumstext spricht nicht von Königen, sondern von Magiern, und gibt ihre Zahl nicht an. Mehr Einzelheiten finden sich erst in den apokryphen Evangelien und nachträglich hinzugefügten Traditionen. Vermutlich als Erster nannte Origenes Anfang des 3. Jahrhunderts die Dreizahl der Magier, wohl abgeleitet von der Anzahl der Gaben. Dies wurde später systematisch wieder aufgegriffen. Zur selben Zeit wurden sie bei Tertullian zu Königen, gemäß einer Interpretation des Psalms 72,10: »Die Könige von Tarshish und den Inseln werden Tribut zahlen, die Könige von Saba und Seba kommen mit Gaben.«

Erst viel später, im 9. Jahrhundert, erhielten die Magier Vornamen: Kaspar, Melchior und Balthasar sind erstmalig im Liber Pontificalis von Ravenna erwähnt (in lateinischer Sprache, doch deutlich vom griechischen Christentum beeinflusst). Ab dem 14. Jahrhundert entwickelte sich die Anbetung der Könige (deren Feier am Epiphaniastag stattfindet) in der römischen Christenheit zu einem überaus verbreiteten Motiv in der Buchmalerei, auf Fresken und in Gemälden. Sie zählte außerdem zu den meistinszenierten Bibelpassagen der mittelalterlichen Mysterienspiele.

Keine der apokryphen Bibelergänzungen enthielt geografische Hinweise. Im Gegensatz dazu bildete sich

Friedrich Herlin, *Die Anbetung der Heiligen Drei Könige*
(um 1462, Museum Nördlingen)

Die Huldigung der Heiligen Drei Könige ist im Spätmittelalter eine der am häufigsten gemalten Szenen aus dem Leben Jesu Christi, wie hier auf dem Sankt-Georgs-Altar des deutschen Malers Friedrich Herlin (um 1430–1500). Die drei Männer stehen in der Regel für die drei Lebensalter und oft gleichzeitig für die drei Erdteile. In ihrer Person huldigt die ganze Menschheit dem Jesuskind. Der jüngste wird, unter Bezug auf Ham, als Afrikaner gesehen, eine Tradition, der man – bis in die Gestaltung von Krippenfiguren hinein – strikt folgen wird.

sehr früh eine zeitbezogene Differenzierung heraus, die konstant erhalten blieb, nämlich die Verkörperung der drei Lebensalter als Greis, Mann und Jüngling. Der älteste König kniet vor dem Jesuskind nieder und bildet mit diesem ein symbolisches Paar, in dem sich Vergangenheit und Zukunft verbunden finden. Den Begriff »Magier« im Evangeliumstext assoziierte man im Mittelmeergebiet am ehesten mit einer Herkunft aus dem Orient – Persien oder Indien –, doch diese Nuance geriet mit der Zeit in Vergessenheit. Ohne einen Bezug zu Noah zu nennen, wurde in manchen abendländischen Interpretationen dieser Episode aus Jesu Lebensgeschichte jedem der drei Könige ein anderer »Kontinent« als Heimat zugeschrieben.

Der Älteste symbolisiert Asien (was zum Platz von Sem in der Geschwisterreihe passt), der Mittlere Europa und der Jüngste Afrika, mit seiner schwarzen Hautfarbe ist er am leichtesten erkennbar. Die Erdteile bekommen somit ein »Alter«: Der Orient, Asien, steht für die Vergangenheit der Welt, Europa für das reife Erwachsenenalter (man könnte interpretieren, dass es also Macht und Befehlsgewalt hat), Afrika ist die Kindheit (muss also angeleitet und diszipliniert werden). Alle drei sind vereint um Christus Kosmokrator, den »Erschaffer des Universums«. Die Gaben – die einzige Dreizahl, die im Matthäusevangelium vorkommt – mussten natürlich unter sie verteilt werden: Der sakrale Weihrauch gehört zum Ältesten, das Gold zum Mittleren und die Myrrhe zum Jüngsten. Die Logik dieser Zuordnung hat in keiner Weise mit dem geografischen Vorkommen dieser Dinge zu tun, dagegen finden sich darin implizit die sozialen Funktionen in indoeuropäischen Gesellschaften vertreten: Der Älteste übt die

Mosaik der Heiligen Drei Könige

(Basilica di Sant'Apollinare Nuovo, Ravenna, 6. Jahrhundert)

Von 496 bis 526 ließ der Ostgotenkönig Theoderich der Große, ein Anhänger des Arianismus, in seiner Hauptstadt eine Kirche bauen, deren Inneres er mit Mosaiken im byzantinischen Stil schmücken ließ. Nach der Rückeroberung durch Byzanz 540 wurden alle Darstellungen mit arianischen Themen zerstört, doch die Heiligen Drei Könige an der linken Wand des Mittelschiffs blieben erhalten. Sie tragen orientalische Kleidung und sind alle drei hellhäutig.

Die Welt im Kopf eines Narren

(Aquarellierter Stich, um 1590, BNF)

Die Karte in »kordiformer« (herzförmiger) Projektion ist vermutlich durch eine Weltkarte von Ortelius inspiriert und zeigt sich auf dem Stand des europäischen Wissens vom Ende des 16. Jahrhunderts. Ein Ensemble von Symbolen zur *vanitas* von Wissen und Macht (also Forschung und Eroberung) umschließt die Weltkarte. Die Texte sind eine Auswahl von Zitaten der Stoiker und der Bibel über die Nichtigkeit des Irdischen.

Martin Behaim, Globus von 1492 (Faksimile, 19. Jh., BNF)

Der deutsche Kartograf Martin Behaim (1459–1507) gehörte zu einer von den Portugiesen zusammengestellten Gelehrtengruppe, die das Kartenmaterial für deren Entdeckungsreisen erstellen sollte. Er selbst nahm an einer Expedition entlang der afrikanischen Küste teil und lebte einige Zeit auf den Azoren. Zurück in Deutschland, fertigte er diesen Globus in eben dem Jahr, als Kolumbus einen neuen Kontinent entdeckte. Die beiden Männer hatten sich 1480 in Lissabon kennengelernt und teilten ihre Ansichten über den Atlantik. Im Westen sieht man eine große Insel, die als »Cipango« (Japan) bezeichnet ist, ganz im Osten die Küsten der Iberischen Halbinsel und Afrikas, dazwischen Inseln wie Flores (die Azoren), die Kanaren, die Kapverden und weiter südlich ein großes Land, »Antilla«. Hier ist eine Reproduktion abgebildet, Behaims Original in Nürnberg ist noch erhalten, die Beschriftung aber nur mehr schlecht lesbar.

geistliche Funktion aus, der Mittlere die weltliche Macht, der Jüngste steht für die Arbeit auf dem Feld. Mit den ursprünglichen Bedeutungen von Weihrauch (Göttlichkeit) und Gold (Herrschertum) verträgt sich dies gut, für die Myrrhe ist es nicht sofort ersichtlich. Ihre Nennung im Evangelium dürfte vor allem an die Sterblichkeit gemahnen, da Myrrhe zum Einbalsamieren verwendet wurde. Die Interpretation der *Anbetung der Könige* als Symbol für Lebensalter, Erdteile und Funktionen wurde nicht systematisch eingesetzt. Am häufigsten trifft man sie in der toskanischen Malerei des *Quattrocento* an. Harmoniestreben und Analogiebildungen gehörten zur neuplatonischen Sicht der Welt, die im geistigen Mikrokosmos vorherrschte, den Lorenzo il Magnifico um sich geschaffen hatte. Gleichzeitig zählten die Florentiner zu den aktivsten Akteuren der europäischen Expansion, die bereits in vollem Gange war. Die Renaissance, wie diese Periode später bezeichnet werden sollte, stand am Übergang zwischen der Weltgestaltung des Mittelalters mit ihrer Dreiteilung und dem neuen Konzept der Kontinente, das in Entstehung war. 1477 ließen die Vespucci, eine reiche, den Medici nahestehende florentinische Familie, von Domenico Ghirlandaio ein Fresko für die Grabkapelle der Familie in der Kirche Ognissanti gestalten. Hinter der *Madonna della Misericordia* kniet ein Jüngling, Vasari zufolge der Mann, dessen Vorname bald einen neuen Teil der Welt bezeichnen sollte: Amerigo.

NOSCE TE
IPSVM.
Auriculas asini
quis non habet.
Ô Caput elle-
boro dignum
Hic est
mundi punctus et materia gloriæ nostræ, hæc sedes, hic honores gerimus, hic exercemus imperia, hic opes cupimus,
hic tumultuatur humanum genus, hic instauramus bella, etiam civilia. Plin.
AMERICA
TERRA AVSTRALIS NONDVM COGNITA
Stultorum infinitus
est numerus
STVLTVS FACTVS EST OMNIS HOMO.

Bis an alle Enden **der Welt**

»**Nach einer gewissen Anzahl von Jahren wird eine Zeit kommen, in der der Ozean die Schranken der Welt öffnet und man eine riesige Landmasse entdeckt. Thetis wird eine neue Welt enthüllen und Thule ist dann nicht mehr das Ende der Welt.**«

Seneca, *Medea*, 2. Akt, 3. Aufzug, Verse 783 ff

COSMOGRAPH
ASIA
AFFRICA
OCEANVS OCCIDENTALIS
CIRCVLVS
ARCTICVS
MARE GLACIA
LIBIA INTER
IOR
EQVINOCTIA
AFFRICA
ETHIOPIA
INTERIOR
REGIS CASTELLE
AMERICA
MARE INDICVM
MARE PRASSODV
NOTVS
AVSTER

In dem knappen Jahrhundert von 1434, als Gil Eanes erstmals Kap Bojador im Nordwesten Afrikas umsegelte (für die Europäer damals das Ende der Welt), bis zu Magellans Weltumrundung im Jahr 1522 fügten sich dank der europäischen Entdecker Regionen und Kulturen, die bis dahin fernab voneinander existiert hatten, zu einer Welt. Die westliche Geschichtsschreibung des 19. Jahrhunderts glorifizierte diese Zeit des rapiden Zusammenwachsens als »Zeitalter der Entdeckungen«. Es war ein enormer Umbruch – vor allem für die »Entdeckten«. Aber auch für die Entdecker, deren Weltbild zwangsläufig eine tiefgreifende Umgestaltung erfuhr. Dass das herkömmliche Denken in Erdteilen weiterbestand, mag darum erstaunen.

Büntings Weltkarte (siehe S. 72/73) erhebt nicht den Anspruch, realistisch zu sein. Hatte man im Spätmittelalter immerhin versucht, neue, seit dem 13. Jahrhundert gewonnene Informationen in die von Isidor von Sevilla eingeführte Struktur zu integrieren, wodurch immer komplexere TO-Karten entstanden, greift Bünting auf eine schlichte geometrische Form zurück, ausgehend von den drei konventionellen Erdteilen aus den mittelalterlichen *Mappae mundi*: *Europa*, *Asia* und *Africa*; das Zentrum bildet weiterhin Jerusalem. Ein Novum besteht darin, dass die in ein Rechteck eingefügte Karte überwiegend blau ist. Statt nur von einem schmalen ringförmigen Ozean umgeben zu sein, der die von Menschen bewohnten Gebiete vom Unbekannten, das außerhalb liegt, trennt, ist diese Welt nun eine maritime. Aber das strenge geometrische Grundgerüst wird letztendlich durchbrochen, denn Skandinavien und England befinden sich als Inseln außerhalb des ansonsten perfekten Kleeblatts. Links unten (als »Südwesten« lässt es sich nicht unbedingt bezeichnen) erscheint *America*. Man ist von drei zu vier Erdteilen übergegangen, selbst wenn der »Neuzugang« noch ein wenig zaghaft an den Rand gesetzt wird.

Amerika – eine andere Welt tut sich auf

Treue zur Tradition und bahnbrechend Neues können eine glückliche Verbindung eingehen, welche wie eine alchemistische Transformation wirkt. Wenige der damaligen Akteure, die die Welt verändert haben, stehen dafür so repräsentativ wie Christoph Kolumbus. Dem berühmten Seefahrer war sicher nie bewusst, auf was für eine neue Welt er dort, irgendwo zwischen dem Asien Marco Polos und den Ufern des Paradieses, gestoßen war (und dass er sie vermutlich nicht als erster Europäer betrat). Seine Schriften zeigen, dass er zögerte, von seiner Entdeckung zu sprechen. Man war sich damals zwar über die Kugelgestalt der Erde klar, doch diese erschien immer noch der mittelalterlichen Kosmogonie unterworfen. Die Bedeutung seiner Reisen ergab sich aus dem Widerhall, den seine erste Atlantiküberquerung nach seiner Rückkehr Anfang 1493 fand. Im Denken seiner europäischen Zeitgenossen wurde die Neue Welt dadurch eine Realität. Dass

Darstellung einer Karavelle (Guillaume Brouscon, 1548, BNF)
Dieser Holzschnitt ist Teil einer Handschrift des Kartografen und Formschneiders Guillaume Brouscon aus Le Conquet. Aus dem bretonischen Hafen stammte eine bekannte Schule von Kartografen. 1558 wurde er von den Engländern angegriffen, die sich den nautischen Wissensschatz aneignen wollten. Die Karavelle ist kampfbereit: Alle Segel sind gesetzt und alle Kanonenluken geöffnet.

Die Welt in einem Kleeblatt von Heinrich Bünting (1582, BNF)

Diese symbolische Darstellung der Welt von Heinrich Bünting (1545–1606) für das *Itinerarium Sacrae Scripturae* (ein Atlas zur biblischen Geschichte) wurde 1581 erstmals veröffentlicht. Sicher hat sie nicht den Anspruch einer realistischen Darstellung, führt aber Amerika ein; hinter den alten drei Kontinenten steht es noch bescheiden zurück. Die Kleeblattform ist eine Hommage Büntings an seine Heimatstadt Hannover, die ein Kleeblatt in ihrem Wappen trägt.

SEPTENTRIO
ARMENIA
MEDEN
Niniue 171.
Rages 349.
MESOPO-
TAMIA
PER-
SIA
INDIA
ASIA
SYRIA
Haran 110.
Persepolis
CHALDEA
Antiochia 70.
Susa 230.
Türckey
Babylon 170.
Damascu 40.
Ur 156.
ARABIA
Saba 312.
IERUSALEM
Das Rote Meer.
Alexandria 72.
Egypten
LYBIA
Meroe 24.
Morenland
AFRICA
Köngreich
Melinde.
CAPUT BO-
næ ſpei.

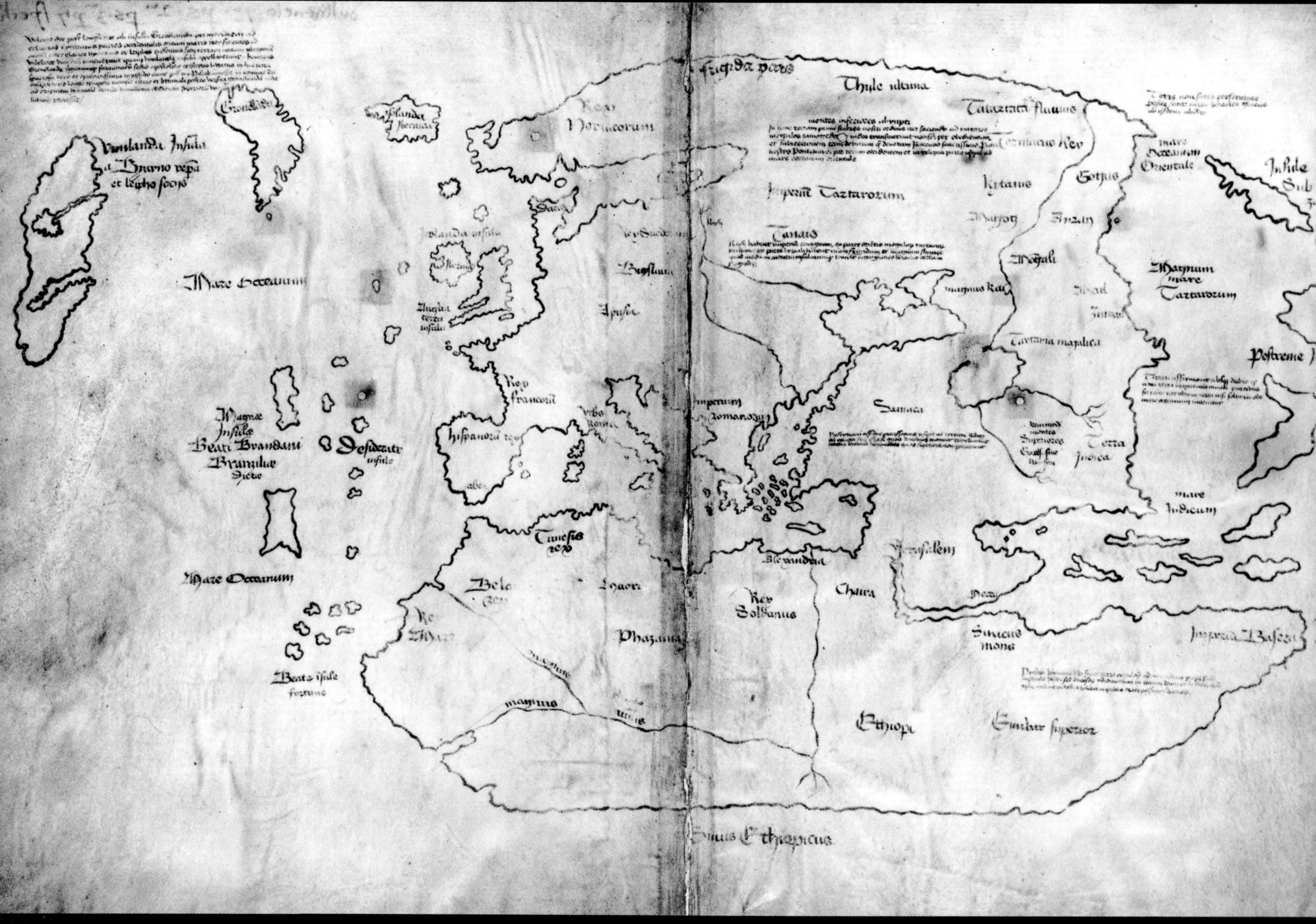

Gefälschte Karte Vinlands, von einem deutschen Jesuiten und Nazigegner, zwischen 1933 und 1935 (Yale University)

Im Besitz der Universität Yale befindet sich ein Pergament mit dem sogenannten Tatarenbericht, der von der Reise eines päpstlichen Legaten zu den Mongolen im Jahr 1296 erzählt. Yale erhielt den Text 1965 als Schenkung ihres Förderers Paul Mellon. Er hatte das Dokument 1958 für eine Million Dollar gekauft, nachdem es ein Jahr zuvor in einem Antiquariat in Genf aufgetaucht war. In das Manuskript eingefügt ist eine Karte von »Vinland«, die zu zahlreichen Kontroversen Anlass gegeben hat. Die Handschrift wurde zunächst auf 1440 datiert. Auf der Karte figurieren Grönland und eine westlicher gelegene Küste, angeblich die Insel Vinland als westlichster von den Wikingern um das Jahr 1000 erreichter Punkt im Nordatlantik. Tatsächlich ist Vinland die Küste von Labrador; an der »L'Anse aux Meadows« (sie zählt seit 1978 zum UNESCO-Welterbe) gibt es eine archäologische Fundstätte mit Überresten einer kleinen Wikingersiedlung. Das Dokument stieß bei zahlreichen Mediävisten auf Skepsis, viele schätzten es als Fälschung ein. Mit Ausnahmen kleiner Gebiete waren bis dahin keinerlei Relikte einer wikingischen Kartografie bekannt.

Eine Analyse von 1991 wies in der Tinte Komponenten wie Titanoxid nach, die erst nach 1923 in Gebrauch kamen. In einer 2002 veröffentlichten britischen Studie wurde bewiesen, dass die Tinte, mit der die Erzählung verfasst ist, sehr wohl aus dem 15. Jahrhundert stammt, nicht aber die der Vinland-Karte. Letztere muss also eine Fälschung sein. Eine zur selben Zeit in den USA vorgenommene C14-Datierung des Pergaments zeigte, dass dieses tatsächlich aus der Zeit vor 1434 plus/minus elf Jahre stammt. Die Karte ist also falsch, der Text authentisch, und in ihm wird nichts über Vinland gesagt.

Die Suche richtete sich nun auf den Ursprung der seltsamen Karte. Eine norwegische Forscherin in den USA, Kirsten Seaver, identifizierte den wahrscheinlichen Urheber, den deutschen Jesuitenpater Josef Fischer (1858–1944), der die Kompetenz und außerdem als erbitterter Gegner der Nazis auch das politische Motiv dazu hatte. Er war eine Kapazität für mittelalterliche Kartografie (als einer der Ersten war er vom wahren Gehalt der Wikingersagen über Reisen nach Westen jenseits von Grönland überzeugt) und hatte mit Sicherheit Zugang zum »Tatarenbericht«, dem er die ominöse, wohl zwischen 1933 und 1935 verfertigte Karte hinzugefügt haben könnte: seine Art Kampf gegen das NS-Regime, das Geschichtsklitterung betrieb, indem es die Germanen, das Heidnische verherrlichend, den Skandinaviern anzugleichen strebte. Mit seinem »Dokument«, das den Einfluss der katholischen Kirche auf die Welt der Wikinger zeigte, ließen sich die Nazis mit etwas Glück auch lächerlich machen, falls sie es zu Propagandazwecken einsetzten und man dann den Anachronismus der Karte aufdeckte.

seine zweite aufwendige Expedition von 1493 bis 1496 (17 Schiffe, fast 1500 Teilnehmer) und die dritte von 1498 relativ geringe Erfolge erbrachten, schmälerte weder die unbestreitbare Bedeutung von Kolumbus' Entdeckung noch die Begehrlichkeiten, die sie weckte. Das Vertrauen, das er sich mit seiner ersten Reise bei den Katholischen Königen erworben hatte, bewog diese, ihm unbedacht das Monopol für alle westlichen Gebiete zu erteilen. Dieses Privileg war bald vergessen, als im Mai 1499 vier Karavellen in See stachen – ohne den »Admiral der Weltmeere«. Das Kommando führte diesmal Hojeda, ein erfahrener Seefahrer und Teilnehmer der ersten beiden Expeditionen von Kolumbus. Der Hauptzweck war die Suche nach Gold und wertvollen Gewürzen, doch ging es auch um die Vertiefung der von Kolumbus gewonnenen Kenntnisse und die Gewinnung zuverlässigerer Informationen. Bald war der Gedanke aufgekeimt, diese ausgedehnten Gebiete, die ersichtlich mehr waren als nur ein paar Inseln (außerdem lagen sie zu weit westlich), müssten etwas anderes sein als Asien. Eines der Motive der ersten Atlantiküberquerung ohne Kolumbus war also auch, die Hypothese von einem neuen Erdteil zu überprüfen. Nicht zufällig gesellte sich zu Hojeda ein florentinischer Kaufmann, der hochgebildete Amerigo Vespucci (1454–1512), der einer Familie entstammte, die zu den Gelehrtenkreisen um die Medici-Herrscher zählte. Seine Anwesenheit an Bord war von Fonseca durchgesetzt worden, jenem Minister, der die spanische Kolonialverwaltung organisierte und sehr bald zu Kolumbus' Gegenspieler wurde. Es erstaunt nicht, dass es dem unter Europas führenden Kaufleuten und Intellektuellen bestens vernetzten Vespucci gelang, sich mit den vier *Briefen*, in denen er später diese Reisen und seine Folgerungen aus diesen beschrieb, ein Ansehen zu verschaffen, das seinem Vornamen ein großes Schicksal bescheren sollte.

Nach dem Aufbruch aus Cádiz im Mai 1499 erkundeten die vier Karavellen einen Sommer lang die Küste Südamerikas von Surinam bis zum Golf von Maracaibo. Was sich den Seeleuten hier erschloss, war tatsächlich ein Kontinent, und Vespucci war sich sicher, dass es sich nicht um Asien handeln konnte. Die Bestätigung fand er bei einer zweiten Reise (1501–1502, diesmal im Dienst der portugiesischen Krone), bei der er den Äquator passierte, die Bucht von Rio de Janeiro am 1. Januar 1502 taufte und bis nach Patagonien gelangte. Vespucci verstand sich darauf, die Tatsachen zu präsentieren, er hatte übrigens keine Scheu, Kolumbus' Erkenntnisse über die venezolanische Küste dabei stillschweigend zu übergehen. Die Wirkung seiner *Briefe* war ungeheuer. Es kann zwar tatsächlich sein, dass die Texte durch andere Verfasser ergänzt wurden, was damals an der Tagesordnung war, aber was zählt, ist, dass sie rasch in ganz Europa zirkulierten und bald auch gedruckt wurden – Diskussionsstoff für Gelehrte, Kaufleute und Regierende. Diese *Briefe* haben die Europäer von der Existenz einer neuen Welt überzeugt.

Die Benennung der Neuen Welt

Eine neue Realität drängte sich ins Bewusstsein, noch trug sie keinen Namen. Sicher hat Vespucci mit seinen *Briefen* dazu beigetragen, die Rolle von Kolumbus zu schmälern, doch dass der neue Kontinent nicht »Kolumbien« (oder »Christophien«) genannt wurde, hat nicht er zu verantworten. Die Initiative kam vielmehr aus Saint-Dié am lothringischen Hang der Vogesen, wo sich Anfang des 16. Jahrhunderts ein sehr reges kulturelles Zentrum der Rheinregion befand. Dort unternahm der Geograf Vautrin (Gauthier) Lud eine Neuausgabe der *Cosmographia* von Ptolemäus, die seit einem guten Jahrhundert ein richtiger »Bestseller« war. Die auch »Ptolemäus« genannten Kartenwerke entsprachen in etwa Atlanten (diese

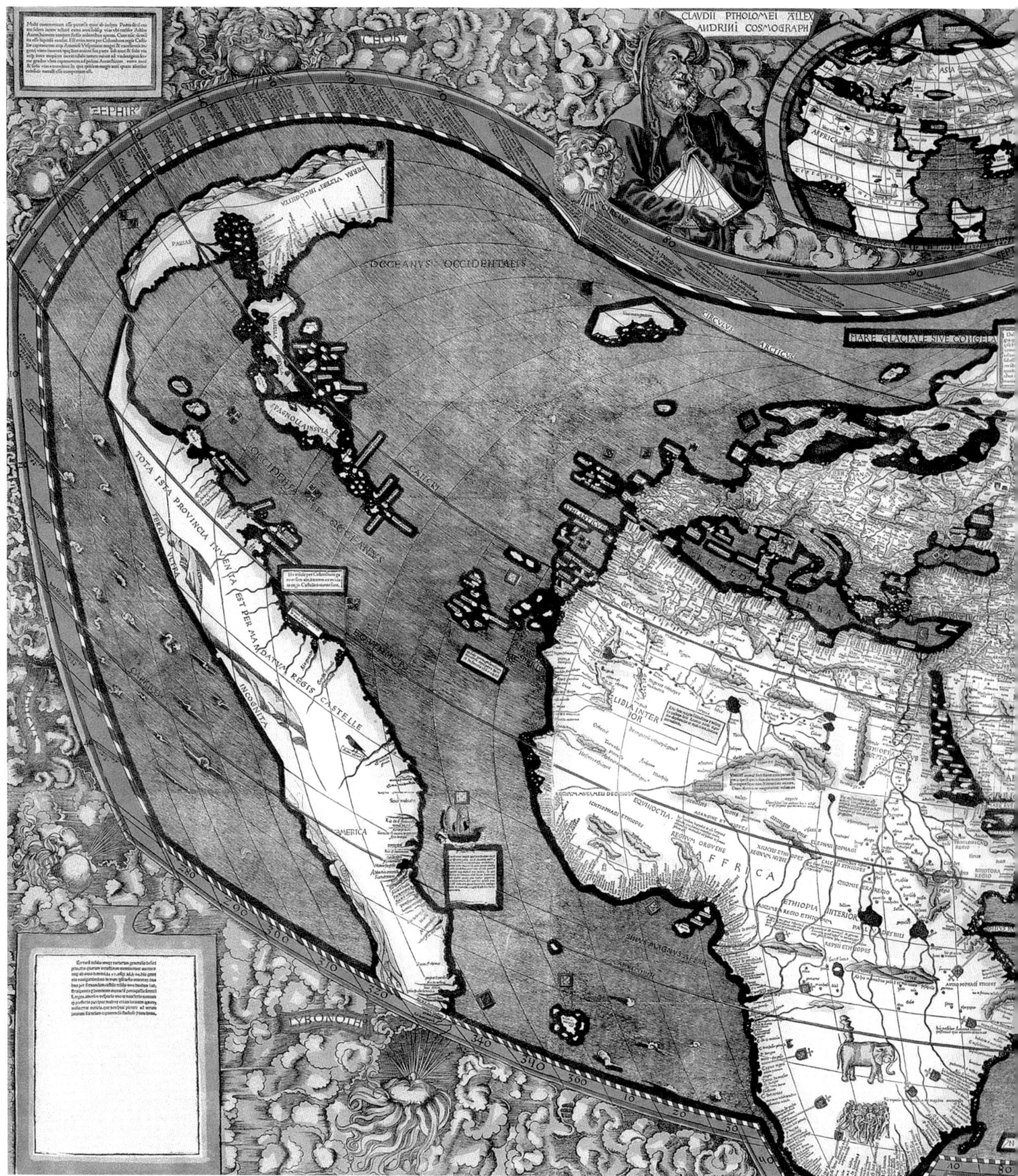
CLAVDII PTHOLOMEI ALLEX
ANDRINI COSMOGRAPHI
ASIA
AFRICA
OCEANVS OCCIDENTALIS
CIRCVLVS ARCTICVS
MARE GLACIALE SIVE CONGELA
TOTA ISTA PROVINCIA INVENTA EST PER MANDATVM REGIS CASTELLE
TERRA VLTRA INCOGNITA
AMERICA
LIBIA INTERIOR
EQVINOCTIA
REGNVM ORGVENE
AFFRICA
ETHIOPIA INTERIOR

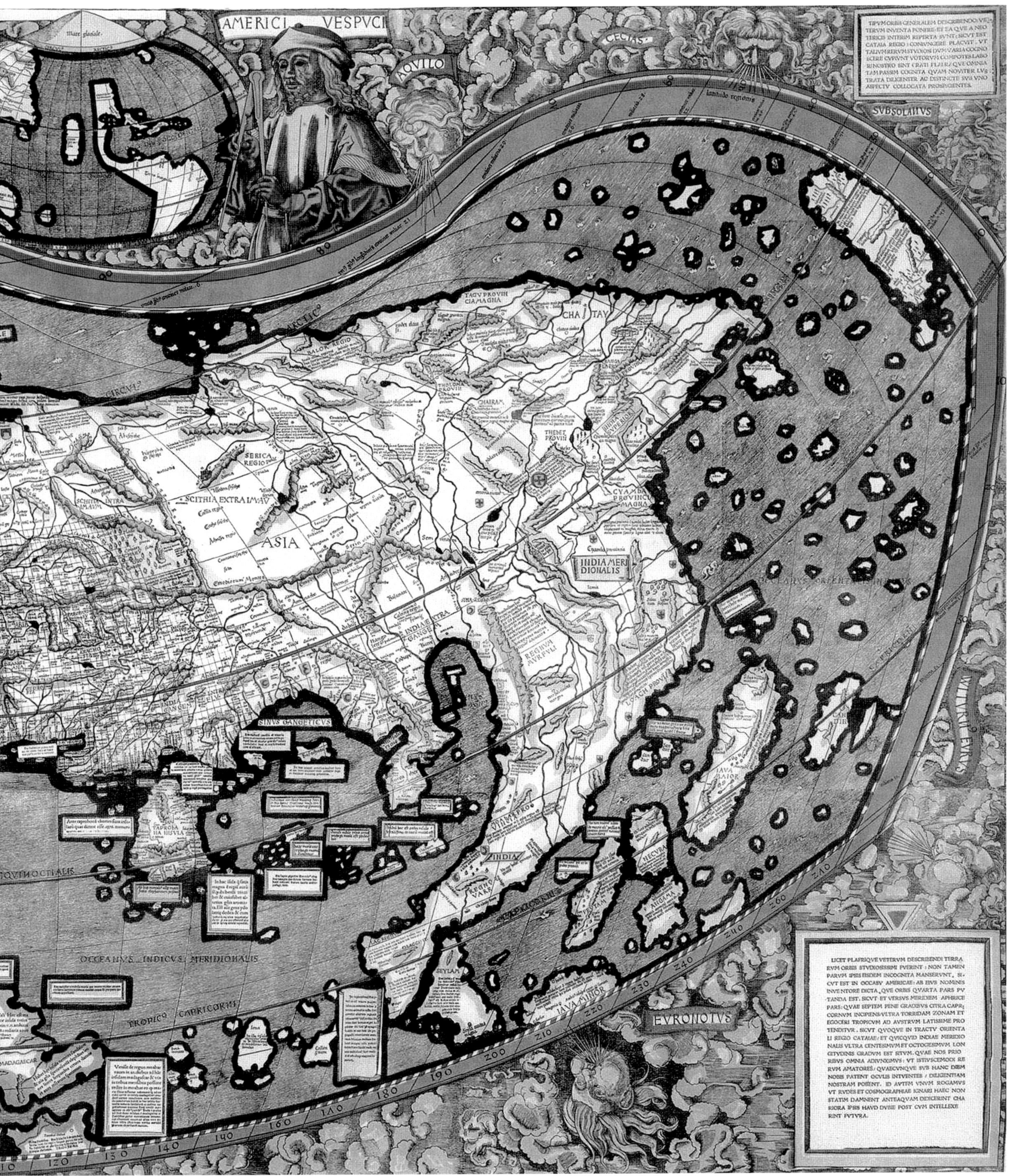
AMERICI VESPVCI
AQVILO
CECIAS
SVBSOLANVS
TIPVM ORBIS GENERALEM DESCRIBENDO VE-
TERVM INVENTA PONERE ET EA QVE A NEO
TERICIS INTERIM REPERTA SVNT SICVT EST
CATAIA REGIO CONIVNGERE PLACVIT VT
TALIVM RERVM STVDIOSI DVM VARIA COGNO
SCERE CVPIVNT VOTORVM COMPOTES LABO
RI NOSTRO SINT GRATI FVTVRI QVE OMNIA
TAM PASSIM COGNITA QVAM NOVITER LVS
TRATA DILIGENTER AC DISTINCTE SVB VNO
ASPECTV COLLOCATA PROSPICIENTES
TAGVT PROVIN CIAMAGHA
CHATAY
SERICA REGIO
SCITHIA EXTRA IMAV
SCITHIA INTRA IMAVM
ASIA
INDIA MERI DIONALIS
INDIAE EXTRA GANGEM
SINVS GANGETICVS
TAPROBANA INSVLA
OCEANVS INDICVS MERIDIONALIS
TROPICVS CAPRICORNI
SEYLAM
IAVA MINOR
EVRONOTVS
LICET PLAFRIQVE VETERVM DESCRIBENDI TERRA
RVM ORBIS STVDIOSSSIMI FVERINT NON TAMEN
PARVM IPSIS IISDEM INCOGNITA MANSERVNT, SI-
CVT EST IN OCCASV AMERICAE AB EIVS NOMINIS
INVENTORE DICTA, QVE ORBIS QVARTA PARS PV
TANDA EST. SICVT ET VERSVS MERIDIEM APHRICE
PARS QVAE SEPTEM PENE GRADIBVS CITRA CAPRI
CORNVM INCIPIENS VLTRA TORRIDAM ZONAM ET
EGOCERI TROPICVM AD AVSTRVM LATISSIME PRO
TENDITVR. SICVT QVOQVE IN TRACTV ORIENTA
LI REGIO CATAIAE ET QVICQVID INDIAE MERIDIO
NALIS VLTRA CENTESIMVM ET OCTOGESIMVM LON
GITVDINIS GRADVM EST SITVM. QVAE NOS PRIO
RIBVS OMNIA ADIVNXIMVS VT ISTIVSCEMODI RE
RVM AMATORES QVAECVNQVE SVB HANC DIEM
NOBIS PATENT OCVLIS INTVENTES DILIGENTIAM
NOSTRAM POSSINT. ID AVTEM VNVM ROGAMVS
VT RVDES ET COSMOGRAPHIAE IGNARI HAEC NON
STATIM DAMNENT ANTEAQVAM DIDICERINT CHA
RIORA IPSIS HAVD DVBIE POST CVM INTELLEXE
RINT FVTVRA.

Erstmaliges Auftreten des Namens *America*: Die Weltkarte von Waldseemüller (1507, British Library)

Diese Karte wurde 1507 in Saint-Dié-des-Vosges für die aktualisierte Neuausgabe der *Geographie* von Ptolemäus erstellt. Im Westen der herzförmigen Karte befindet sich ein langer, sehr schmaler Kontinent, die Konturen der Ostküste Amerikas sind erkennbar. Im breitesten Teil von Südamerika ist *America* eingetragen. Kolumbus wird nicht übergangen: Er wird in der Legende gegenüber dem mittleren Küstenteil von Amerika genannt. Doch das Porträt oberhalb der Karte zeigt Amerigo Vespucci mit einem Kompass in der Hand.

Bezeichnung tauchte erst im späten 16. Jahrhundert auf). Da es viele Entdeckungen gegeben hatte, wandte sich Lud an den schwäbischen Kartografen Martin Waldseemüller (1470–1520). Waldseemüller erstellte eine Zeichnung der Ostküste des Neulands nach dem Stand der neuesten Informationen. Er nutzte vor allem, aber nicht ausschließlich, Vespuccis Brief von 1503, der häufig *Novus Mundus* betitelt wird. Damit gingen die unlängst entdeckten Gebiete und die Reiseberichte in die neue Ptolemäus-Ausgabe ein, auf deren Titelseite Vespucci als Entdecker der »Neuen Welt« (gemäß dem Titel des Briefs, der Waldmüller als Referenz gedient hatte) angeführt war. Vor allem tauchte auf der Hauptkarte zum ersten Mal der Begriff *America* auf. Waldseemüller sprach sogar von einem »vierten Erdteil« und schlug als Namen für ihn »*Americus* oder *America*« vor, »weil Americus ihn entdeckt hat« (die lateinische Form des Namens Amerigo).

So wird man davon ausgehen können, dass die Neue Welt am 25. April 1507, dem Erscheinungsdatum des *Ptolemäus* von Lud, ihren Namen erhielt. An diesen geografischen »Taufakt« mit Langzeitfolgen erinnert das Internationale Festival für Geografie (FIG), das jeden Herbst in Saint-Dié-des-Vosges stattfindet.

Streit kam auf, als im 17. Jahrhundert Kolumbus' Briefe wiederentdeckt wurden. Auch Waldseemüller hatte seine Wahl bald bereut. Doch es wurde nie im Ernst daran gedacht, den Namen der Neuen Welt zu ändern. America passte zum Zeitgeist im frühen 16. Jahrhundert, der Erfolg stellte sich rasch ein, und die europäischen Kartografen übernahmen den Namen gern. Der vierte Erdteil trägt infolge des Zusammentreffens dieser Umstände einen Namen, der vom westgotischen »Haimirich« abgeleitet ist (aus dem germanischen Namenspartikel *Amal* und *ric*, »mächtig«). Er findet sich beim Westgotenkönig Amalarich, einem Schwiegersohn Chlodwigs I., im Italienischen wurde daraus Amalrigo oder Amerigo, im Französischen Aymeric, Amaury und vor allem Henri.

Weniger als der Name selbst trug zum Erfolg von Waldseemüllers Vorschlag bei, dass er eine weibliche lateinische Form nach dem Vorbild der ersten drei Erdteilnamen gewählt hatte: *America* ist wie ihre drei älteren Schwestern eine Frau. Als sie den neuen Kontinent in eine Reihe mit den alten stellten, trafen die Kartografen des 16. Jahrhunderts damit unbeabsichtigt eine bedeutsame Entscheidung: Sie sicherten die Fortdauer der mittelalterlichen Einteilung der Welt. Denn hier kam es zu einem Paradoxon: Während die Wirkung des neuzeitlichen Denkens von den Humanisten bis zur Aufklärung dazu führte, dass der von Theologen des Mittelalters geschaffene Denkrahmen fortschreitend obsolet wurde, konnte sich die mit ihm assoziierte geografische Einteilung halten; zwar wurde sie ergänzt, aber man nahm keinen Abstand von ihrem »Zuschnitt«. Das Erbe der Söhne Noahs geriet in Vergessenheit, doch die Raumkategorien Afrika, Asien und Europa wirkten in den Köpfen weiter.

Ein entscheidender Faktor für ihre Fortdauer ergab sich aus einer Veränderung, die Waldseemüller und seine Nachfolger sicher unbewusst vollzogen hatten, nämlich aus der Ablösung des Erdteilbegriffs von der christlichen Prägung: seine Säkularisierung.

Es sei noch einmal daran erinnert, dass die Dreiteilung der Erde nicht ein Erbe der griechischen Antike war, sondern einer Auslegung des Bibeltexts entsprang. Aus Noah waren drei »Rassen« (drei große Familien oder Stämme) hervorgegangen, also bestand die Ökumene, die von Menschen bewohnte Welt, aus drei Regionen.

Mit der Entdeckung Amerikas und seiner indigenen Populationen bekam man ein intellektuelles Problem. Genauer gesagt kam die Problematik mit der Erkenntnis auf (sie bestätigte sich 1513 mit der Entdeckung des Pazifischen Ozeans durch Balboa), dass getrennt von Asien eine weitere Welt existierte – die noch dazu bewohnt war!

Der Disput von Valladolid aus Sicht der Geografie

Wie sollte man sich bei einer wörtlichen Interpretation der Bibel die Existenz der Amerindianer erklären? Es gab zwei Lösungen: Man konstruiert auf Biegen und

Amerigo Vespucci (Detail einer Weltkarte von Waldseemüller)
Der einer Familie florentinischer Kaufleute entstammende Amerigo Vespucci (1454–1512) begleitete mindestens drei Expeditionen zur Atlantikküste Amerikas. Seine Berichte *(Briefe)* gingen wie ein Lauffeuer durch Europa und festigten die Überzeugung, dass ein neuer Kontinent entdeckt worden war. Er unterzeichnete sie in lateinischer Sprache als Americus Vespucius.

Circulus articus
Terra del Rey de portuguall
Mare germanico
Os montes claros
Serra lioa
Castello
Linha equinocialis
Mare oceanus
Tropicus capricorni
Pollus antarticus

SINUS PERSICUS
Linha equinocialis

Cantino-Planisphäre (1502, Biblioteca Estense, Modena)

Alberto Cantino war kein Kartograf, sondern ein Abgesandter des Herzogs von Ferrara in Lissabon. Ihm gelang es 1502, heimlich eine Kopie der großen Weltkarte erstellen zu lassen, die im Kartensaal der Casa da Mina e India hing, wo die Entdeckungen der Portugiesen gesammelt wurden. Sie zeigt die zu diesem Zeitpunkt neuesten Kenntnisse.
Die große (2,18 × 1,02 m), vermutlich beschnittene Karte trägt zahlreiche Anmerkungen; einige sind später hinzugefügt (vielleicht von Vespucci). Die Windrosen sind ein aus Portolankarten bekanntes Element. Die Kontinente und großen Inseln sind in Grün, kleine Inseln in Blau oder Rot dargestellt. Die horizontale Linie in Gold zeigt den Äquator, die roten Linien die Wendekreise und Polarkreise, eine schnurgerade blaue Linie kennzeichnet die Demarkationslinie von Tordesillas, die die Welt in eine spanische und eine portugiesische Interessensphäre teilt. Die Karte zeigt vor allem die portugiesischen Besitzungen: die Küste Brasiliens, offiziell im Jahr 1500 entdeckt von Cabral, den Süden Grönlands und Neufundland – sie wurden kurz zuvor von den Gebrüdern Corte-Real erforscht –, den Südosten Afrikas mit Madagaskar und sogar die Maskarenen (die theoretisch erst 1512 anerkannt wurden). Diese Informationen wurden in die Caverio-Karte übernommen, die ihrerseits Waldmüller als Referenz für seine Weltkarte diente. Landschaften und kleine Szenen schmücken die Kontinente im rechten Winkel zu den Küsten. Brasilien wird durch grüne und goldene große Bäume, blaue Büsche und rote Papageien angezeigt. Die rätselhafteste Darstellung befindet sich nordöstlich des Golfs von Guinea, wo eine afrikanische Stadt und drei kleine Gehenkte zu sehen sind.

Brechen eine Verbindung zu der Ausbreitung der Völker nach der biblischen Flut, oder man spricht den Bewohnern Amerikas ab, dass sie Menschen sind. Beide Wege wurden beschritten.

Für die erste Variante ließen sich die »verlorenen Stämme« Israels heranziehen. »Die zehn Stämme überquerten den Fluss und befanden sich im Exil. So beschlossen sie, mit der Vielzahl der Nationen zu brechen und zu einem extrem abgelegenen Ort zu gehen, wo kein menschliches Wesen jemals gelebt hatte« (Esra 13,40–44). Für viele »Neuchristen« (Marranen) – spanische Juden, die unter dem Druck der Inquisition ihrem Glauben abgeschworen hatten, aber dennoch (meist nicht grundlos) verdächtigt wurden, insgeheim Juden geblieben zu sein – war Amerika Anfang des 16. Jahrhunderts eine Zuflucht. Dies war das erste, aber sicher nicht das letzte Mal, dass sich unterdrückte religiöse Minderheiten aus Europa in die Neue Welt flüchteten. Zum Pech der *conversos* dauerte die Ruhe nicht lange, bald hatte die Inquisition sie wieder eingeholt. Bis dahin wirkten sie an einer hebräischen Legendenbildung zur Besiedelung Amerikas mit. Doch das Narrativ von den verlorenen Stämmen sah sich einer großen Hürde geografischer Art gegenüber: der fehlenden Landverbindung zur Alten Welt. Bering sollte die Meerenge, die seinen Namen erhielt, erst 1728 erforschen; so blieb der Nordpazifik zwei Jahrhunderte lang einer der nebulösesten Bereiche der Erdkarte. Magellans Weltumsegelung wiederum hatte die enorme Weite des Pazifiks aufgezeigt. Zumindest im 16. Jahrhundert schien darum die These einer von Asien ausgehenden Besiedelung Amerikas wenig glaubhaft. (Sehr viel später griff man in einem wissenschaftlichen Kontext, der sich von der Genesis-Interpretation vollkommen abgelöst hatte, wieder auf diese Idee zurück.)

Es blieb also die radikale Lösung: auf die Inferiorität der Ureinwohner zu pochen. In der ersten Hälfte des 16. Jahrhunderts wurde diese Haltung häufig vertreten. Der sich über Jahrzehnte ziehende Meinungsstreit wird heute häufig auf die »Kontroverse von Valladolid« (1550/51) zugespitzt, einen historischen Disput. Jean-Claude Carrière hat über ihn 1992 ein gutes Dokudrama gedreht. Der Theologe Sepúlveda (gespielt von Jean-Louis Trintignant) steht für die »mittelalterliche«, »negationistische« Haltung, die abstreitet, dass Indianer Menschen sind. Intellektuell war seine Argumentation kohärent: Die Bibel kann nicht irren, und da die »Menschen« in Amerika der Vernunft nach nicht von Noah abstammen können, sind sie kein Teil der Menschheit, keine Gotteskinder; sie ähneln Menschen zwar stark, aber doch eher wie eine Art Menschenaffen. In Verbindung mit dem aristotelischen Naturrechtsgedanken ließ sich zudem die »Domestizierung« der Indianer als

Erste gedruckte Karte der Neuen Welt (Sebastian Münster, 1540)

Amerika erscheint erstmals 1507 auf Weltkarten, wird aber erst ab Mitte des 16. Jahrhunderts als gesonderte geografische Einheit dargestellt wie in diesem Werk des großen deutschen Kartografen Sebastian Münster (1488–1552). Die Form des Kontinents ist identifizierbar, im Gegensatz zum stark gestauchten Pazifik, der auf dieser Karte zum ersten Mal genannt wird (allerdings auf der Höhe Feuerlands, wie in allen Karten bis Mitte des 18. Jahrhunderts).

deren »natürliche Bestimmung« aufgrund ihrer Sklavennatur rechtfertigen.

Doch der »Star« des Disputs ist Sepúlvedas Gegner Bartolomé de Las Casas (gespielt von Jean-Pierre Marielle). Er kennt das Terrain, ist in Amerika bereits Bischof gewesen und war Zeuge der Ausbeutung der Ureinwohner. Vor allem ist er tief erschüttert über deren hohe Sterblichkeit (deren wahrer Grund, die Einschleppung von bakteriellen und viralen Erregern aus der Alten Welt durch die Konquistadoren, ihm unbekannt blieb). Aus diesem Grund sieht es Las Casas als vorteilhaft, schwarzafrikanische Völker, die als widerstandsfähiger gelten, nach Amerika zu bringen. Diese Haltung macht ihn zu einem der Vordenker des transatlantischen Sklavenhandels, weshalb er heute für manche Schwarzen Bewegungen ein rotes Tuch ist, obwohl er als zentrale Figur bei der Verteidigung der Rechte der Ureinwohner gilt. Las Casas' Argumentation ging davon aus, dass die Indianer Menschen sind. Um dies zu veranschaulichen, ließ er Indianer nach Europa bringen und führte vor allem ins Feld, dass Indiofrauen Kinder von spanischen Kolonisatoren bekommen hatten. Davon hatten sich die Europäer seit Ende des 15. Jahrhunderts zur Genüge überzeugen können, und so lag auf der Hand, dass sich die Indigenen von Menschenaffen unterschieden. Ohnehin waren 1550,

CL
CIRC
CLIM
TERRA BRASILIS
CLIMA
C LIMA

OCCEANVS
MA PRIM VM
VS CAN CRI
SECV N DVM
ERCI VM
QVAR TVM

Brasilien im *Atlas Miller* (1519, BNF)
Der Atlas ist benannt nach dem Bibliothekar, der ihn Ende des 19. Jahrhunderts für die französische Nationalbibliothek erwarb. Er umfasst eine von portugiesischen Geografen erstellte Sammlung von Seekarten mit den Routen und Besitzungen Portugals Anfang des 16. Jahrhunderts. Die Gestaltung der Landflächen, insbesondere der *Terra Brasilis*, besorgte der Miniaturmaler António de Holanda. Westlich des Atlantiks ist von Südamerika nur der zwischen Amazonasdelta und Río de la Plata gelegene Teil zu sehen, als dessen Besitzer sich die Portugiesen betrachteten – etwas mehr, als ihnen gemäß dem Vertrag von Tordesillas zustand, dessen Grenzlinie ohnehin schon nach Westen verschoben worden war.

zum Zeitpunkt des Disputs von Valladolid, der erst aus späterer Sicht zum Symbol wurde, die Würfel bereits gefallen: Der Sklavenhandel war seit Beginn des Jahrhunderts institutionalisiert, und schon zuvor hatte man die ersten Indianer getauft (was gar nicht hätte geschehen dürfen, wenn man Sepúlveda folgte). »Rassen« (worunter »Völker« zu verstehen sind) gab es jetzt nicht mehr drei, sondern vier.
Die Abkehr von der wörtlichen Bibelinterpretation hatte in Europa im Jahrhundert des Humanismus und der protestantischen Reformation nicht nur geografische Ursachen. Die Erkenntnis der Neuen Welt und die geistige Revolution der Renaissancezeit beflügelten sich mächtig gegenseitig. Die Auseinandersetzung mit von Grund auf fremden Ländern und Gesellschaften warf die gewohnten Denkkategorien über den Haufen, darunter auch – oder sogar an erster Stelle – die kosmogonischen Erklärungsmodelle. Der Boden dafür war im 14. Jahrhundert mit dem neu erwachten Interesse an Ptolemäus und dem Zustrom von Wissen über die »fernöstlichen« Gebiete der Alten Welt bereitet worden. Die Öffnung zum Andersartigen veränderte die Art, wie man dieses Andere wahrnahm, und diese neue Wahrnehmung machte wiederum zu einer größeren Öffnung bereit. Die Amerindianer boten auf lange Zeit ein dankbares Thema für philosophische Betrachtungen über menschliche Gemeinschaften. Montaignes anregender Text »Über die Kannibalen« (in *Essais*, Buch 1, Kapitel 13), den er nach einer Begegnung mit Indigenen in Rouen schrieb, ist eines der bekanntesten Beispiele aus dieser umfangreichen Literatur.

Die Sicht der Erdteile wurde nun eine säkulare, und die wichtigste Dimension dieser Wandlung bestand darin, die theologisch geprägten Einteilungen in weltliche Kategorien umzuformen – und gleichzeitig beizubehalten. In der Bildsprache der Kunst wurde dies ab dem 16. Jahrhundert sichtbar: Die theologischen Bezüge sind zurückgetreten, die Erdteile erscheinen als eher mythologisch anmutende Frauenfiguren.

Die Einteilung der Weltkarte

Die Welt unter Kontrolle zu bringen, war die unausgesprochene Agenda Europas seit der Zeit der Entdecker, und dies bedeutete, die Erde gleichzeitig auch gedanklich zu beherrschen. Dieser Funktion dienten im weitesten Sinn die nun aufkommenden Weltkarten, auf welchen die Kugeloberfläche der Erde in die Ebene übertragen wurde. Ausgefeilte Technik und die Komplexität der (niemals restlos befriedigenden) Projektionsverfahren erweckten den Anschein wissenschaftlicher Neutralität. Die Regeln, auf die man sich in der zweiten Hälfte des 16. Jahrhunderts vor allem auf Betreiben der flämischen Kartografen schließlich einigte, waren allerdings nicht so unbedenklich, wie sie aussahen. Die entscheidende Volte geschah diskret am Rand. Was in diesem Fall wörtlich zu verstehen ist, denn damit entschied sich, was am Rand stehen würde und was in der Mitte.
Mit der Zweidimensionalität ging einher, das Kontinuum der kugeligen Erdoberfläche irgendwo schneiden zu müssen, es mathematisch zu »diskretisieren«. Am Nord- und Südrand, an den Polen, hatte das keine bedeutenden Folgen. Doch für den vertikalen Schnitt gab es keinen Meridian, der sich geometrisch dafür besonders angeboten hätte. Es etablierte sich die Gewohnheit, den Längsschnitt in die Mitte des Pazifiks zu legen, im 19. Jahrhundert wurde dort auch die Datumslinie festgelegt. Damit rückte Europa ins Zentrum der

Welt. Diese Position schien ihm die »naturgegebene« Berufung zu verleihen, die Kartennetze, die das Bild der Weltkarte bestimmen, um sich herum anzulegen. Die Weltkarte stellte damit eine neue Logik auf: Als Heimat der Entdeckernationen stand Europa im Zentrum, und weil es im Zentrum stand, hatte es die Berufung, die Erde zu entdecken und zu beherrschen. Jerusalem war vergessen, Europa hatte es als Dreh- und Angelpunkt der Welt ersetzt. Diese unterschwellige Botschaft der Weltkarten, welche auf der Konferenz von Washington 1884 mit der geopolitisch motivierten Festlegung des Nullmeridians auf dem Längengrad von Greenwich noch verstärkt wurde, wirkt bis heute nach, auch wenn die Dynamik der Globalisierung immer stärker gegenläufige Tendenzen zeigt.

Die letzten Spuren der antiken Kartografie verschwanden im 17. Jahrhundert. Die rund um das Bild der Welt angeordneten Winde, die für unterschiedliche Winkel standen (ein Relikt der »Blickrichtungen« der antiken Geografie), gerieten mit der Zeit in Vergessenheit. Übrig blieb der Ausdruck »Windrose« als Bezeichnung eines Kartenelements zur Angabe der Himmelsrichtungen, das die Messung von Winkeln in Bezug zur Nordrichtung ermöglichte. Diese grafische Konvention ging auf die Portolankarten und den Gebrauch des Kompasses in der Seefahrt zurück. Die Navigationskarten waren von einem Liniennetz überzogen, das von Windrosen ausging, die in 32 oder 36 Segmente unterteilt waren.

Asien als Pegasus, Heinrich Bünting (1581, Darmstadt)
In Büntings *Itinerarium Sacrae Scripturae* wird Asien durch das geflügelte Pferd aus der griechischen Mythologie verkörpert, ein kurioses vorchristliches Zitat in einem christlichen Werk. Die Schnauze steht für Kleinasien, der linke Flügel für Tartarien und der rechte für Skythien (Ukraine). Die Vorderbeine stellen Arabien, der Satteltteppich Persien und die Hinterbeine die indischen Gebiete dar.

Dies ermöglichte den Kapitänen beim Auslaufen aus einem Hafen die Ansteuerung der exakten Richtung. Wie sollte man die Erde als Ganzheit ordnen, wenn es keine definierten Sektoren mehr gab, in die sich Noahs Söhne vom Zentrum her ausbreiten konnten (wie von Bünting auf seiner Kleeblattkarte dargestellt, wo jeder »Erdteil« ein »Blatt« bildete)? Für die Europäer schien es undenkbar, sich mit anderen zu einer gemeinsamen Kategorie zu vermischen. Die römische Christenheit war nach dem Einsetzen der religiösen Aufsplitterung im 16. Jahrhundert, welche Säkularisierungstendenzen Vorschub gab, definitiv zu »Europa« geworden und hatte notwendigerweise ein eigenständiges Gebilde zu bleiben. So verschmolz man zwei unterschiedliche Ordnungssysteme zu einem, nämlich die Aufteilung in Alte und Neue Welt (die als getrennte Inseln dargestellt wurden) und die Weiterführung der mittelalterlichen Dreiteilung, dies aber nur innerhalb der Alten Welt. So wurden aus drei vier. Die Vierzahl als Grundprinzip zur Einteilung der bewohnten Gebiete blieb bis zum 19. Jahrhundert die unbestrittene Norm in der euro-

Japanischer Wandschirm mit Darstellung einer Weltkarte

(Ende 17. Jahrhundert, Stadtmuseum Kobe)

Dieser bemalte Paravent zeugt von der frühen Verbreitung des europäischen Weltbilds und seiner Übernahme durch die Japaner. Im Unterschied zu Matteo Riccis etwa zeitgleich in China entstandener Weltkarte rückt die hier dargestellte Karte Europa und Afrika in die Mitte, während sich Japan am Rand befindet.

päischen Kartografie. Wie andere wissenschaftliche und technische Kulturpraktiken wurde die europäische Kartografie exportiert und ersetzte in Persien, Indien und dem Osmanischen Reich allmählich die ortsüblichen Kartenformen. Besonders schnell erfolgte die Übernahme im chinesischen Kulturraum einschließlich Korea und vor allem Japan, Staaten mit territorialem Ordnungsprinzip und somit sehr alter kartografischer Tradition; die Hauptträger dieser Verbreitung waren die jesuitischen Gelehrten. Übernommen wurden nicht nur die astronomische Geografie und mathematische Projektionsmethoden, sondern auch die Einteilung der Welt in vier Erdteile. In Japan stellte die vom europäischen Einfluss geprägte Nanban-Kunst (*nanban-jin* bedeutet »Barbaren im Süden«) aus der Edo-Zeit (Anfang 17. Jh. bis 19. Jh.) häufig Weltkarten europäischen Typs dar, vor allem auf Wandschirmen. Japan ist hier deutlich größer dargestellt, doch im Übrigen wurde der Einteilung in vier Teile gefolgt.

Geografie und enzyklopädische Systematik

Für das schon in der mittelalterlichen Theologie vorhandene gedankliche Konzept »Erdteil«, welches in den alten *Mappae mundi* und später den Weltkarten zur Anwendung kam, begann sich die Bezeichnung »Kontinent« einzubürgern. Der Begriff war übrigens früher da als diese Bedeutung. *Terra continens* bedeutet »zusammenhängendes Land«, und das Französische übernahm im 16. Jahrhundert das Adjektiv *continent*. »Es ist keine Insel, [es ist] ein festes und continentes Land mit Indien auf der einen Seite«, schrieb Montaigne über Asien (*Essais*, Buch 1, Kapitel 31). Ende des 16. Jahrhunderts verwendete man das Wort in Frankreich bereits als Substantiv, allerdings noch für »jede Landmasse von ausgedehnter Kontinuität« (im Unterschied zu den umliegenden Inseln). Dies hat sich zum Teil erhalten, etwa wenn auf Korsika das französische Festland als *continent* bezeichnet wird, oder in der »Kontinentalsperre« unter Napoleon, ein gegen die (britischen) Inseln gerichtetes Importverbot. Auch die Definition in der *Enzyklopädie* von Diderot und Alembert geht in diese Richtung: »KONTINENT, m. (GEOG): Festland, große Landmasse, die von Meer weder umgeben noch zerteilt ist. <–> Insel. Vgl. LAND, OZEAN. [...] England war in früheren Zeiten ein Teil des französischen Festlands.« Immerhin wurde »Kontinent« im Englischen erst Ende des 18. Jahrhunderts definitiv zum Synonym für »Erdteil«, im Französischen im 19. Jahrhundert. Bis Mitte des 20. Jahrhunderts hielt sich »Erdteil« parallel dazu in französischen Lehrplänen und Schulbüchern. Doch lexikalische Schwankungen waren kein Hinderungsgrund, immer präziser festlegen zu wollen, welche Gebiete diese »Teile« umfassten.

Auf Weltkarten des 16. und 17. Jahrhunderts ist das Festland häufig in vier Farben koloriert. Die inneren

Grenzen sind im Gegensatz zur Küstenlinie noch äußerst ungenau dargestellt, ihnen wurde also weniger Bedeutung beigemessen (selbst wenn die Kartografie *per se* zu Genauigkeit zwingt). Dies sollte sich im Lauf des 18. Jahrhunderts ändern. Im Zeitalter der Aufklärung wurde Klassifizierung zum zentralen Anliegen. Die wissenschaftliche Logik nahm in der abendländischen Welt eine Form an, die weit stärker als andere (vor allem östliche) Denksysteme auf Diskontinuität und Abgrenzung im Wege des Ausschlusses eines Dritten gründet. Das Streben ging dahin, alles zu identifizieren, zu definieren und es im Verhältnis zu dem, was ähnlich oder anders war, einzuordnen.

Der bekannteste Vorstoß führte zur Entwicklung einer botanischen Nomenklatur – dem Klassifizierungssystem von Linné. Gemäß dem Philosophen Condillac ist Wissenschaft wie eine wohlgefügte Sprache. Um die Naturkunde zu etablieren, musste man für sie eine konkrete, allgemeingültige Sprache schaffen, die es gestattete, jede Pflanze exklusiv und eindeutig zu bezeichnen. Dies sollte dem Diskurs eine kohärente Grundlage geben: Für jedes Ding gab es einen Platz, und jedes Ding war an seinem Platz. Linnés Systematik basierte in erster Linie auf der Morphologie: »Die Beschreibung«, so führte er aus, »ist die Gesamtheit der natürlichen Merkmale der Pflanze; sie muss in der Reihenfolge der Organe erfolgen und in ebenso viele gesonderte Abschnitte aufgeteilt sein, wie es Teile gibt« (*Systema Naturae*, 1735). Deutlich erkennbar wendete Linné Prinzipien aus Descartes' Abhandlung über die Methode an. Er sah, dass die enorme Zunahme an bekannten Arten aufgrund der Entdeckungsreisen die Notwendigkeit einer allgemeingültigen Klassifizierung mit sich brachte. Der wissenschaftliche Aufwand war verknüpft mit der Erweiterung der Welt.

Man machte sich also daran, alles zu ordnen und einzureihen: Pflanzen, Tiere, chemische Elemente, aber auch Völker, Gesellschaften und vieles mehr. Auch Örtlichkeiten mussten einsortiert werden; das Bemühen um systematische Einteilung und Benennung (Taxonomie), das dem wissenschaftlichen Fortschritt vorausging und wiederum sein Ergebnis wurde, musste auch die Geografie erfassen. Es bedurfte einer übergeordneten Kategorie, eines Kriteriums erster Ordnung, um die Welt zu sortieren – eines Äquivalents zu den »Stämmen«, die Cuvier und Jussieu für das Tier- bzw. das Pflanzenreich postuliert hatten. Diese großen Regionen existierten bereits, doch bisher hatte die Systematik gefehlt. Waren Erdteile bis dato empirische und schwammige Begrifflichkeiten gewesen, so avancierten sie nun zu Kategorien, für die möglichst genaue Grenzen zu definieren waren. Diese Bemühung um Abgrenzung kam in Europa synchron mit der Idee des Nationalstaats auf. Bis dahin hatten für viele geografische Gebilde vage Grenzen in Form von Grenzmarken oder Randgebieten genügt. In Zukunft aber sollten nur noch feste Grenzlinien zählen, und diese mussten so exakt wie möglich gezogen werden. Nicht von ungefähr entstand nun der Begriff »Kontinentalgrenzen«.

Bis zum Ural

Bei Amerika schien es kein Problem mit der Abgrenzung zu geben. Die (von Europa aus gesehen) eindeutig abgetrennte Landmasse und die Dimensionen der Neuen Welt ließen diese ganz klar als Kontinent im engeren Wortsinn erscheinen. Doch es hätte ganz anders kommen können, wenn die Küsten des Nordpazifiks nicht unter den letzten gewesen wären, mit denen die Europäer Bekanntschaft machten. Haupt-

Darstellung der vier Erdteile auf dem Coronelli-Globus (BNF)
Dieser Globus war ein Geschenk an den Sonnenkönig Ludwig XIV. Östlich von Neuseeland – es war damals weitgehend unbekannt und die hier gezeigten Konturen entspringen der Fantasie – verkörpern vier Frauen die Erdteile. Europa, die auf der linken Hand eine Kirche trägt, steht über den drei anderen. Asien, reich gekleidet, ist lässig hingelagert. Amerika und Afrika sind fast nackt und tragen Pfeil und Bogen.

akteur bei der Erforschung dieses Teils der Welt war übrigens nicht mehr eine der westeuropäischen Seemächte – Spanier, Portugiesen, Briten, Niederländer, Franzosen, unterstützt von den Italienern –, sondern Russland, und diesmal führte ein Aufbruch nach Osten anstelle nach Westen zur Eingliederung einer neuen Region in die europäische Geschichte.

Man schrieb das Jahr 1648, als Semjon Deschnjow mit einem Kosakentrupp auf der Kolyma (dieser Strom wurde im 20. Jahrhundert zum tragischen Synonym für den abgelegensten Teil des GULAG, des sowjetischen Lagersystems) bis zum Nördlichen Eismeer segelte und zu der Meerenge gelangte, die später den Namen Beringstraße erhielt; über die pazifische Küste gelangte er nach Russland zurück. Vitus Bering, ein dänischer Seefahrer, der im Auftrag Zar Peters des Großen die Beringstraße kartografierte, landete in Amerika an und wies nach, dass es keine Landbrücke zwischen Sibirien und Alaska gab. Ab 1784 gründeten russische Trapper Handelskontore auf den Alëuten und an der nordamerikanischen Küste bis hinunter nach Kalifornien.

Erst 1867 kauften die Vereinigten Staaten dem Russischen Reich Alaska für sieben Millionen Dollar ab, was eine grundlegend andere geopolitische Konstellation entstehen ließ. Heute folgt die Grenze zwischen Amerika und Asien der politischen Grenze zwischen den USA und Russland, welche die Inselgruppe der Alëuten durchschneidet. Wäre Alaska russisch geblieben, so ist durchaus vorstellbar, dass der Kontinent Amerika schon weiter im Osten hätte enden können. Beriefe man sich allerdings auf die tektonischen Platten, wäre es umgekehrt, denn Bereiche am Ostrand Sibiriens – die Tschuktschen-Halbinsel bis zu den Anadyr-Bergen –, zählen zur amerikanischen Platte.

Was die Inseln angeht, so teilte man sie bei diesem Großprojekt enzyklopädischer Klassifizierung im Wesentlichen nach politischen Kriterien dem einen oder anderen Erdteil zu, doch die »Bestandsaufnahme« zog sich hin. Mit der Zuordnung kamen vor dem 19. Jahrhundert kaum Probleme auf, da man vor den Reisen von Cook, Bougainville und La Pérouse noch zu wenig über die Inseln im Süden von Asien und im Pazifik wusste. Die Hauptschwierigkeit bestand also in den Grenzziehungen innerhalb der Alten Welt, ein Problem, das sich die Kirchenväter nicht hätten träumen lassen. Die Grenze zwischen Afrika und Eurasien konnte nur eine der beiden Landbrücken am Suez- bzw. am Akaba-Golf sein, die die Sinai-Halbinsel begrenzten. Die Tendenz ging zu Ersterer, weil sie schmäler war, der Sinai zählte somit zu Asien. Ansonsten aber war er seit der Antike hauptsächlich unter ägyptischem, also afrikanischem Einfluss gewesen, und so ist es auch heute noch. Grenzfragen zwischen Europa und Afrika taten sich nur hinsichtlich der Inseln auf – die sich die Europäer zum Großteil anzueignen beschlossen. Zypern ist ein Sonderfall: Bis vor nicht allzu langer Zeit ordnete man es Asien zu. Wirklich schwierig wurde es bei den Landgrenzen zwischen Europa und Asien.

Die Kaukasusregion wirft im Detail eine Reihe komplizierter Fragen auf; die uneindeutige Stellung Transkaukasiens könnte sich eines Tages noch zu einem heißen Eisen bei der EU-Erweiterung entwickeln. Insgesamt ist der Kaukasus mit Gipfeln wie dem Elbrus (5633 m) als Gebirgsbarriere zwischen dem Schwarzen und dem Kaspischen Meer jedoch so bedeutend, dass er als Grenze zwischen Europa und Asien meist außer Frage stand. Doch wo sollte man die östliche Grenze Europas setzen? Auf diese immer noch aktuelle Frage fand das 18. Jahrhundert keine klare Antwort. Tradi-

Der Ural als Grenze zwischen Europa und Asien

(Ausschnitt aus der Asienkarte im Atlas von Malte-Brun, Garnier Frères, Ausgabe von 1860)

Atlanten und Landkarten, die im 19. Jahrhundert dank neuer Druckverfahren populär wurden, verankerten in den Köpfen den Ural als Ostgrenze Europas und somit Westgrenze Asiens. Zu ihnen gehört Conrad Malte-Bruns *Atlas der Universalgeografie oder Beschreibung aller Erdteile auf einem neuen Plan gemäß den großen natürlichen Einteilungen der Erde.*

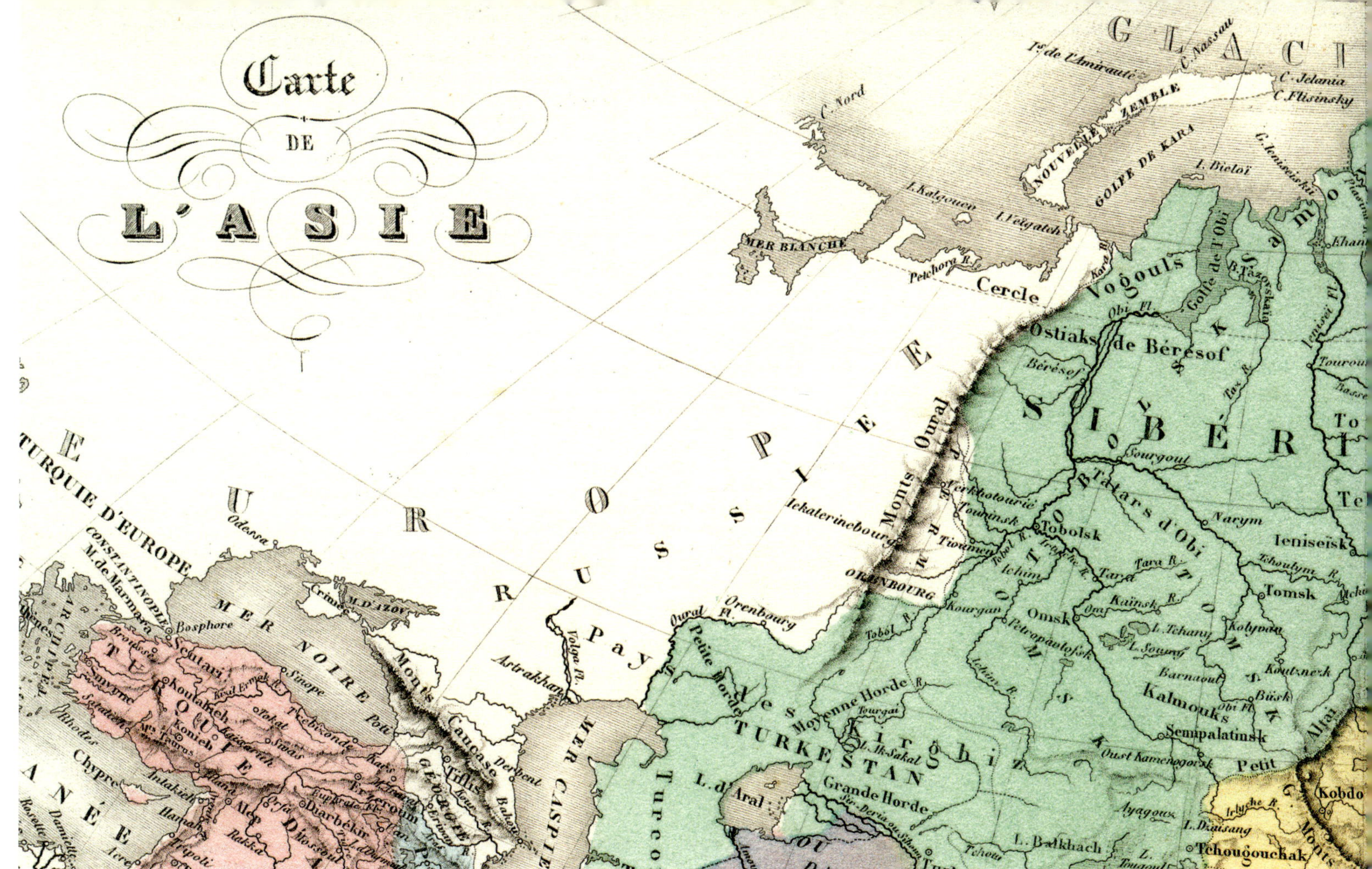

tionell wurden gern Flussgrenzen gewählt. Ihr Verlauf zeigt eine »natürliche« Kontinuität, anders als etwa jene Seegrenze, die durch das Schwarze Meer, die Meerengen und die Ägäis entsteht. Im Norden schließt sich an das Schwarze Meer das Asowsche Meer an, in welches der Don als Hauptzufluss mündet. Eine Zeit lang wurde er zum Grenzfluss, doch damit war nur der Grenzverlauf bis zu seiner Quelle nahe der Stadt Tula (160 km südlich von Moskau) geregelt. Von der Weichsel in Ostpolen über Dnjestr und Dnjepr mussten alle großen Flüsse einmal als Grenze herhalten; für Montesquieu stellte die Wolga die Ostgrenze Europas dar (vgl. *Vom Geist der Gesetze*). Was aber führte dazu, dass später General de Gaulle ein »Europa vom Atlantik bis zum Ural« beschwören konnte, unter anderem in seiner Rede an der Universität Straßburg vom 22. November 1959? Der Grund ist eine weitere Grenzziehung, die auf eine Kombination von geopolitischer Situation (Russlands Großmachtpolitik seit Peter dem Großen) und geistigem Umfeld (den Verbindungen zwischen den Enzyklopädisten, insbesondere Diderot, und den aufgeklärten absolutistischen Monarchen ihrer Zeit) zurückgeht.

Die Regierungszeit Peters I. (1689–1725) war ein Wendepunkt in der russischen Geschichte. Im 17. Jahrhundert wirkte Russland noch wenig europäisch. Die dort praktizierte, ganz andere Variante des Christentums, der Bruch mit anderen Bereichen der Orthodoxie, die unter osmanischer Herrschaft standen, der Vorstoß nach Sibirien – all dies machte die alte »Rus'«, wie sie damals hieß, zu einer eigenen Welt. Peter der Große läutete ein Jahrhundert ein, in dem Russland sich ins »Konzert der Nationen« (gemeint sind natürlich die europäischen) einreihte. Stand es noch im 17. Jahrhundert unter Druck aus dem Westen durch Polen und Schweden, kehrte sich dies nach dem russischen Sieg in der Schlacht von Poltawa (1709) um, was später in den drei Teilungen Polens gipfelte (1772, 1793, 1795).

Das Zarenreich beanspruchte nun, eine europäische Großmacht zu sein, und erbrachte den Beweis dafür in den napoleonischen Kriegen. Parallel dazu machte es Gebietsgewinne gegenüber dem Osmanischen Reich und drang bis zu den Schwarzmeerküsten vor, der innereurasischen Grenze. Um die Entwicklung des Reichs voranzutreiben, förderten die Zaren eine eigenständige Nationalkultur. Ein wichtiger Protagonist war dabei Wassili Nikititsch Tatischtschew (1686–1750), Autor des ersten großen Werks zur Geschichte Russlands; es erschien kurz nach seinem Tod.

In diesem Kontext erhob sich auch hier, in einem ganz anderen intellektuellen Milieu als in Westeuropa, die Frage der östlichen Grenzen des »Alten Kontinents«, wie man Europa nun gern bezeichnete. Tatischtschew regte an, sie so weit wie möglich im Osten anzusetzen, um so den größtmöglichen Teil des russischen Staatsgebiets einzubeziehen. Es war klar, dass dies für das damals russische Alaska oder auch für Wladiwostok genauso wenig gelten konnte wie für die Flüsse Ob und Jenissej, deren Verlauf ohnehin noch nicht ausreichend geklärt war. So griff Tatischtschew eine Idee auf, die ein schwedischer Offizier aufgebracht hatte, und schlug das Uralgebirge vor, wo Bergbau und Industrie gerade im Aufstieg begriffen waren. Dieser Gedanke wäre vielleicht niemals über die Zirkel russischer Nationalisten hinausgekommen, hätte nicht Katharina II. (die Große), die von 1762 bis 1796 regierte, enge Verbindungen mit den Philosophenkreisen in Paris und insbesondere Denis Diderot gepflegt, der sich gerade mit seinem enzyklopädischen Projekt in finanziellen Schwierigkeiten befand. Mit dem Kauf seiner Bibliothek und der Einräumung des Rechts, diese auf Lebenszeit zu nutzen, half ihm die Monarchin aus der Verlegenheit. Zum Dank verbrachte Diderot fünf Monate in Sankt Petersburg, wo er Konzepte zur Verwaltungsgliederung und für Universitäten aufstellte. Bei seiner Rückkehr brachte er die Idee mit, die Grenze Europas am Ural anzusetzen, und propagierte sie in den gebildeten Kreisen Westeuropas. Neuauflagen und Nachdrucke der *Enzyklopädie* zeigten die neue Demarkation zwischen Asien und Europa. In dieser Zeit reiften die Prämissen einer allgemeinen Schulbildung heran (etabliert wurde sie im 19. Jahrhundert), und die ersten schulischen Hilfsmittel – Handbücher, Atlanten, Wandkarten – wurden erstellt. Schon bald lernten alle Schüler, dass Europa sich »vom Atlantik bis zum Ural« erstreckt.

Vier Welten, vier Rassen, vier Farben

Gegen 1800 war die Aufgliederung der Welt in vier Teile selbstverständlich geworden. Später erweiterte man das Bild um einen fünften Teil und füllte dort, wo die Klassifizierung Unzulänglichkeiten aufwies, einige Lücken, ohne jedoch das mittelalterliche, 1507 ergänzte Erbe von Grund auf infrage zu stellen. Die Großgliederung der bewohnten Welt wurde ab dem 18. Jahrhundert auf deren Bewohner ausgedehnt – logischerweise musste man bei der enzyklopädischen Erfassung der Welt auch sie einordnen. Dafür erwiesen sich die Kontinente als praktisch. Aus der Vorstellung von »inselartigen« Welten – was für Amerika und Australien nicht der Grundlage entbehrte, für Afrika aber ganz und gar falsch war – wurde eine Einteilung der Menschheit in vier »Rassen« abgeleitet. Die Vorsicht, mit der dieser Begriff seit den Genoziden des 20. Jahrhunderts zu gebrauchen ist, galt für die Enzyklopädisten und ihre Nachfolger im 19. Jahrhundert noch nicht; für sie hatte er die alte Bedeutung einer »Familie« in einem sehr weiten Sinn. So sprach man etwa von der »Rasse der Kapetinger« (oder der Habsburger) und von »gleichem Blut«. Sobald man der Gliederung der Welt faktischen Charakter zusprach, war es nicht weit zur Annahme, die Blutsverwandtschaft müsse innerhalb eines Blocks am stärksten sein. Die Erdteile gewissermaßen als endogame Gemeinschaft …

Der systematische Ansatz führte, anders als in der Botanik oder Chemie, nicht zum kompletten Umbruch, da man zunächst zu den Ursprüngen zurückkehrte: Auch die mittelalterliche Dreiteilung hatte den Gebieten drei »Rassen« als Abkömmlinge der drei Söhne Noahs zugeordnet. Es bestand eine Art wechselseitiger Beziehung zwischen Einteilung der Erde und Einteilung der Menschheit. Als die Amerindianer entdeckt wurden und die Strategen der Aufgliederung der Welt in Erklärungsnöte brachten, vermutete man lange Zeit, ihre Geschichte müsse autark verlaufen sein.

Erst Ende des 19. Jahrhunderts, als Erkenntnisse über die Eiszeiten vorlagen, wurde eine Besiedelung Amerikas über die damals trocken gefallene Beringstraße, die Landbrücke Beringia, plausibel. Mit dem Aufkommen der prähistorischen Forschung im Lauf des 19. Jahrhunderts ging man davon ab, Knochenfunde von Urmenschen wortwörtlich einer »vor-sintflutlichen« Zeit zuzurechnen. Zuvor hatte man die Chronologie strikt aus der Genesis abgeleitet: Die Schöpfung hatte 6000 v. Chr. stattgefunden, die Sintflut 2262 Jahre später, und noch einmal 738 Jahre später kam es zur »Zerstreuung der Völker« nach der Zerstörung des Turms von Babel durch Gott. Als die geologischen Wissenschaften und später die Darwin'sche Evolutionstheorie entstanden, begann die Suche nach dem geografischen Ursprung der Menschheit. Ideengeschichtlich war das Denken infolge der gegliederten Sicht der Welt vorbelastet, woraus sich die Bedeutung erklären mag, die das polygenetische (multiregionale) Modell gewinnen konnte, welches von der Annahme ausgeht, der *Homo sapiens* habe sich an mehreren Orten der Erde ausgebildet, es gebe also nicht nur eine einzige »Wiege der Menschheit«. Aus dieser Sicht existierte keine gemeinsame Menschheitsgeschichte, sondern es gab vier Arten von Menschheit. Diese merkwürdige wissenschaftliche Verquickung von Darwinismus und mittelalterlichem Erbe korrespondierte auch mit der parallel vorgenommenen geografischen Gliederung

Die vier Rassen in einem Grundschulbuch
(1947, Librairie Gründ)

Bis in die 1960er-Jahre demonstrierten Abbildungen oder Fotografien in Erdkundebüchern die »Vielfalt der Menschen«. Es war unweigerlich immer die gleiche Grundgliederung in vier Bereiche der Erde, hier in der *Kleinen Erdkunde für brave Kinder*.

Die menschliche Rasse und ihre Haupttypen

(Charles C. Savage, 1854, (Cornell University, Ithaca, New York)

Im 19. Jahrhundert griff die Klassifizierungsleidenschaft auf die Menschentypen über, die man sich damals als »Rassen« vorstellte. Im Zentrum der im oberen Bereich gruppierten Gesichtstypen steht der Angelsachse. Die aus der Kolorierung hervorgehende Einteilung der Weltkarte weist (gemäß der Ursprungsdefinition von »Ozeanien«) die ganze Inselwelt östlich des asiatischen Festlands inklusive Japan als fünften Kontinent aus, Amerika bildet zwei Kontinente (es handelt sich um eine Karte aus den USA). Ebenfalls nach Erdteilen geordnet sind die Frauentrachten im unteren Bereich. Die selbst für die damalige Zeit auffallend realitätsferne Wiedergabe geht vermutlich auf puritanische Vorbehalte zurück.

MAN. ANGLO-SAXON. FINN or LAPLANDER. SANDWICH ISLANDER. BUSHMAN. CAFFRE. ABYSSINIAN. NEGRO. MOZAMBIQUE NEGRO. MALICOLAN. NEW ZEALANDER. PAPUAN. S. AUSTRALIAN. TASMANIAN
ARIETIES OF THE HUMAN RACE.
THE
WORLD
SAMOIEDA. GARROW.
NORTH POLE
GREENLAND
ICELAND
EUROPE
ASIA
AFRICA
SAHARA OR GREAT DESERT
GUINEA
ETHIOPIA
ARABIA
PERSIA
HINDOOSTAN
CHINESE EMPIRE
SEA OF ARABIA
BAY OF BENGAL
CEYLON
INDIAN OCEAN
PACIFIC OCEAN
SOUTH ATLANTIC OCEAN
NEW GUINEA
AUSTRALIA
Tropic of Capricorn
C. of Good Hope
ANTARCTIC OR SOUTHERN OCEAN
Antarctic Circle
SOUTH POLE
IES OF DIFFERENT PARTS OF THE WORLD.
Turkey.* 18. Poland.* 19. Russia.* 20. Greece.* 21. Bayadere Circassia.† 21. Independent Tartary.† 23. Gheber, Persia.† 24. Egypt.‡ 25. Ancient Peru.‖ 26. Borneo.¶ 27. Hindostan.† 28. China.† 29. Kalmuc Tartary.† 30. Arabia.† 31. Circassia.† 32. Armenia.† 33. Independent Tartary.† 34. Bizmah.† 35. Timbuctoo.‡ 36. Algiers.‡ 37. Guinea.‡ 38. Hottentot.‡ 39. Sandwich Isl.¶
† ASIA. — ‡ AFRICA. — § NORTH AMERICA. — ‖ SOUTH AMERICA. — ¶ OCEANICA.

der Pflanzen- und Tierarten. Da jedem Teil der Erde eine eigene Pflanzen- und Tierwelt entsprach (was empirisch nachweisbar war), wurde unterstellt, mit den Menschen müsse es sich genauso verhalten.

Erst Ende des 19. Jahrhunderts machte der Nachweis der Eiszeiten im Quartär und somit der Schwankungen des Meeresspiegels verständlich, dass auch ohne riskante Ozeanfahrten die Verbreitung einer einzigen menschlichen Spezies über die Erde möglich gewesen war. Dank zahlreicher Fossilienfunde von Urmenschen und Vormenschen gelang es schließlich, die »Wiege der Menschheit« auf Afrika zurückzuführen. Die heutige Populationsgenetik arbeitet immer präziser die komplexen Verzweigungen heraus. Und sie zeigt auf, wie verschwindend gering die genetischen Unterschiede zwischen den Völkern der Erde sind. Die Wissenschaft selbst hat insofern den Begriff der Rasse definitiv als überkommen und sogar gefährlich ausgesondert.

Das Lob der Gleichheit der Menschen

(Radierung aus der Revolutionszeit, 1789, Musée Carnavalet)

Die Darstellung, mit Freimaurer-Symbolik, bekundet die Gleichheit zwischen dem Weißen (in Uniform der Nationalgarde) und dem Schwarzen (in ägyptischer Kleidung). Von den edlen Prinzipien bis zur Anwendung war es weit …

Auch in der Linguistik zeigte sich eine Beeinflussung der frühen Klassifizierungen durch die alte Welteinteilung: Gelegentlich wurden die alten Sprachen mit den aus Noahs Söhnen entstandenen »Rassen« assoziiert (vgl. S. 44, babylonische Zerstreuung): Sem stand für das Hebräische, Japhet für das Griechische, Ham für das Arabische. Mit den Fortschritten in der Philologie seit dem späten 18. Jahrhundert wurde es nötig, in umfangreicheren Kategorien zu denken. 1786 stellte Sir William Jones, damals Richter am Obersten Gerichtshof von Kalkutta, Bezüge zwischen Sanskrit, Altgriechisch und Latein her: »Sowohl in ihren Wortwurzeln wie ihren grammatikalischen Formen zeigen diese Sprachen eine zu starke Verbundenheit, als dass dies reiner Zufall sein könnte, ja sie ist so stark, dass ein Philologe bei ihrer Untersuchung unweigerlich zur Überzeugung gelangt, diese Sprachen müssten aus einer gemeinsamen Quelle stammen. Im Übrigen bestehen für das Gotische und Keltische ganz ähnliche

Gründe zur Annahme, dass sie auf denselben Ursprung zurückgehen; man könnte dieser Sprachfamilie noch das Altpersische hinzufügen«, führte Jones vor der *Asiatic Society of Bengal* aus.

Mit der Entdeckung der indoeuropäischen Sprachverwandtschaft setzten aufwendige Klassifizierungsbemühungen ein. Ein Zweig wurde als »semitisch« bezeichnet – Aramäisch, Hebräisch, Arabisch und andere Sprachen – und somit den Abkömmlingen Sems zugeordnet. (Heute weiß man, welches Unheil die Übertragung eines linguistischen Ansatzes auf ein Rassenkonzept anrichten kann.) Analog wurde eine Gruppe »hamitischer« Sprachen geschaffen. Dem sprachwissenschaftlichen Begriff wuchsen bald kulturelle und rassische Konnotationen zu. Unter »Hamiten« fassten die Forscher die Hirtenvölker am Horn von Afrika zusammen – die Galla, Somali und Afar (Danakil) –, zählten aber auch die Berber, die Tuareg und die Guanchen auf den Kanarischen Inseln dazu. Es ging ihnen vor allem darum, solche Völker von denen abzugrenzen, die man gern als »Gruppe der Bantu-Sprachen« (hauptsächlich Zentral- und Südafrika) bezeichnete, oft mit einer impliziten Hierarchie, da man die Hamiten als höherstehend ansah. Der Begriff »hamitisch« ist heute nicht mehr gebräuchlich, in Bezug auf diese linguistische Gruppe spricht man inzwischen von »kuschitischen Sprachen« (nach Hams Sohn Kusch). Die in der frühen Sprachforschung noch ganz natürlich vermutete Analogie zwischen den Sprachen und der traditionellen Einteilung der Welt erhielt letztendlich nirgendwo Bestätigung, die Karte der Sprachverteilung ließ sich nicht mit den Erdteilen zur Deckung bringen.

Die Einteilung der Menschheit in vier Rassen erwies sich, vor allem im Schulunterricht, als äußerst zählebig: ein bequemes, eingängiges, elementares Interpretationsmuster. Nicht nur, dass es in der Zeit der Kolonialreiche niemanden vor den Kopf stieß, es schien den Kolonialismus im Gegenteil zu rechtfertigen. In Frankreich hielt es sich bis in die 1960er-Jahre im Lehrmaterial für die Grundschule und die 5. Klasse.

Die Farbe als Einteilungskriterium

Ein grundlegendes Merkmal, um jede »Rasse« zu erkennen und zu benennen, war die ihr zugeschriebene Farbe: Die Asiaten waren gelb, die Afrikaner schwarz, die Indianer (Amerikaner) rot und die Europäer weiß. Diese Farbpalette ist übrigens relativ neuen Datums, sie bürgerte sich erst im 19. Jahrhundert ein, um generell die ursprüngliche Bevölkerung der Erdteile zu benennen: die Gelben, die Schwarzen, die Roten, die Weißen. Bis ins 15. Jahrhundert war man noch von der biblischen Genealogie geprägt gewesen: Die drei »Stämme« der Abkömmlinge Noahs waren Mittelmeervölker und unterschieden sich als solche körperlich nur wenig (dass Kanaan schwarz wird, erscheint erst Mitte des 19. Jahrhunderts als Motiv in der Kunst). Die früheste Idee von einer Bevölkerung als »farbig« bezog sich wohl auf die »Rothäute«. Möglicherweise gewannen die europäischen Entdecker bei ihren ersten Kontakten mit Amerindianern, die Volksgruppen aus dem nördlichen Asien genetisch nahestehen, den Eindruck, deren Haut sei rot – vermutlich aufgrund einer Bemalung. Im 19. Jahrhundert erlebte der Ausdruck »Rothaut« eine Verengung seiner Bedeutung auf die indigenen Einwohner Nordamerikas, in denen die nach Westen vordringenden Siedler ihre Gegner sahen. Es mochten noch so viele empirische Gegenbeweise vorgebracht werden, die Vorstellung einer »roten Rasse« hielt sich bis Mitte des 20. Jahrhunderts in der Schulliteratur … Man sieht, das Bild der Erdteile sitzt überzeugend in den Köpfen: Es kann eben auf eine lange Geschichte zurückblicken.

Die Kunst, **die Welt zu beherrschen**

»Gen Osten brich auf, Sohn,
Wie es der Himmel bestimmt,
Wie es göttlicher Wille ist.
Deine Streiter wird dir Jesus stellen,
Um List und Unverstand zu trotzen,
Um den Heiden, der gesetzlos lebt,
Den Krallen der Hölle zu entreißen.
Unter dem Banner Christi
Soll ein riesiges Heer die Waffen erheben.«

Geleitworte des heiligen Ignatius von Loyola an den heiligen Franz Xaver, Szene 8 der Oper *San Ignacio* über die Missionen der Jesuiten im Amazonasgebiet. Dieses verlorene Werk wurde zwischen 1733 und 1760 von Indigenen aus dem Volk der Guarani und Missionaren der Jesuitenmissionen im Amazonasgebiet komponiert.

Aus Erdteilen mit Namen im Femininum sind im 16. Jahrhundert Frauengestalten geworden. Immer wieder begegnet man ihnen in der europäischen Kunst, vor allem der Ikonografie der katholischen Kirche, bevor sie im 19. Jahrhundert endgültig verweltlicht werden. Die drei Söhne Noahs sind vergessen, sie haben vier schönen Damen Platz gemacht, die aber selten in gleichwertiger Position gezeigt werden: Die Dame Europa hat den Status einer *prima inter pares*. Die von Europäern für Europäer geschaffene Inszenierung der Welt strebt danach, die eigene Identität herauszuarbeiten; dadurch wird (aus Sicht der Initiatoren der Weltaneignung) auch die Identität der anderen erzeugt. Dieses ikonografische Unterfangen geht Hand in Hand mit der fortschreitenden Kolonialisierung der Welt durch den »Alten Kontinent« Europa.

Das vorrangige ideologische Anliegen in der bildlichen Gestaltung der Kontinente besteht sicher in der Selbstvergewisserung Europas. Zwei Entwicklungslinien kennzeichnen den europäischen Kulturraum im 16. Jahrhundert: Autonomiegewinn und Zersplitterung. Über Fahrten in ferne Gegenden, Entdeckungen und Frühformen moderner Kolonialisierung werden die Europäer mit Neuem, Andersartigem konfrontiert, das ihre eigene Identität bestärkt. Doch zur gleichen Zeit bricht ihr Kontinent in Stücke. Es beginnt mit der Selbstzerfleischung Europas in den Religionskriegen vom 15. bis Mitte des 17. Jahrhunderts. Nach dem Westfälischen Frieden von 1648 traten an deren Stelle feindliche Begegnungen der aufkommenden Nationalstaaten. Der Zenit der europäischen Desintegration war mit dem »Zweiten Dreißigjährigen Krieg« zwischen 1914 und 1945 erreicht.

Deckenfresko der Wallfahrtskirche von Steinhausen
(1731, Johann Baptist Zimmermann)

In *Trompe-l'Œil*-Manier gestaltete barocke Deckengewölbe zeigen in den vier Ecken eines Freskos häufig die vier Erdteile, um zum Ausdruck zu bringen, dass das himmlische Licht auf die gesamte Menschheit strahlt. Die zwischen 1727 und 1733 von Dominikus Zimmermann (1685–1766) erbaute Wallfahrtskirche von Steinhausen ist eine einschiffige Kirche auf ovalem Grundriss, das Deckenfresko schuf der Bruder des Architekten, Johann Baptist Zimmermann (1680–1758). Die Welt ist bei ihm gemäß der üblichen Konfiguration in vier Teilen rund um einen illusionistisch offenen Himmel angeordnet, in dessen Zentrum hier die Himmelfahrt der Jungfrau Maria steht. Europa ist links unten zu sehen, sie erhält von der katholischen Kirche (erkennbar am Kreuz, das sie trägt) einen Kelch gereicht. (Der süddeutsche Wallfahrtsort liegt in einer erzkatholischen Region, unweit von protestantisch geprägten Gebieten.) Links oben ist Amerika dargestellt, rechts oben Afrika, rechts unten Asien, das gemäß der damaligen Mode persisch gekleidet ist. Der heute bisweilen als »schönste Dorfkirche der Welt« bezeichnete Sakralbau gab zur Zeit seiner Erbauung Anlass zu Unmut, da es zu einer in diesem Ausmaß noch nie da gewesenen Überschreitung der veranschlagten Baukosten kam (40 000 anstelle von 9000 Gulden).

Die Dame Europa und ihre Zofen

Europa kam im Sprachgebrauch des Mittelalters selten vor: Es genügte, von der Christenheit zu sprechen, die anderen waren Ungläubige oder Heiden. Es verstand sich von selbst, dass die christliche Welt römisch-katholisch war und ihr Herrscher (zumindest der höchste) der *Pontifex maximus*. Die griechisch-orthodoxe Christenheit bereitete zwar ein gewisses Identitätsproblem, das aber nie maßgeblich wurde. Bis zum Schisma von Ost- und Westkirche 1054 (eine Spaltung, die weder überraschend kam noch als endgültig erlebt wurde) betrachtete man sich als eine gemeinsame christliche Welt. So heiratete Heinrich I. von Frankreich, der dritte Kapetingerkönig, im Jahr 1051 die Tochter des Kiewer Großfürsten, Anna; der griechische

Taufname ihres Sohns, Philipp, war danach in der französischen Monarchie lange in Gebrauch. Ende des 12. Jahrhunderts und vor allem seit dem vierten Kreuzzug und der Einnahme Konstantinopels 1204 war die Divergenz zwischen Ost- und Westkirche allerdings offenkundig geworden, doch sie trat infolge der zunehmenden Auflösung des Byzantinischen Reichs, die mit dem Machtzuwachs der Westkirche einherging, in den Hintergrund. Erst als sich der Westen infolge der Hinwendung Russlands zu Europa wieder mit der Orthodoxie konfrontiert sah, stellte sich erneut die Identitätsfrage. Doch da hatte sich der Begriff »Europa« bereits behauptet. Es erstaunt nicht, dass der Übergang genau ins 16. Jahrhundert fiel, als Europa im Begriff war, ein weltweites System um sich herum zu gestalten und das zu initiieren, was man heute als »Globalisierung« bezeichnen würde. Die Stabübergabe von »Christentum« zu »Europa« ist ein Teil der Säkularisierung des Weltverständnisses, für die das Wissen um Amerika eine wichtige Rolle gespielt hat. Heinrich Büntings Darstellung Europas (vgl. S. 14) – die Prager Version ist die bekannteste – verleiht dem Raum menschliche (und weibliche) Gestalt, und dieser Raum definiert sich immer weniger durch die gemeinsame Religion. Eine der frühesten Belegstellen für »Europäer« als Ethnonym findet sich in der Mozarabischen Chronik (einer christlichen Chronik in arabischer Sprache von 754), im Bericht über die Schlacht von Poitiers (um 732): Neben »Franken« und »Nordmenschen« war es die Bezeichnung für Karl Martell und seine Truppen. Dem Dichter Angilbert werden Verse zugeschrieben, in denen Karl der Große als »sehr guter Vater Europas« bezeichnet wird. Doch ab dem 11. Jahrhundert verschwindet »Europa« weitgehend, und auch »Europäer« tauchten erst im 15. Jahrhundert nach dem Fall von Konstantinopel (1453) wieder auf, zum Beispiel in Werken aus der Feder Enea Silvio Piccolominis (1405–1464), der 1458 Papst Pius II. wurde. Mit dem aufkommenden Humanismus begann sich die *christianitas* (Christenheit) als »Europa« zu sehen; im 16. Jahrhundert, als die weite Welt vor den Augen der Europäer Gestalt annahm, entstand der Begriff »kontinental«. Dies geschah nicht unwidersprochen. Von Karl V. ist bekannt, dass er »Europäer« in den Briefen, die ihm seine Sekretäre vorlegten, durchstrich und durch »Christen« ersetzte. In seiner Zeit galt es, dem Protestantismus und Anglikanismus durch Einheit zu trotzen. Doch Karl V. scheiterte und legte sein Amt nieder…

Europa war mehr als nur ein Erdteil unter anderen, denn während es die Aufteilung der Welt formalisierte, war es gerade erst dabei, die gemeinsame Welt zu erschaffen. Der Prozess war radikal neu: Was die Europäer damals realisierten, hatte noch nie existiert. Alle Gesellschaften der Weltgemeinschaft und sämtliche Gruppen, aus denen die Menschheit bestand, waren bis zum Zeitalter der Entdeckungen kaum in Verbindung gewesen, und schon gar nicht miteinander vernetzt. Im Gegenteil entfernten sich die Populationen über 50 000 Jahre hinweg sogar noch voneinander, da das Absinken des Meeresspiegels während der letzten Eiszeit eine zunehmende Ausbreitung über einen Großteil des Festlands (und somit auch nach Australien und Amerika) möglich machte. Nach dem Ende der letzten Eiszeit vor ungefähr 15 000 Jahren stieg der Meeresspiegel wieder an und isolierte die Alte und die Neue Welt voneinander, was die Spaltung der Ökumene verstärkte. Da die Sprache das Instrument des Menschen ist, welches den sozialen Zusammenhalt ermöglicht, lässt sich das Ausmaß dieser Zerstreuung (die babylonische Verwirrung!) an der Fülle existierender Sprachen erkennen. So kann man sagen, dass die Europäer im 16. Jahrhundert »die Welt erschufen«. Simultan dazu entwarfen sie eine kosmologische Vorstellung, die mehr ist als lediglich ein Weltbild von vielen, wie sie wohl in allen Gesellschaften vorhanden sind. Zwar lässt sich die ursprüngliche, bereits erwähnte Vorstellung über das Universum und dessen Geschichte, die sich in schematisierter Form in den mittelalterlichen *Mappae mundi* ausdrückte, auf dieser chronologischen Ebene durchaus noch als gleichrangig mit den Kosmogonien der Inka, der Papua, der Chinesen, der Dogon und vieler anderer betrachten. Doch im Zeitalter der Entdeckungen änderte sich der Horizont. Er erweiterte sich nicht nur, sondern wurde zur Frontlinie eines Vorstoßes: Ab jetzt wurde das Eigene mehr und mehr den anderen aufoktroyiert.

Die einzelnen Kosmogonien bewahrten sich ab dem europäischen Mittelalter einen unterschiedlichen Grad an Autonomie. Manche Völker wie die australischen Aborigines waren praktisch autark; andere, etwa in den beiden Teilen Amerikas, standen in einer gewissen Verbindung. Die stärksten und dauerhaftesten Wechselbeziehungen zwischen Gesellschaften bildeten sich längs der Achse der Alten Welt zwischen Mittelmeer und China entlang der Seiden- und Gewürzstraßen aus. Das europäische Weltbild war demjenigen der Araber nicht total fremd und dieses wiederum mit dem Denken der Perser und Inder verbunden. Doch die räumliche Entfernung blieb immer ein Faktor, der unerbittlich dafür sorgte, dass sich die verschiedenen Kulturräume und ihre Konzeptionen des Universums eigenständig entwickelten.

Frontispiz aus dem Atlas von Abraham Ortelius (Antwerpen, 1595)
Die Kartensammlung von Ortelius war die bekannteste ihrer Zeit. Sie ist der erste moderne Atlas, trägt aber noch nicht diesen Namen, sondern den schönen Titel »Welttheater« – ein Eingeständnis, dass die Kartografie auch die Dimension hat, die Welt zu inszenieren wie ein Schauspiel. Die Karten formten die Weltsicht der europäischen Herrscher und Denker des 17. Jahrhunderts. Es gibt eine klare Hierarchie unter den vier Erdteilen: Europa thront oben mit allen Attributen der Macht, links steht Asien, reich gekleidet und mit einem Weihrauchgefäß in der Hand, rechts Afrika, noch wild und deshalb spärlich gekleidet, der Kopf von Flammen umlodert. Unten stellt eine vollkommen nackte Frau Amerika dar; der Kopf in ihrer Hand ist ein Hinweis auf Kannibalismus. Die kleine Büste neben ihr ist »Magellania«, ein damals vermuteter weiterer Kontinent im Süden; bekannt war bis dahin nur das von Magellan entdeckte Feuerland.

Karten als Vermittler der Welt

Die Weltvorstellung und Einteilung, welche sich im europäischen Denken des 16. Jahrhunderts ausbildete und von den Konquistadoren und Missionaren nach außen vermittelt wurde, ging vor allem davon aus, dass sie sich vom Rest der Menschheit – jenen, die »entdeckt« worden waren – unterschieden. Die Ikonografie spricht hier eine deutliche Sprache. Die Kartenverleger hatten mit ihrer Form der Präsentation Vorreiterfunktion. Insbesondere die Bildertitel zahlreicher Kartenwerke oder Reiseerzählungen zeigen unmissverständliche Inszenierungen der Welt.

Die geografischen Werke der großen flämischen Kartografen Gerardus Mercator (1512–1594) und Abraham Ortelius (1527–1598) hatten Ende des 16. Jahrhunderts und im ganzen 17. Jahrhundert sicher den größten Einfluss. Ersterer wurde durch sein 1569 entwickeltes Projektionsverfahren berühmt, das bis heute seinen Namen trägt. Auch die etwas später aufgekommene Bezeichnung »Atlas« für eine Sammlung von Karten geht auf ihn zurück. 1585 veröffentlichte er seinen *Atlas, sive cosmographicae meditationes de fabrica mundi et fabricati figura*, 1595 wurde dieser von seinen Söhnen Rumold und Arnold ergänzt und dann regelmäßig neu aufgelegt. Der Bildtitel dieses Werks repräsentiert Atlas, einen Giganten aus der griechischen Mythologie. Weil er Partei für die Titanen in deren Kampf gegen die Götter ergriffen hatte, verurteilte ihn Zeus dazu, das Himmelsgewölbe auf seinen Schultern zu tragen. Die Himmelskugel, die er trägt, wurde oft mit der Erdkugel gleichgesetzt, und man glaubte häufig, dass er die Erde trägt. Das Wort »Atlas« ersetzte im 17. Jahrhundert das ältere »Welttheater«, welches in Ortelius' großem Kartenbuch von 1570 verwendet worden war – die inszenatorische Funktion der Kartografie kommt in diesem Begriff sehr anschaulich zum Ausdruck.

THEA
TRVM
ORBIS
TERRA
RVM
Opus nunc denuo ab ipso Auctore recognitum, multisquè locis castigatum, & quamplurimis
nouis Tabulis atquè Commentarijs auctum.

Die Botschaft des Frontispizes von Ortelius' *Theatrum* ist absolut klar: Die vier Frauen stellen die Erdteile dar. Europa ist reich gekleidet, sie sitzt über allen auf einem Thron und hält die Insignien der Macht: Krone, Zepter, Erdball, Kreuz. Die beiden Globen zu den Seiten der Figur zeigen die himmlische und die irdische Sphäre. Weiter unten rahmen zwei Frauen den Titel. Die links stehende (aus Sicht Europas also rechts, im Osten) ist reich gekleidet. Sie hält ein Gefäß mit duftendem Räucherwerk, ein Symbol des Morgenlands, in Richtung des Throns. Ihr gegenüber steht eine halbnackte schwarze Frau, Afrika. Ihr niedrigerer Status im Vergleich zu Europa und ihre Unterwerfung gehen klar aus dem Bild hervor. Doch auch untereinander sind die beiden anderen »alten« Erdteile nicht gleichrangig: Der ins Auge springenden Üppigkeit Asiens steht die spärliche Bekleidung Afrikas als Zeichen der Kulturlosigkeit gegenüber. Im unteren Bildbereich, entgegengesetzt zu Europa und halb liegend, ist Amerika in der letzten, vollkommen nackten (und somit am wenigsten zivilisierten) Frau verkörpert, sie trägt kriegerische Attribute (Streitkolben, Pfeil und Bogen), die sicher in Bezug zu den legendären Amazonen stehen, da die ersten Erforscher der Äquatorialgebiete Südamerikas glaubten, kriegerische Frauen vor sich zu haben, die sie mit den Amazonen aus der griechischen Mythologie gleichsetzten (daher die Bezeichnung »Amazonasgebiet«). Amerika hält einen abgeschlagenen Männerkopf, ein Hinweis auf den Kannibalismus, der den Indigenen nachgesagt wurde (was bei einigen amerindianischen Gesellschaften, insbesondere den Azteken, nicht ganz unbegründet war). Eine weitere Frau ist daneben nur als Büste dargestellt: Sie steht für das im 16. Jahrhundert »Magellania« genannte Land an den Antipoden, die in gewissem Maße den noch nicht entdeckten fünften Erdteil vorausahnen lässt.

Diese Inszenierung nimmt also eine doppelte Unterscheidung vor, zum einen zwischen dem dominierenden Europa und den anderen Teilen der Menschheit, zum anderen innerhalb der Letzteren. Die Hierarchie drückt sich in der Kleidung aus, sie ist bei den anderen primitiver als bei Asien. Dies ist eine Reminiszenz an den Status von Noahs Ältestem, Sem, dem das jüngere Europa trotz seines zunehmenden Glanzes in religiöser wie kultureller Hinsicht Respekt zollte. Es war sich vor allem bewusst, dass es die asiatischen Kulturen nicht mit den afrikanischen oder indianischen Gesellschaften, die man als seelenlose wilde Barbaren ansah, auf eine Stufe stellen konnte. Dazu kam, dass die europäischen Eroberer zumindest bis zum 18. Jahrhundert in Japan, China, Indien, Persien und der Türkei auf militärischen und kulturellen Widerstand stießen, der ihr Vordringen aufhielt. Der Orientalismus, wie ihn Edward Saïd in jüngerer Zeit kritisiert hat, eine Konfrontation zwischen »Okzident« (sprich, Europa) und einer als »Orient« definierten (künstlichen) Gemeinschaft der Zivilisationen der Alten Welt auf einer Achse von Japan bis Marokko, hat hier seinen Ursprung. Ein noch größerer Abstand trennte Europa von den afrikanischen Gesellschaften südlich der Sahara, den Amerindianern, Australiern und Polynesiern. Für diese etablierte sich im Geist der Europäer der Begriff »Barbarei«.

In welchen Varianten die vier Erdteile auch immer gemeinsam auftraten, immer wurde die Überlegenheit Europas herausgestellt, so auch auf dem Titel des Atlas von Blaeu, einem weiteren »Bestseller« des 17. Jahrhunderts. Hier thront Europa auf einem Triumphwagen und wird von den drei anderen Kontinenten eskortiert. Ab dem 17. und vor allem im 18. Jahrhundert waren die vier Frauenfiguren zu weitverbreiteten ikonografischen Archetypen geworden.

Allegorie der vier Kontinente

(Werk eines anonymen Künstlers, 18. Jahrhundert, Musée du Nouveau Monde, La Rochelle)

Europa ist hier sitzend dargestellt, umgeben von Symbolen der Künste, der Literatur und der Wissenschaften. Die drei anderen Kontinente huldigen ihr: Amerika kniend, im Hintergrund stehend Asien, rechts hinten Afrika im Halbschatten.

Das Imperium der Jesuiten

Der vierteilige Aufbau der Welt stellt ein gemeinsames Erbe aller Europäer unabhängig von der religiösen Zugehörigkeit dar; unter den flämischen Kartografen und ihren Nachfolgern waren Katholiken, Juden und Protestanten. Zwar blieben die Figuren eher der weltlichen Kunst zugeordnet, doch im Barock der katholischen Gegenreformation erhielten sie zum Teil eine besondere Ausprägung für religiöse Zwecke. Darstellungen der Welt trifft man vor allem dort an, wo sich Machthaber präsentierten: Paläste, Kirchen, später auch Handelskammern. *Die vier Erdteile: Geschichte einer Globalisierung* – so betitelte der Historiker Serge Gruzinski 2004 sein anregendes Werk über die Kulturgeschichte der Kolonisierung durch die iberischen Nationen. Das »Reich, in dem niemals die Sonne untergeht«, war vor allem in der Zeit von 1580 bis 1640, als die spanische und die portugiesische Krone vereint waren, gleichzeitig in Afrika, Asien und natürlich Amerika präsent. Insofern erstaunt es nicht, wenn Darstellungen der Erdteile vor allem in katholischen Gebieten (Italien, Iberische Halbinsel, Österreich, Bayern, Flandern etc. und den Kolonien) anzutreffen sind. Zum Zeitpunkt des Konzils von Trient (1545–1563) schien die Hoffnung, Nordeuropa für den katholischen Glauben wiederzuerobern, in weite Ferne gerückt. Die Strategie der Kirche bestand nun darin, die Welt gegen das protestantische und anglikanische Europa auszuspielen. Portugiesen und Spanier, die Kolonisatoren zu Beginn der Neuzeit, waren die glühendsten Verfechter des Katholizismus. Ihre Missionstätigkeit bei den kolonisierten Völkern und bei afrikanischen Sklaven zielte auf katholische Taufen ab, sehr häufig handelte es sich um Zwangsbekehrungen. Erst wesentlich später traten protestantische Missionare in Konkurrenz zur römisch-katholischen Kirche. Protestantische Weltfahrer (meist aus den Niederlanden) waren lange Zeit Händler gewesen, denen das Seelenheil ihrer Partner vor Ort relativ gleichgültig war, oder Emigranten, wie die 1620 in Neuengland gelandeten *Pilgrim Fathers* von der *Mayflower*, deren Trachten nach einer idealen Gemeinschaft ging – ohne Einbeziehung der Ureinwohner. Im Gegensatz dazu bot die katholische Kirche alle Kräfte auf, um die ganze Welt zu bekehren – nicht nur die eroberten Völker, im Wesentlichen in Amerika, sondern auch militärisch außer Reichweite stehende wie im fernen China oder Japan. Die Jesuiten waren nicht die einzigen Träger der missionarischen Tätigkeit, aber die wichtigsten, zu ihnen zählte der berühmte Pater Matteo Ricci im Reich der Mitte; ihre Versuche einer lokalen Anpassung durch die Einführung östlicher Elemente (etwa eines »chinesischen Ritus«) in christliche Ausdrucksformen gingen ebenfalls am weitesten.

Die vom Konzil von Trient ausgegangene tridentinische Reform (auch als Gegenreform bezeichnet) fand Ausdruck in einem großen Aufschwung künstlerischen Schaffens, das oft etwas vorschnell mit der Kunst des Barock gleichgesetzt wird. Es überrascht jedenfalls nicht, wenn sich unter den zahlreichen religiösen und weltlichen Darstellungen auch solche der Erdteile finden. Die Beherrschung der Erde war konsubstanziell mit der Durchsetzung des Katholizismus und allgemeiner gesehen mit dem Machtzuwachs Europas. Die Jesuiten als Pioniere des Barock haben dies am klarsten zum Ausdruck gebracht, vor allem in dem riesigen (36 × 17 Meter) Deckenfresko *Triumph des Heiligen Ignatius*, mit dem Andrea Pozzo d. Ä. (1642–1709), ein Genie der Perspektivmalerei, die Kirche des heiligen Ignatius von Loyola in Rom gestaltete (siehe S. 110–111). Programmatische Vorlage war ein Satz aus dem

***Die Anbetung der Könige* von Velazquez** (1619, Museo del Prado, Madrid)
Dieses Gemälde wurde für das jesuitische Noviziat San Luis in Sevilla geschaffen. Es stellt eine klare Reverenz an die Mission der Gesellschaft Jesu dar, die ganze Erde zu evangelisieren. Die drei Könige sind als Asien (kniend), Afrika und (links, in mittlerem Alter) Europa zu erkennen. Mit dem Pagen, der noch jünger als Afrika ist, deutet Velazquez, ohne gegen den etablierten Kanon der Dreikönigs-Szene zu verstoßen, einen vierten Erdteil an. Die sehr individuelle Personengestaltung lässt vermuten, dass es reale Porträts sind.

AMERICA
ET QUID VOLO NISI
VT ACCENDATVR
AFRICA

Fresko im Mittelschiff der Kirche Sant'Ignazio in Rom
(Andrea Pozzo, Ende des 17. Jahrhunderts)
In diesem Deckenfresko, das Pozzo in den letzten Jahren des 17. Jahrhunderts schuf, gab er der Öffnung zum Himmel ein Maximum an Tiefe dank der Kontinuität, die aus dem fast unmerklichen Übergang von realer zu gemalter Architektur entsteht. Die verkürzt gemalten Säulen verlängern die Deckenpfeiler ins Unendliche. Pozzo löst sich damit von früheren illusionistischen Deckengestaltungen wie jener im Salon des venezianischen Barberini-Palasts aus der Hand Pietro da Cortonas (1596–1659), wo die Grenze zwischen Realität und Illusion durch ein Gesims markiert ist, oder Luca Giordanos (1634–1705) Fresko im Medici-Palast von Florenz. Vier Gruppen in den Gewölbezwickeln stellen die Kontinente dar. Sie haben den Glauben angenommen, der ihnen aus dem Herzen des heiligen Ignatius von Loyola jeweils über einen jesuitischen Heiligen vermittelt wurde, und sich damit »von den missgestalteten Ungeheuern der Götzenanbetung, der Ketzerei und anderer Laster befreit« (Pozzo). Die Namen der Kontinente sind beim Blick von unten deutlich zu erkennen.
Europa ist als gekrönte Königin mit einem Zepter in der Hand dargestellt. Ihr höherer Rang wird durch diese Attribute angezeigt, da Pozzo sie bei dieser Anordnung der Figuren nicht anhand ihres Platzes als die den anderen Erdteilen Überlegene kennzeichnen konnte. Sie reitet auf einem Pferd, unterhalb von ihr symbolisieren zwei Grimassen schneidende Gestalten die besiegte Häresie. Ebenso reich wie sie ist Asien gekleidet. Die Frauengestalt trägt allerdings anstelle einer Krone nur eine Art Tuch; sie sitzt auf einem Kamel und hebt die linke Hand in einer Art Gebetsgeste. Die beiden Giganten, die sie mit Füßen tritt, repräsentieren Götzendienst und religiöses Unwissen. Die beiden Putten zu ihrer Linken tragen eine Räucherschale, sie symbolisiert das Feuer des Glaubens, dessen Ursprünge in Asien liegen. Afrika ist natürlich durch eine schwarze Frau verkörpert, die von zwei Tieren, die als Symbole Afrikas gelten, begleitet wird: dem Krokodil, auf dem sie sitzt, und dem Elefanten, dessen Stoßzahn sie in der Hand hält. Die beiden Giganten zu ihren Füßen verkörpern wieder den Götzendienst, der eine wird von einem Engel mit einer Fackel verjagt, der andere von einem Krokodil gebissen.
Amerika ist wieder am spärlichsten bekleidet – Beweis ihrer jugendlichen Unzivilisiertheit. Sie ist wie eine Amazone mit einer Lanze bewaffnet, um den Götzendienst in Gestalt der Giganten zu bekämpfen, und trägt einen indianischen Kopfschmuck aus bunten Federn, die Pozzo wie eine europäische Krone angeordnet hat. Amerika reitet auf einem Jaguar – dieser hatte sich als Attribut des Kontinents etabliert.

Lukas-Evangelium, dessen missionarische Akzente geeignet waren, die Jesuiten zu entflammen: »Ich bin gekommen, um Feuer auf die Erde zu werfen. Wie froh wäre ich, es würde schon brennen!« Zumindest Pozzo äußerte dies offen in einem Brief an den Fürsten von Liechtenstein: »Jesus schickt einen Lichtstrahl in Ignatius' Herz, und dieser überbringt ihn an die fernsten Orte der vier Erdteile. Diese habe ich mit ihren Emblemen in den vier Ecken des Gewölbes dargestellt.« Genau wie von Pozzo beschrieben, strahlen die vom kreuztragenden Christus ausgehenden Strahlen aus dem Herzen des in Ekstase verfallenen Heiligen weiter zu vier anderen jesuitischen Heiligen, die alle mit der Mission betraut sind, in je einem der Erdteile das Evangelium zu verkünden. Am besten kennt man den für Asien Verantwortlichen, den heiligen Franz Xaver (1506–1552), auch »Apostel von Indien und Japan« genannt. Er missionierte auf den Molukken und in Japan, starb in China und ist in Goa beigesetzt; 1622 wurde er heiliggesprochen. Pozzo zeigt jeden der vier Missionare, wie er eine Schar von Getauften aus dem Erdteil, für den er verantwortlich ist, zum Himmel führt, der sich dank der *Trompe-œil*-Gestaltung ins Unendliche öffnet. So entsteht die Vision einer universellen Erneuerung, die sich unter der Führung der Gesellschaft Jesu erfüllt.
Andrea Pozzo ist einer der beeindruckendsten Meister der illusionistischen Perspektive. Er war mit seinem Lehrwerk *Perspectiva pictorum et architectorum*, das 1693 in Rom erschien, der führende Theoretiker dieser Technik, die Anhänger größerer Strenge als »Teufelswerk« verurteilten. Zu Lebzeiten war Pozzo vor allem für seine Scheinarchitekturen bekannt, die er als Bühnenbilder für fromme Spiele gestaltete; einige Beispiele hat er in seinem Traktat hinterlassen, er stand der Bühnenkunst also nicht ganz fern. Generell war seine Zeit empfänglich für die vertikale Dimension, die »Öffnung« des Gewölbes zum Himmel, der zugleich Paradies und Ewigkeit ist. Doch diese Achse gewinnt

***Die Wunder des Heiligen Franz Xaver*, Rubens**
(1619, Kunsthistorisches Museum, Wien)
Dieses riesige Gemälde von Rubens war für den Hochaltar der Jesuitenkirche in Antwerpen bestimmt. Es rühmt einen der wichtigsten Gefährten des Ignatius von Loyola, den Missionar Asiens, der damals gerade heiliggesprochen worden war. Die Architektur erinnert nicht gerade an Asien, doch Rubens versuchte eine gewisse Anzahl Gesichter zu zeigen, die er für »asiatisch« hielt, unter ihnen auch einen Schwarzen.

ihren Sinn nur, wenn sie auf dem Horizont aufbaut, der hier durch die Gewölbezwickel über den gemalten Scheinsäulen entsteht, die ihrerseits eine Verlängerung der realen Säulen darstellen. Der Raum wird so in die Ewigkeit eingesogen, und diese Bewegung verwirklicht sich dank eines soliden Fundaments in der Welt, die hier in all ihren Teilen gezeigt wird. Es ist keine abstrakte Welt, sondern eine der Menschen und Gegenden, die in ihrer Diversität zu sehen sind.

Zum Ruhm Gottes

Die missionarische, wissenschaftliche und praktische Betätigung der Jesuiten verstand sich als Mittel zu dem einen Zweck, den Triumph Christi zu verwirklichen. Was man manchmal den »jesuitischen Stil« nennt (der Begriff ist nicht unumstritten), der Ende des 16. Jahrhunderts in der frühen nachtridentinischen Zeit noch von einer gewissen Nüchternheit gekennzeichnet gewesen war, kam im Barock mit seinem Streben, das »Wunderbare« zu gestalten, zur stürmischen Entfaltung. Der leuchtende, natürliche Farbton, den Pozzo eingeführt hatte, war im 18. Jahrhundert sehr gefragt und wurde von Giovanni Battista Tiepolo (1696–1770) zur Perfektion gebracht. Zu seinen berühmtesten Fresken zählen neben jenen in der Villa Valmarana die Deckenfresken über der Prunktreppe der Residenz Würzburg, die die vier Erdteile zeigen (vgl. S. 114 und S. 117). Die Pfalz und Bayern lagen im Herzen der von Flandern bis Österreich reichenden katholischen »Front« gegen die protestantischen Gebiete, und gerade hier findet man zahlreiche Meisterwerke der barocken Kunst, darunter auch mehrmals zum Thema der Kontinente. Besonders beeindruckende Beispiele sind das Gewölbefresko der Wallfahrtskirche von Steinhausen und das Deckenfresko im Treppenhaus von Schloss Weißenstein.

Tiepolo war Venezianer und sah sich als Erbe Veroneses. Seine leuchtenden Farben kommen besonders in seinen barocken *Trompe l'œil*-Gestaltungen zur Geltung, als deren letzter großer italienischer Repräsentant er gilt. Dazu zählen unter anderem die Fresken in der Chiesa dei Gesuati (1737) und im Palazzo Labia *(Geschichte von Antonius und Kleopatra, 1747)* von Venedig. Herausragend ist seine Darstellung der vier Erdteile in der Residenz von Würzburg, einem Bischofspalast. Sie sind damit noch der kirchlichen Kunst zugehörig, ohne dabei zur Gänze religiösen Charakter zu haben.

Diese Bekundung des katholischen (und damit im direkten Wortsinn erdumfassenden) Machtbereichs kommt auch in einigen anderen europäischen Herrschersitzen zum Ausdruck. Versailles galt zu Beginn des 17. Jahrhunderts als eines der bedeutendsten Schlösser, und es war folgerichtig, dass Ludwig XIV. unter den Hauptfiguren des Schlossparks an gut sichtbarer Stelle die

Amerika im Schlosspark von Versailles (1675)

1674 wurde von Charles Le Brun die *Grande Commande* (große Bestellung) entworfen, ein Skulpturenprogramm für das Wasserparterre im Schlossgarten von Versailles. Sie sollte alles umfassen, worüber die Sonne scheint: die vier Jahreszeiten, die vier Elemente ... und auch die vier Erdteile. Nachbildungen der vier Skulpturen sind im Nordparterre zu sehen. Die Amerika-Skulptur mit Federkrone wurde von Gilles Guérin (1611-1678) gestaltet.

Amerika auf G. B. Tiepolos Deckenfresko im Treppenhaus der Residenz Würzburg (1752)

Die Prunktreppe in Johann Balthasar Neumanns (1687-1753) Residenzbau für die Fürstbischöfe von Würzburg ist mit einem riesigen (30 × 18 m) Deckenfresko des venezianischen Malers Giovanni Battista Tiepolo (1696-1770) überwölbt - sicher die weltweit berühmteste Barockdecke mit Erdteildarstellungen. Apollo erleuchtet auf seinem Lauf die Welt in Gestalt der vier Kontinente, jeder von diesen erhebt sich über einem Gesims. Von der ersten Treppenflucht aus eröffnet sich der Blick auf Amerika mit Federkrone (Europa gegenüberliegend), die über halbnackte Wilde herrscht.

Erdteile platzieren wollte; sie wurden somit ein Teil der *Grande Commande*, des in Auftrag gegebenen Skulpturenprogramms (vgl. hier und S. 115). Zumindest ein Teil der gemalten oder als Skulpturen gestalteten Erdteildarstellungen ist erhalten geblieben, doch diese Allegorien wurden auch in einer flüchtigeren Form präsentiert, die sich heute nur noch erahnen lässt, und zwar bei Festlichkeiten. Gerade im spanischen Kolonialreich war es ein wiederkehrendes Motiv, die erdumspannende Monarchie zu zelebrieren. Im Rahmen dieser Feiern personifizierten Schauspieler die vier Kontinente; mit Symbolen der Erdteile geschmückte Triumphwagen und Triumphbögen bildeten eine Art Pflichtprogramm. Vom 16. bis zum 18. Jahrhundert war dies auch bei den Festen der Vizekönige von Peru der Fall: Indigene wurden als Afrikaner oder Asiaten ausstaffiert, soweit man nicht auf afrikanische Sklaven zurückgreifen konnte. Dieselbe Symbolik hielt Einzug bei den großen Festen von Versailles zur Verherrlichung der Erhabenheit der französischen Monarchie. Ein Widerhall findet sich noch in Rameaus Ballettoper *Les Indes galantes*, die er 1735 für den Hof Ludwigs XV. komponierte.

Afrika im Schlosspark von Versailles (1682)
An ihrem Löwen leicht erkennbar ist die von Jean Cornu (1650–1710) gestaltete Afrikaskulptur aus dem Programm der *Grande Commande*.

Europa auf G. B. Tiepolos Deckenfresko im Treppenhaus der Residenz Würzburg (1752)
Schreitet man Balthasar Neumanns Treppe hinab, sieht man sich Tiepolos Europa gegenüber. Im Angesicht Apollos thront sie umgeben von Figuren, die die Kunst, die Wissenschaft und den katholischen Glauben verkörpern. Links von ihr, auf einem Dromedar, ist Afrika dargestellt. Sie ist schwarzhäutig, ihre Entourage und die Landschaft erinnern aber eher an Nordafrika. Rechts von Europa, hoch auf einem Elefanten, herrscht Asien über eine Welt aus Dschungel und Ruinen mit Spuren angeblicher alter Schriftzeichen. Die führende Stellung Europas, das Lichtstrahlen zu den anderen Kontinenten aussendet, ist wie in allen barocken Monumentalkompositionen dieser Art klar zum Ausdruck gebracht.

Flüsse als Herren, Erdteile als Damen

Zu den Erdteilen in Frauengestalt gab es ein männliches Pendant, die vier großen Ströme, ebenfalls ein beliebtes Motiv in Malerei und Bildhauerei. Die Botschaft war die gleiche, allerdings eignete sich diese Variante weniger gut, um die Überlegenheit Europas herauszustellen. In der Regel wurden die Donau (für Europa), der Nil (für Afrika), der Ganges (für Asien) und der Río de la Plata (für Amerika) dargestellt. Die Wahl der beiden Ersten erstaunt nicht, die beiden anderen zeigen eher die unzureichenden Geografiekenntnisse im 17. Jahrhundert. Die Donau ist mit 2850 km der längste und mit einer mittleren Durchflussmenge an der Mündung von 6500 m³ pro Sekunde auch mächtigste Strom Europas, wobei die Wolga, die ins Kaspische Meer mündet, nicht berücksichtigt ist: Sie galt erst ab dem 18. Jahrhundert als europäischer Strom. Die abendländischen Geografen hatten nur geringe Kenntnis von Flüssen wie Niger, Kongo oder Sambesi; somit lag die Wahl des Nils nahe, auch wenn er manchmal noch als die Grenze zwischen Asien und Afrika angesehen wurde. Noch größer war die Unkenntnis in Bezug auf die Ströme Amerikas und Asiens. Heute würde man spontan eher an den Amazonas denken, den größten Strom der Erde mit einem Durchfluss von 200 000 m³ pro Sekunde, oder den Mississippi. Doch für die Europäer hatten andere Kriterien den Ausschlag gegeben: Von den großen Flüssen Amerikas waren nur die Mündungsbereiche bekannt, und eine große Trichtermündung wie die des Río de la Plata, den Magellan, sein erster Entdecker, für einen Meeresarm gehalten hatte,

TIGRIS
EVFRATES
FISON
GEON

wirkte beeindruckender als ein uraltes Deltagebiet wie das des Amazonas oder ein »junges« nacheiszeitliches wie das des Mississippi oder des Orinoko. Der Río de la Plata ist übrigens kein Strom, sondern der gemeinsame Mündungstrichter von Paraná und Uruguay. Was Asien betrifft, so waren die großen chinesischen Ströme – der Huang He (Gelber Fluss) und der Yangzi (Blauer Fluss; in alter Umschrift: Jangtsekiang) – ebenfalls noch nicht bekannt. Den Ganges dagegen kannte man im Abendland schon seit der Antike. Ein Nachteil der Flusssymbolik (und vermutlich der Grund, warum sie seltener eingesetzt wurde) bestand darin, dass Europa hier eher armselig dastand: Die Donau war im Vergleich zu den anderen Strömen der bescheidenste.

Warum hat man die Flüsse als Männer dargestellt? Dass Frauen als Symbole bereits vergeben waren, wäre eine naheliegende Erklärung. Der Hauptgrund aber liegt eher darin, dass Ströme als etwas Kraftvolles und damit Männliches wahrgenommen und seit der Antike auch so dargestellt wurden. Es gibt noch eine andere Herleitung aus der mittelalterlichen biblischen Ikonografie. Man glaubte, dass im Paradies vier Flüsse entsprängen; diese waren manchmal in die *Mappae mundi* nach dem TO-Schema eingezeichnet. Einige entsprachen realen Strömen wie Nil, Tigris oder Euphrat, andere waren Fantasieschöpfungen – etwa Gihon oder Pischon, um nur zwei davon zu nennen. Wie bereits erwähnt, sah man eine Verbindung zwischen ihnen und der Herkunft der Gewürze, die im Paradies vermutet wurde. Da im mittelalterlichen Denken die Welt noch aus drei Teilen bestand, konnten die vier Paradiesflüsse nur mit den vier Evangelisten in Bezug gesetzt werden. So stand der Euphrat häufig für Matthäus und die Tapferkeit, der Tigris für Lukas und die Gerechtigkeit, der Gihon für Johannes und die Mäßigung sowie der Pischon für Markus und die Klugheit.

***Mosaik der vier Flüsse* in der Nikolauskapelle der Stadt Die, Gesamtansicht und Ausschnitt** (12. Jahrhundert)

Das Bistum von Die bestand von 325 bis 1801. Im 12. Jahrhundert ließen sich die Bischöfe eine dem heiligen Nikolaus geweihte Privatkapelle erbauen (die noch besteht), ihr bedeutendstes Element ist ein römisches Mosaik. Von dem Marmorstern in der Mitte gehen zwölf Strahlen aus, sie sind umschlossen von einem Kreis mit den Namen der vier Paradiesflüsse: Tigris, Euphrat, Gihon und Pischon. Rund um diesen Polarstern sind die vier Ströme angeordnet. Ihre Gesichter tragen halb menschliche (Haar, Nase, Brauen, Wangenknochen), halb tierische (Hörner, Rinderohren, Katzenaugen) Züge, aus ihren Mündern strömt Wasser in Richtung der vier Ecken des Mosaiks. In der Nähe jedes Kopfes befindet sich ein Symbol: beim Tigris ist es ein Schlüssel (Wissen), beim Pischon ein Baum, dessen Wurzeln in seine Wasser reichen (ewiges Leben), beim Euphrat eine Schere für die Schafschur und beim Gihon ein Messer, beides Verweise auf das Osterlamm. Auch Symbole der vier Elemente – Wasser, Luft, Erde, Feuer – sind erkennbar, und die Winde und Rosetten stehen für die vier Himmelsrichtungen. Somit repräsentiert das Mosaik die Gesamtheit des als Garten Eden konzipierten Universums, mit einer vielfältigen realen und fiktiven Tierwelt (Vögel, Hund, Nixe, Greif …). Die Umrahmung des Ganzen bilden vier Bordüren, deren Mosaiksteinchen aus Marmor oder Terrakotta in roter, beiger und schwarzer Farbe bestehen; in der Regel werden sie als *claustra mundi* – die »Grenzen« oder »Angeln« des Universums – interpretiert; die rote Flut steht für den Ozean.

Der Vierströmebrunnen von Bernini auf der Piazza Navona in Rom (1648–1651)

Um einen Sockel aus römischem Travertin sind marmorne Personifizierungen von vier Flüssen beziehungsweise Erdteilen gruppiert. An der nördlichen Seite befindet sich Antonio Raggis Donau als Symbol Europas und ihr gegenüber an der südlichen Seite Giacomo Antonio Fancellis Afrika in Gestalt des Nils (der sein Gesicht verhüllt, da man seine Quellen noch nicht kennt). Für Asien (der Ganges, gestaltet von Claude Poussin) ist der passende Platz im Osten, und für Amerika, repräsentiert durch Francesco Barattas Río de la Plata, im Westen. Die restlichen Elemente (zerklüftete Felsen, Palme, Löwe, Pferd, Gürteltier...) wurden von Franchi vor Ort herausgearbeitet, Abbatini besorgte die Farbfassung. Die gemeinschaftliche Arbeit erklärt, wieso nicht mehr als zwei Jahre zur Fertigstellung des Bauwerks nötig waren. Der künstlerische Auftrag ging ausdrücklich dahin, in einem Monumentalbrunnen die Macht und Autorität zu verkörpern, die die Kirche über die ganze Welt ausüben wollte.

Das Vorhandensein antiker Elemente zeigt, dass dieser allumfassende Anspruch sich auch in die zeitliche Dimension erstreckt. Appianis Taube an der Spitze des Obelisks verkörpert den Heiligen Geist, der über den antiken Glaubensformen steht; als Symbol der Unschuld ist sie auch das Wappentier von Papst Innozenz X.

Eine andere Symbolebene betrifft das Tier-, Pflanzen- und Mineralienreich (für Letzteres steht der Felssockel), eine weitere die vier Elemente: Der Sockel ist die Erde; im Hohlraum in seiner Mitte kann Luft zwischen den Wasserkaskaden zirkulieren. Der Sonnenobelisk steht für das Feuer. Die Form des Wasserbeckens greift im Kleinen die Konturen des Platzes wieder auf; es ist so tief wie möglich gelegt, praktisch auf gleicher Höhe mit dem Pflaster – im Barock eine beliebte Lösung, um den Abstand zwischen Betrachter und Werk so weit wie möglich zu verringern.

Nach einer Legende erschrecken die vier Figuren beim Anblick der Kirche Sant'Agnese in Agone, deren Front zum Brunnen blickt. Scherzhaft wird hiermit auf die gut bekannte Rivalität zwischen Bernini und seinem Berufskollegen Francesco Borromini angespielt. Letzterer hat zwar tatsächlich diese Kirche erbaut, doch in den Jahren zwischen 1653 und 1657, also erst nach der Fertigstellung von Berninis Brunnen.

Im Mittelalter war also eine Analogie der vier Flüsse zu den vier antiken Kardinaltugenden im Gegensatz zu den drei Erdteilen möglich, maßgeblich war immer die Zahlensymbolik. Seit der Renaissance, als sich die Zahl der Kontinente auf vier erweiterte, trifft man Flüsse in der Kunst auch als Verkörperung von Erdteilen an; wegen der semantischen Nähe kam dies vor allem bei monumentalen Brunnenarchitekturen vor. Das bekannteste Beispiel ist der Vierströmebrunnen von Bernini (1598–1680) auf der Piazza Navona in Rom.

Dieses Ensemble wurde von Innozenz X. 1648 in Auftrag gegeben. Es liegt exakt in der Mitte des Platzes, an dessen Stelle sich ein ehemaliges Stadion des Kaisers Domitian befand. Der Papst wollte die monumentale Figurengruppe zu Füßen eines seinerzeit von Kaiser Caracalla importierten ägyptischen Obelisken anordnen, dessen Reste kurz zuvor unter dem Zirkus von Maxentius wiederentdeckt worden waren. Der von Bernini entworfene Brunnen wurde im Jahr 1651 fertiggestellt. Der rasche Bauabschluss lässt vermuten, dass Bernini die Ausführung der einzelnen Skulpturen an weitere Bildhauer vergeben hatte, und tatsächlich wurde die Donau von Antonio Raggi, der Nil von Giacomo Antonio Fancelli, der Ganges von Claude Poussin und der Río de la Plata von Francesco Baratta gestaltet. Ihre jeweiligen Positionen auf dem Brunnen sind an den Himmelsrichtungen ausgerichtet und erinnern damit an ihre Lage auf der Weltkarte: Europa im Norden, Asien im Osten, Afrika im Süden und Amerika im Westen. Dies hat damit zu tun, dass dieses Auftragswerk des Papstes (darin sehr ähnlich dem Ignatius-Fresko von Andrea Pozzi) explizit die Macht der Kirche über die ganze Welt bekunden sollte. Eine zusätzliche Bedeutungsebene entstand durch die Einbringung eines antiken Elements in Form des Obelisken. Dies integrierte die antike und heidnische Welt; so präsentierte sich die Kirche gleichzeitig als Regentin über Raum und Zeit. Der Status des päpstlichen Rom kam damit auf der Piazza Navona klar zum Ausdruck: Hier war das Zentrum der Welt.

In der Regel treten die männlichen Fluss- und die weiblichen Erdteilsymbole nicht gemeinsam in ein- und demselben Werk auf. Eine Ausnahme macht ein heute in Wien hängendes Rubens-Gemälde (siehe S. 124/125), wo die Kontinente als vier Paare gestaltet sind. Die Anordnung bleibt die klassische, man blickt wie auf eine Weltkarte: Europa und die Donau sind im Hintergrund (»oben«, im Norden), Asien und der Ganges folgerichtig auf der rechten Seite (im Osten), Amerika und der Río de la Plata links (im Westen). Afrika und der Nil im Vordergrund wurden von Rubens halb liegend dargestellt, um niemanden zu verdecken. Ein Krokodil vor Afrika und eine Tigerin, die ihre Jungen säugt, bedrohen einander mit gefletschten Zähnen.

Im Lauf des 18. Jahrhunderts verloren die Erdteile ihren nachtridentinischen Affirmationscharakter und wurden zu konventionellen visuellen Topoi. Der Hofmaler König Ludwigs XV., Jean-Baptiste Oudry (1686–1755), malte mehrere Viererserien, in denen die Erdteile auf ein rein dekoratives Thema reduziert sind. Passend zur Aufklärung ließ sich so die Offenheit für die Welt illustrieren. In einer Version sind die Damen nur mehr als Büsten mit symbolischen Attributen präsent – man blickt wie in ein Raritätenkabinett. In einer anderen Serie steht jeweils ein europäischer Kaufmann im Mittelpunkt

Statuen des ehemaligen Palais du Trocadéro (1878)

Bis der Trocadéro-Palast 1937 durch das Palais Chaillot ersetzt wurde, schmückten seine Esplanade sechs von Akademiekünstlern geschaffene Statuen der Kontinente, ein öffentlicher Auftrag für die Weltausstellung von 1889, zu der sie gegenüber dem Eiffelturm aufgestellt wurden. Lange hatte man sie vergessen, erst in jüngerer Zeit bekamen sie einen neuen Platz vor dem Musée d'Orsay. Hier sind *Afrika* von Eugène Delaplanche (1836–1891) und *Asien* von Alexandre Falguière (1831–1900) abgebildet.

Die vier Erdteile: Figuren aus Hartporzellan nach einem Entwurf von Johann Andreas Herrlein (1720–1796)

(Fuldaer Porzellanmanufaktur, 1780er-Jahre, ca. 25 cm hoch

Von links nach rechts: Amerika (Federn, Alligator), Europa (Krone, Pferd), Afrika (Elefant, Löwe), Asien (Gewürze, Dromedar).

Die Vier Kontinente von Rubens
(um 1615, Kunsthistorisches Museum Wien, Österreich)

Peter Paul Rubens (1577–1640) wagt in diesem Gemälde eine ungewöhnliche Gestaltung, da er die Frauenfiguren für die vier Erdteile und die Männerfiguren für die vier Flüsse pärchenweise miteinander kombiniert: Europa und die Donau etwas im Hintergrund, Asien und der Ganges rechts, Afrika und der Nil in der Mitte, Amerika und der Río de la Plata links – so wie man sie bei einem Blick auf eine Weltkarte sähe.

einer Szene, die in einer fiktiven Landschaft spielt – keine Spur mehr von den religiösen Botschaften der mittelalterlichen oder tridentinischen Erdteildarstellungen.

Erdteilskulpturen

Im Europa des 19. Jahrhunderts, dem Zeitalter der Industrierevolution und der zweiten Kolonialisierungswelle, wandelte sich die Ausdrucksform der endgültig verweltlichten Erdteilsymbole noch einmal. Meistens waren es nun Frauenskulpturen im privaten und öffentlichen Raum, die man insbesondere an Orten mit Bezug zu Reisen und Handel antrifft, wie Börsen, Zollämtern, Hotels (wie dem früheren Hôtel Louvre et Paix an der Canebière in Marseille), Weltausstellungen oder Banken (wie dem Portal des früheren Comptoir national d'escompte an der Rue Bergère in Paris). Interessanterweise waren es weiterhin häufig Vierergruppen, obwohl bereits seit Beginn des 19. Jahrhunderts bekannt war, dass es mindestens fünf Kontinente gab. Das aus Anlass der Weltausstellung von 1889 gegenüber dem Eiffelturm erbaute Trocadéro-Palais fiel mit den sechs Erdteilskulpturen auf seiner Esplanade aus dem Rahmen: Für Frankreich sehr ungewöhnlich, sah sich Amerika hier durch zwei Standbilder (Nord- und Südamerika) präsentiert (siehe S. 123). Von 1935 bis 1985 kümmerten sie in einem Keller in Nantes vor sich hin, inzwischen thronen sie, ohne ihre ursprüngliche Goldfassung, vor dem Musée d'Orsay.

Die Figurengruppe von Jean-Baptiste Carpeaux auf dem Brunnen des Pariser Observatoriums ist sicher die berühmteste Personifizierung der Erdteile aus dem 19. Jahrhundert, Gipsmodelle davon befinden sich im Musée d'Orsay. Die vier Frauengestalten tragen die Himmelskugel, die von einem Band mit den Sternzeichensymbolen umschlungen ist, in ihr eingeschlossen ist die Erdkugel. Was auffällt: Die Afrikafigur trägt gesprengte Ketten. Zur Bauzeit des Brunnens war die Sklaverei schon abgeschafft, und er ist zum Ort der Erinnerung geworden. Carpeaux hielt sich an die traditionelle Vierzahl. Unübersehbar hatte Ozeanien, der zu Beginn des 19. Jahrhunderts neu hinzugekommene Kontinent, erhebliche Mühe mit seiner Legitimation, nachdem er 300 Jahre lang in den Erdteildarstellungen nicht vorgekommen war.

Die Vier Erdteile – Afrika, Jean-Baptiste Oudry
(Öl auf Leinwand, 1724)

Der vor allem für seine Jagdszenen bekannte Oudry (1686–1755) dachte sich für die vier Erdteile originelle Szenerien aus, die sich um europäische Kaufleute drehen. Hier verhandelt ein Kaufmann in höfischer Kleidung (!) mit einem afrikanischen Häuptling; die Landschaft vermittelt vor allem ein Bild von den Fantasien der Europäer im 18. Jahrhundert.

Der Springbrunnen des Pariser Observatoriums (1874)

1867 bestellte die Stadt Paris bei Carpeaux (1827–1875) eine Monumentalgruppe für den Brunnen im Garten des Observatoriums, das auf dem Meridian von Paris liegt. Der Krieg von 1870/1871 und der Aufstand der Pariser Kommune verzögerten den Bau. Die Gipsausführung von 1872 befindet sich heute im Musée d'Orsay, im Folgejahr wurde die Gruppe in Bronze gegossen und 1874 aufgebaut.

Antipoden, Atlantis: **Ozeanien**

»In der Südsee ist Arbeit unbekannt. Die Wälder selbst bringen alles hervor, was nötig ist, um diese unbeschwerten Volksstämme zu ernähren; Brotbaumfrüchte und wilde Bananen wachsen für alle und genügen für jeden. Für die Tahitianer verstreichen die Jahre in vollkommener Müßigkeit und fortwährendenTagträumen, und diese großen Kinder ahnen nicht, dass sich in unserem schönen Europa so viele Arme dabei erschöpfen, ihr tägliches Brot zu verdienen.«

Pierre Loti, *Die Hochzeit von Loti (Rarahu)*, 1882

Der Erdkundeunterricht in französischen Schulen kreiste von den 1880er- bis in die 1970er-Jahre regelmäßig um die »fünf Erdteile«. Im angelsächsischen Bereich waren es, wie schon erwähnt, meist sieben an der Zahl. Nirgends ist man bei vier geblieben. Doch Ozeanien – der Name sagt es bereits – ist kein Erdteil wie die anderen. Es ist nicht nur ein Nachzügler in der Liste der Kontinente, sondern vor allem ein Paradoxon. So neu ist es übrigens gar nicht, denn teilweise birgt es in sich das Erbe von zwei altüberlieferten abendländischen Vorstellungen hinsichtlich des Aufbaus der Welt: den Antipoden und Atlantis.

Ozeanien – so lautete der Neologismus, den Conrad Malte-Brun (1755–1826) im Jahr 1812 ausgehend von »Ozean« kreierte, ein merkwürdiges Toponym für den fünften »Kontinent«. Man muss ein Stück zu Charles de Brosses' (1709–1777) *Geschichte der Seereisen in die Gebiete der südlichen Halbkugel* zurückgehen, einer Zusammenstellung aller bekannten Reisen in die »Südsee« (wie man damals den Pazifik nannte), die er 1756 veröffentlichte. Hier kam zum ersten Mal der Begriff »Polynesien« vor. Überall im aufgeklärten Europa verfolgte man damals die Fahrten zu den Antipoden – den Gebieten, die von Paris oder London aus gesehen am entgegengesetzten Ende der Welt lagen – mit regem Interesse und wollte vor allem erfahren, ob ein südlicher Kontinent existierte. Die Erforscher des Pazifiks – Wallis (1766–1768), Bougainville (1766–1769), Cook (drei Reisen 1768–1771, 1772–1775 sowie 1776–1779) und später La Pérouse (1885) – hatten alle de Brosses' Werk gelesen. Dieser teilte die Gebiete der südlichen Hemisphäre in drei große Bereiche ein: Australasien, südlich von Asien (manchmal auch heute verwendet), bezeichnete Australien und Neuseeland; Polynesien (von ihm erfunden) war »alles, was der weite Ozean enthält«, und Magellania (eine Anleihe beim 16. Jahrhundert) umfasste die Inseln südlich von Afrika und Amerika, vor allem Feuerland.

Malte-Brun fasste die beiden Gebiete Australasien und Polynesien in dem Begriff »Ozeanik« zusammen, als er 1804 gemeinsam mit Edme Mentelle (einem Hochschulprofessor an der École normale supérieure, der mit der Reform der Erdkunde-Lehrbücher betraut war) ein 16-bändiges *Traktat zur mathematischen, physikalischen und politischen Geografie aller Erdteile* herausbrachte. 1812 ging er zur adjektivischen Form über und sprach von »ozeanischen Gebieten«, bevor er sich für »Ozeanien« entschied. Der Kartograf Adrien-Hubert

Kapitän Cooks Schiffe *Resolution* und *Adventure* in der Bucht von Matavai auf Tahiti, 1773-1774

(Gemälde von William Hodges, National Maritime Museum, London)

Die Reisen von James Cook (1728-1779) waren von großer Bedeutung für die Kartografie der Ozeane, vor allem des Pazifiks. Sein zweimaliger maximaler Vorstoß in den Süden im Januar und November 1773 während seiner zweiten Reise (1772-1775) brachte ihn bis 71°10' südlicher Breite. Er zeigte damit endgültig auf, dass es auf der südlichen Halbkugel im Wesentlichen nur die Weiten des Ozeans gab und der große Kontinent, den man bis dahin im Süden als Gegengewicht vermutet und systematisch auf den Weltkarten eingetragen hatte, nichts als eine Legende war. Auf seiner dritten Forschungsreise, die ihn 1776 in den Nordpazifik führte, entdeckte er die Hawaii-Inseln. Dort kam er am 14. Februar 1779 bei einer kämpferischen Auseinandersetzung mit Einheimischen ums Leben. Der Maler William Hodges (1744-1797) war ein Teilnehmer von Cooks zweiter Reise. Das umseitige Bild im Stil der Frühromantik zeigt Cooks Flottille während einer Ruhepause vor oder nach der zweiten Antarktisexpedition im arktischen Winter 1773 oder 1774. Hodges' Gestaltung markiert hier, insbesondere mit seiner Behandlung des Lichts, einen Bruch mit der klassischen Landschaftsmalerei.

Brué erstellte 1814 eine Karte mit dem Titel »Ozeanien oder der fünfte Erdteil, welcher den Asiatischen Archipel, Australien und Polynesien umfasst«. Als einziger Erdteil hatte es schon zu Beginn keinen lateinischen Namen mehr, im Französischen war wenigstens noch die weibliche Form geblieben.

Eine paradoxe Sicht der Dinge

Die Geografie hatte im 19. Jahrhundert – der Epoche, als man im Begriff war, die Welt vollends zu erforschen und systematisch zu kolonialisieren – im öffentlichen Bewusstsein einen hohen Stellenwert. Dort und im Schulunterricht setzte sich in Frankreich der Begriff »Ozeanien« durch. Dies ist weitgehend Malte-Bruns Einfluss zuzuschreiben, ebenso wie der Umstand, dass sich die Sicht einer in fünf Teile gegliederten Welt ausbreitete. Im Französischen wurden »ozeanisch« und »Ozeanier« 1845 zu offiziellen Begriffen. Gemeinsam mit Alexander von Humboldt gründete Malte-Brun die Société de géographie mit Sitz in Paris; er wurde der erste Sekretär dieser Gesellschaft. Malte-Brun ist vor allem als Autor der ersten großen Universalgeografie *Précis de la géographie universelle* bekannt, die von 1810 bis 1829 in sechs Bänden herauskam. Eine zweite, von seinen Schülern ergänzte Ausgabe erschien ab 1831, einige weitere folgten. Théophile Lavallée erstellte von 1855 bis 1858 eine »neu fundierte und auf den neuesten Stand der Wissenschaft gebrachte« Version, sie fand ebenfalls weite Verbreitung. Eine bahnbrechend neue Universalenzyklopädie kam erst wieder ab 1875 heraus, sie geht auf einen weiteren bedeutenden französischen Geografen, Élisée Reclus, zurück.

Der Begriff »Ozeanien« kann mit einiger Berechtigung als Antiphrase gelten, also ein Name, der zum Wesen des Besagten im Widerspruch steht. Und zwar, wenn man bedenkt, dass »Kontinent« neben »Erdteil« auch eine zweite Bedeutung hat, nämlich »Festland«. Malte-Brun trennte die beiden Wortbedeutungen strikt voneinander, und mit ihm sprach das französische Schulsystem bis Mitte des 20. Jahrhunderts konsequent von »Erdteilen« und nicht von »Kontinenten«, während die englischen Geografen weniger rigoros mit der Abgrenzung waren. Ein Teil der Erde, der im Wesentlichen aus Inseln im Ozean besteht, ist noch nachvollziehbar, doch ein zusammenhängendes Festland, das »Ozeanien« genannt wird, ist ein Widerspruch in sich. Ozeanien sei »der kleinste Kontinent«, wirkt dann schon ziemlich paradox. Doch das Ausschlaggebende war: Malte-Brun gelang mit seinem neuen Sachwort die Einordnung Australiens und vor allem der Inseln im Pazifik. Diese war äußerst problematisch gewesen, nachdem die *Enzyklopädie* in der Zeit des großen Klassifizierens und Systematisierens das bereits existierende Schema der Welt übernommen hatte, wobei allerdings auch zu berücksichtigen ist, dass 1751, als das große geistige und verlegerische Unternehmen in Angriff genommen wurde (fünf Jahre vor de Brosses' Werk), ein Großteil der polynesischen und melanesischen Inselgruppen noch nicht bekannt war. Erst die Reisen von Wallis, Cook, Bougainville und La Pérouse brachten das Wissen voran. Nach Abklingen der Revolutionsstürme und der napoleonischen Kriege – einer für wissenschaftliche Großexpeditionen ungünstigen Zeit – nahm man die Forschungsreisen wieder auf. Besonderen Antrieb gaben dabei die Société de géographie und ihre »Klone« wie die Gesellschaft für Erdkunde (gegründet 1828 in Berlin durch Alexander von Humboldt und Karl Ritter) und die Royal Geographical Society 1830 in London; viele weitere folgten. Berühmtheit erlangten drei wissenschaftliche Weltumrundungen eines französischen Schiffs, das bei seinem Stapellauf 1811 *Coquille* getauft worden war. Die erste Reise fand von 1822 bis 1825 unter dem Kommando Louis-Isidore Duperreys statt.

Jules Dumont d'Urville, der Erste Offizier, wurde bei der zweiten Weltumsegelung zum Kapitän. 1826 wurde die Fregatte in *Astrolabe* umbenannt. Diesen Namen hatte das Schiff von La Pérouse getragen, und Dumont d'Urvilles Auftrag lautete, das Verschwinden seines Vorgängers 1788 zu klären; 1828 fand er auf Vanikoro die Überreste des Schiffs. Vor allem machte die Kartografie des Pazifischen Ozeans dank ihm große Fortschritte. Er schlug daraufhin der Société de géographie 1831 vor, Ozeanien in vier Regionen aufzuteilen. Polynesien wurde durch Mikronesien (»kleine Inseln«) und Melanesien (»schwarze Inseln«) ergänzt – Dumont d'Urville hatte die Begriffe geprägt. Der vierte Teil, Malaysien (Inseln der Malaien), umfasste die Inseln im Süden und Osten der Indochinesischen Halbinsel (Philippinen, Indonesien, Malaiischer Archipel); sie wurden später manchmal auch »Insulinde« genannt. Im antikolonialen Roman *Max Havelaar* gab der Niederländer Eduard Douwes Dekker (er veröffentlichte ihn 1859 unter dem Pseudonym Multatuli) einem fiktiven Königreich den Namen »Insulinde«. In die Geografie brachte ihn Élisée Reclus in *Der Mensch und die Erde* (1905); er nannte so die Inselwelt zwischen Indochina und Australien. Doch zurück zu Dumont d'Urville. Bei seiner dritten Expedition (1837–1840, auch diesmal an Bord der *Astrolabe*) erkundete er erstmals systematisch die Antarktisküsten. Er taufte ein Gebiet, wo er an Land ging, zu Ehren seiner Ehefrau Adèle »Adélieland«. Zum Zeitpunkt, als die *Astrolabe* 1852 in Toulon abgewrackt wurde, war Ozeanien von der Beringstraße bis zum Adélieland fast komplett kartografiert.

Karte in Herzform von Oronce Fine

(aquarellierter Holzschnitt von 1536)

In der ersten Hälfte des 16. Jhs. waren noch keine klaren Regeln für die Art der Projektion festgelegt, und so gab es vielfältige Darstellungsweisen für Weltkarten. Auch solche in Herzform gehörten dazu, die von einer Karte inspiriert waren, die Ptolemäus beschrieben hatte. Die berühmteste erstellte Oronce Fine, ein namhafter Mathematiker, von dem auch die erste gedruckte Karte Frankreichs stammte. Seine Weltkarte ist für eine weit in den östlichen Bereich des Erdballs reichende *Terra australis* bekannt. Fine erläuterte: »Es ist sicher, dass hier Land existieren muss, doch seine Ausmaße und seine Grenzen sind unbekannt.«

Der antipodische Kontinent

Das mentale Konzept von einem »Ozeanien«, und das mochte ein tief liegender Grund seines Erfolges sein, war nicht aus dem Nichts entstanden. Es gab schon einmal eine Art virtuellen Kontinent. Im Frontispiz zu Ortelius' *Theatrum orbis terrarum* ist er als Büste symbolisiert, auch Charles de Brosses erinnerte sich noch an ihn: Magellania.

Alle Weltkarten zeigten eine Besonderheit, angefangen bei den ersten Karten, die sich in der Renaissance von der Projektionsweise des Ptolemäus emanzipierten (etwa die von Oronce Fine), bis zum späten 17. Jahrhundert: Immer zog sich eine riesige Landmasse über den Großteil der südlichen Halbkugel. Die ab Ende des 16. Jahrhunderts bis weit ins 17. Jahrhundert bekannteste Weltkarte, Ortelius' *Typus orbis terrarum* (siehe S. 134/135), wirkt auf uns vertraut, denn sie hat die spätere kartografische Darstellung des Erdganzen entscheidend beeinflusst. Der Aufbau ist im Wesentlichen noch derselbe, mit eben dem Unterschied, dass auf ihr im unteren Bereich eine riesige *Terra australis nondum cognita* zu sehen ist, ein »noch unbekanntes südliches Land«. Um zu verstehen, wie es zur Annahme eines solchen Kontinents kam, muss man bis zur antiken griechischen Geografie zurückgehen, genauer: zur alexandrinischen. Ptolemäus fasste die Erde als feststehende Kugel im Zentrum einer Himmelswelt auf, in der die Sonne ebenso um die Erde kreist wie die anderen Himmelssphären mit den Sternen und Planeten. Die Pole waren also nicht nur die Außenpunkte der Rotationsachse der Erde, sondern auch der Himmelsachse, und sie bildeten das äußere Ende der »Klimazonen«. Die Erdoberfläche war in fünf »Gürtel« (griech. *zoni*) eingeteilt: zwei kalte, zwei gemäßigte und einen heißen. Die Griechen waren natürlich nicht die Ersten, denen auffiel, dass die Durchschnittstemperaturen nach Norden hin sanken, und dass sie anstiegen, je

RECENS, ET INTEGRA
ORBIS DESCRIPTIO
OCCIDENS
ORIENS
TROPICVS CANCRI
OCEANVS AT LANTICVS
AMERICA
TROPICVS CAPRICORNI
TERRA AVSTRALIS NVPER INVENTA, SED NONDVM PLENE EXAMINATA
ANNOTATIO.
REGALI PORRO CAVTVM
AVSTER SEV
MERIDIES
ORONTIVS F. DELPH. REGI
MATHEMATIC⁹ FACIEBAT

Typus orbis terrarum (Weltkarte) von Abraham Ortelius (1584, Schlossmuseum von Pau)

Im *Theatrum orbis terrarum*, dem ersten Atlas von Ortelius (1527–1598), war diese Karte enthalten, ein Werk des berühmten Graveurs Frans Hogenberg (1535–1590) – sicher die bekannteste Weltkarte an der Wende vom 16. zum 17. Jahrhundert. Diese kolorierte Radierung stammt aus der Ausgabe von 1584. Das *Welttheater* war ein großer Verkaufserfolg und wurde viele Male in zahlreichen Sprachen wieder aufgelegt. Sehr beeindruckend zeigt es den vermuteten Südkontinent, die Terra Australis. Einige seiner Konturen lassen Küstenlinien wiedererkennen, die Ende des 16. Jahrhunderts bereits bekannt waren, etwa Feuerland. Gut erkennbar ist die Nordküste Australiens.

BIS TERRARVM
Tartaria
ASIA
EVROPA
Mongol
Cathaio
China
Turcheſtan
Perſia
Arabia
India orientalis
AFRICA
Nubia
Abiſſini
Manicongo
OCEANVS AETHIOPICVS
MAR DI INDIA
Plitacorum regio
RALIS NONDVM COGNITA
NVM IN REBVS HVMANIS, CVI AETERNITAS
DI NOTA SIT MAGNITVDO. CICERO:

mehr man nach Süden kam – in der nördlichen Hemisphäre. Sie stellten die Hypothese auf, für die südliche Hälfte der Erdkugel träfe dies spiegelbildlich ebenso zu. Die Idee, imaginäre Parallelen zu ziehen, war der Entdeckung der Wendekreise entsprungen. Die Sommer- und Wintersonnenwende – die zeitlichen Grenzpunkte des Wechsels der Jahreszeiten bei Erreichen des höchsten beziehungsweise niedrigsten mittäglichen Sonnenstands im Juni und Dezember – fanden in diesen Linien ihre räumliche Entsprechung.

Dass die gedankliche Konzeption und räumliche Festlegung dieser Breitenkreise gelang, ist in hohem Maße der geografischen Lage Ägyptens und des Niltals zuzuschreiben. In Nubien erreichten die Strahlen der Sonne am Tag der Sommersonnenwende, wenn sie ihren höchsten Punkt am Himmel erreicht hatte, den Grund eines tiefen Brunnens, sie fielen also senkrecht ein. Man fand heraus, dass der nördlichste Ort, wo sich dieses Phänomen beobachten ließ, Syene in Oberägypten war, das heutige Assuan. Dank dieser Feststellung berechnete Eratosthenes Ende des 3. Jahrhunderts v. Chr. den Erdumfang anhand des abweichenden Einfallswinkels der Sonne in Alexandria und der Distanz zwischen Syene und der berühmten Bibliothek von Alexandria. (Diese Entfernung zu ermitteln war kein einfaches Unterfangen, da man keine astronomische Berechnung anstellen konnte, sondern über Hunderte von Kilometern empirische Messungen vornehmen musste.) Der Vergleich der Winkelpositionen am Tag, wenn die Sonne im Äquator stand, erlaubte Eratosthenes eine systematische Berechnung der Breitengrade. Da etwaige Fehler sich gegenseitig aufhoben, kam Eratosthenes' Ergebnis der Wirklichkeit sehr nahe.

Die Zoneneinteilung gab den griechischen Geografen ein Werkzeug an die Hand, um präzise die Lage der

Weltkarte von Nicolas Desliens, 1566 (BNF)

Die kartografische Schule von Dieppe, zu der Guillaume Le Testu und Nicolas Desliens zählten, war zwischen 1540 und 1585 sehr aktiv. Desliens' Karte (Süden ist oben!) bezeugt die Verbindungen zu den Portugiesen: Ein Teilstück der »Insel Brasilien« und der – heute skurril wirkende – durchgehende Übergang von Java zur australischen Küste (»Groß-Java«) sind zu erkennen. In einem sehr fantasievollen afrikanischen Flussnetz sind Nil, Niger und Senegal zusammengeführt.

Miniaturmalerei zum Pergament von Jacques de Vaulx (1583)
Prächtige Miniaturen begleiten das nautische Traktat des aus Le Havre stammenden Seefahrers und Kartografen de Vaulx. Sein nautisches Astrolabium ist eine Ende des 15. Jahrhunderts von den Portugiesen entwickelte vereinfachte Version der Astrolabien der Griechen und Araber. Damit ließ sich die Längenposition bestimmen – mit riskanten Abweichungen. Erst die Erfindung des Chronometers Mitte des 18. Jahrhunderts garantierte hohe Genauigkeit.

einzigen als bewohnbar angesehenen Erdregionen zu bestimmen, nämlich den Bereich zwischen den Hitze- und den Eiszonen. Schon lange zuvor existierte die These, im Süden müsse es eine weitere gemäßigte Zone geben, doch da man die heiße Zone für unüberwindbar hielt, galt sie als unerreichbar. Da die Temperatur zum Äquator hin immer weiter stieg, musste sie irgendwann einmal zu hoch werden und das Meer würde zu kochen anfangen. Besonders Parmenides trug an der Wende vom 6. zum 5. Jahrhundert v. Chr. dazu bei, dass sich die Vorstellung vom glutheißen Äquator verbreitete. Die Furcht, in kochendem Wasser zu sterben, plagte noch die ersten portugiesischen Seefahrer, als sie sich entlang der afrikanischen Küsten über Kap Bojador hinausbewegten. Sie waren erstaunt, den Äquator immer lebend zu erreichen. Diogo Gomes schrieb um 1460: »Sicher hat der hochberühmte Ptolemäus uns eine Anzahl guter Lehren zur Geografie hinterlassen, aber in diesem Punkt hat er sich geirrt.« Im Mittelalter gerieten die antiken Überlegungen zur Gestalt der Erde nie ganz in Vergessenheit, aber die Gelehrten hatten kaum Verwendung dafür, und ab dem Ende der Antike wurden sie im Namen der Heiligen Schrift bekämpft. Die Haltung von Augustinus zur Kugelgestalt der Erde und zu Antipoden war strikt ablehnend. Isidor von Sevilla hätte Ersteres nicht ausgeschlossen, doch einer Existenz von Land im Süden schenkte er keinen Glauben. Vor allem die Vorstellung, dass die Antipoden von Menschen bewohnt sein könnten, machte den Kirchenvätern Probleme – mehr, als wenn es nur unbewohnte Gebiete gewesen wären. Auf TO-Weltkarten hatten die Antipoden nichts zu suchen.

Zu manchen Texten sind Darstellungen der Erde als Kugel erhalten. Dazu zählen Macrobius' *Kommentar zu Scipios Traum* und Calcidius' *Kommentar zu Platons Timaios* von Anfang des 5. Jahrhunderts, welche die Gedankenspiele der Antike in Form von *Mappae mundi* mit Zoneneinteilung fortführten. Doch erst mit der Renaissance des Ptolemäischen Denkens und der Rückkehr zur Breitenmessung kam die zonale Geografie wieder auf, und die imaginären Linien des Äquators, der Wendekreise und der Polarkreise waren aus den Weltkarten bald nicht mehr wegzudenken. Eine hinreichend genaue Längenmessung wurde dagegen erst ab Mitte des 18. Jahrhunderts mit dem Aufkommen zuverlässiger Schiffschronometer möglich. Im 15. und 16. Jahrhundert konnten Kapitäne auf großer Fahrt mit Ausnahme der Breitenbestimmung kaum astronomische Messungen vornehmen. Als Kolumbus am

6. September 1492 von den Kanarischen Inseln in Richtung Westen aufbrach, war sein wichtigstes Ziel, Kurs auf seinem Breitengrad knapp nördlich des Wendekreises des Krebses zu halten. Kompass und Astrolabium genügten für seine Navigation.

Von oben nach unten

Da die Zoneneinteilung stärkeres Gewicht bekam, bewegte sich die Geografie wieder in einem von der aristotelischen Physik regierten Universum, das mit einem Oben und Unten versehen war. Der Übergang vom Geozentrismus zum Heliozentrismus mit dem kopernikanischen System (*De revolutionibus orbium cœlestium*, 1543), welches von Tycho Brahe, Kepler und Galilei perfektioniert wurde, änderte an diesem Umstand nichts Grundlegendes.

Die allgegenwärtige Vertikale stellte die Denker der Antike und ihre Erben vor ein geografisches Problem: Die Erfahrung zeigte den Bewohnern der Nordhalbkugel unablässig, dass sie an der oberen Seite der Erde lebten, da sie nicht kopfunter liefen. Nachdem Felsen schwerer als Wasser waren, Kontinente also auch schwerer als Ozeane, ließ sich daraus logisch folgern, dass die entgegengesetzte Seite ein sehr hohes Gewicht haben musste, sonst wäre die Erde gekippt. Es musste also im Süden eine sehr große Landmasse geben, die man als »Antipoden« benannte (»mit den Füßen auf der Gegenseite«); auf Karten antiken Ursprungs ist sie leicht zu erkennen. Viele antike Gelehrte wie Aristoteles, Eratosthenes, Hipparchos, auf die sich die Geografen des 16. und 17. Jahrhunderts bezogen, hingen dieser These an; die Pythagoräer mit ihrem ausgeprägten Bewusstsein für die Perfektion geometrischer Formen (mit der Kugel als höchster Vollendung) leisteten der Idee einer »Gegenerde« (Antichthon) starken Vorschub, auch Platon sprach im *Phaidon* von antipodischen Völkern.

Eine *Mappa mundi* aus dem *Kommentar* des Macrobius, der in vielen Abschriften oder späteren Druckkopien existiert, stellt die Größe der Antipodengebiete heraus. Die heiße Zone (*perusta* bedeutet »heiß, verbrannt«) ist vor allem ein Ozeangebiet (der Eintrag lautet *alveus oceani*, also »Bett des Ozeans«), doch weiter im Süden sind die Antipoden als riesige Landmasse zu erkennen, deren Geschlossenheit mit den von Golfen und Binnenmeeren durchsetzten Landflächen im Norden kontrastiert. Die drei Erdteile lauten hier übrigens *Europa*, *Aphrica* (sic), *India* (und nicht Asia).

↘ *Mappa mundi* aus dem *Kommentar zu Scipios Traum* von Macrobius (Ausgabe von Brescia, 1485)
Die von Macrobius im 5. Jahrhundert erstellte Textsammlung, in welcher er die astronomischen und geografischen Konzeptionen der Neuplatoniker der Spätantike resümierte, wurde häufig kopiert. Das Original der Karte ging verloren, doch sie war oft genug übernommen und angepasst worden. Die Antipoden sind hier noch enthalten, erläutert von Macrobius: »Die Vernunft lässt die Vermutung zu, dass diese Gebiete bewohnt sind, doch wir wissen nicht und werden niemals erfahren, welche Art Menschen es sind. Denn die heiße Zone stellt ein Hindernis dar, das uns vom Kontakt mit ihnen abhält.«

→ Die Erdzonen in Guillaume de Conches' *Philosophia mundi* (Kopie von 1277, Bibliothek Sainte-Geneviève, Paris)
Zahlreiche mittelalterliche Darstellungen einer runden, in Zonen eingeteilten Erde stehen in der Tradition der antiken griechischen Kartografie. Die Linien zeigen hier die Wende- und Polarkreise an, entsprechend der Wanderung der Sonne im Lauf des Jahres, welche durch die zentrale Diagonale symbolisiert wird. Im Gegensatz zu modernen Karten ist die Breite der Zonen zwischen den Parallelen überall einheitlich. In der Mitte, rötlich gemalt, liegt die heiße Region. Die kalten Zonen sind in Azurblau gemalt, der Lieblingsfarbe des 13. Jahrhunderts. Die Einträge – Europa, Asien und Afrika – in der linken gemäßigten Zone zeigen, dass es sich, wie bei allen Karten aus dieser Zeit, um eine geostete Karte handelt: Osten ist oben.

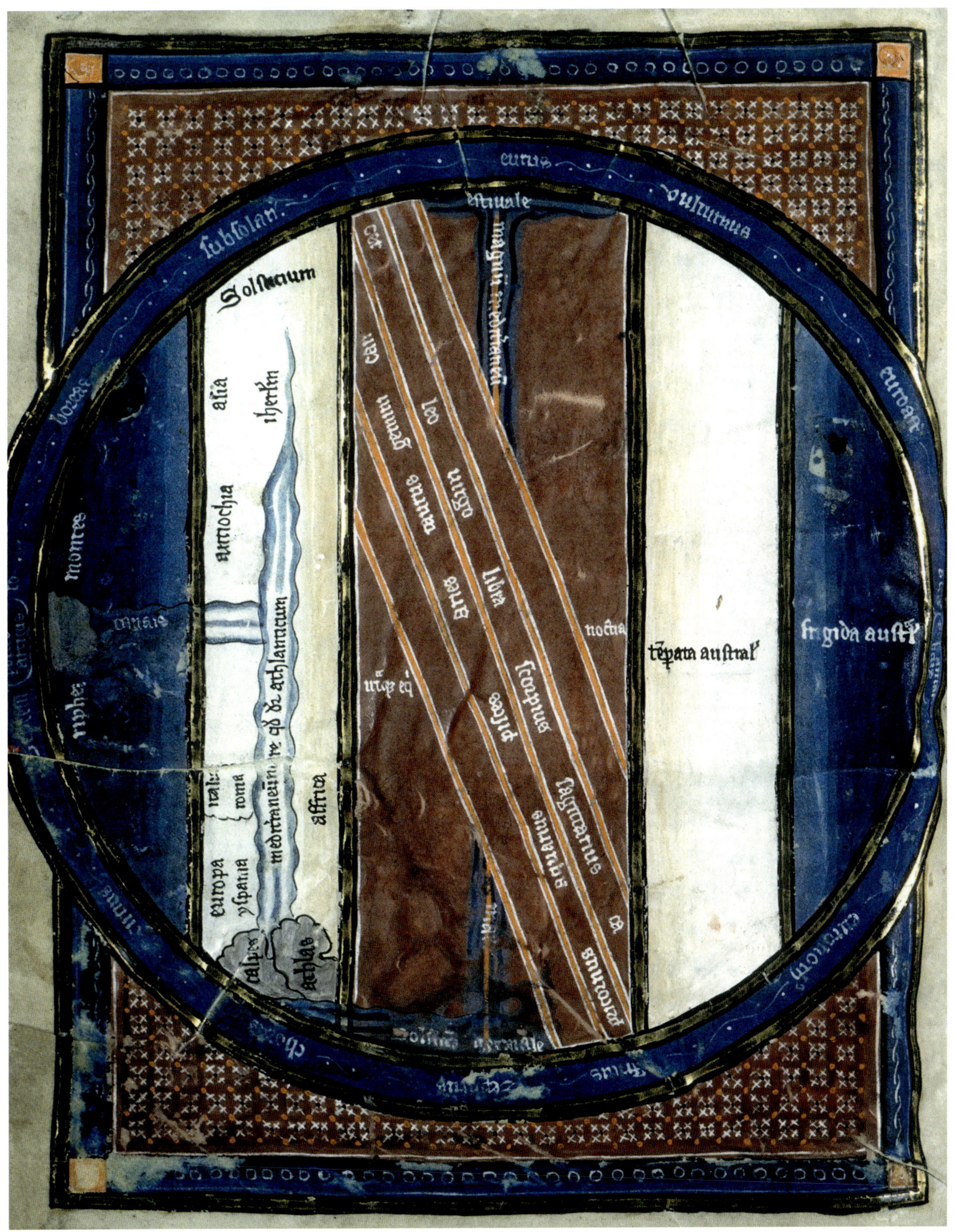

eurus
subsolan
vulturnus
Solsticium
asia
antiochia
europa
yspania
roma
affrica
tēpata austral
frigida austr
noctia

Mappa mundi mit Zoneneinteilung, Buchmalerei zu einem Manuskript von Macrobius, 11. Jahrhundert (BNF)

Die meisten mittelalterlichen Klimazonen-Karten begleiten Macrobius' *Kommentar zu Scipios Traum* und werden darum auch als »makrobische Karten« bezeichnet. Im Unterschied zu der Version in der Inkunabel von 1485 zeigt diese ältere und handgezeichnete Karte eine Nordhalbkugel, auf der man kaum Erdteile erkennen kann, allerdings den Eintrag »Siene« (für den Ort, wo der Wendekreis erfunden wurde) und eine merkwürdige Erwähnung der »Orkaden«.

Über die unbezweifelte Existenz eines enormen Gegengewichts hinaus, mit dem sich die Erde wie ein überdimensionales Stehaufmännchen aufrecht hielt, war über die Antipoden nichts bekannt. Umso fantasievoller gerieten die Beschreibungen. Man bevölkerte sie mit Fabelwesen wie den Skiapoden, riesenhaften einfüßigen Kreaturen, die sich mit ihrem großen Fuß vor den glühenden Sonnenstrahlen schützen (siehe S. 141).

Das Verschwinden des Südlands

1471 passierten portugiesische Entdecker erstmals den Äquator. Mit der Fortsetzung der Erkundungsfahrten bis zum Kap der Guten Hoffnung, das Bartolomeu Dias 1487 erreichte, stellte sich heraus, dass die Landmasse Afrikas über beide Hemisphären reichte; der antipodische Kontinent musste also weiter entfernt sein. Keine der Neuentdeckungen bis zur Mitte des 17. Jahrhunderts konnte den Glauben an sein Vorhandensein widerlegen, das logisch und notwendig erschien. Wie man im 14. Jahrhundert die TO-Karten halbwegs an neu gewonnenes Wissen anzupassen versucht hatte, behielten die Kartografen den Südkontinent bis zum Beginn des 17. Jahrhunderts bei, jede neu entdeckte Küste südlich des 45. Breitengrads wurde als Teilstück seines Umfangs angesehen. Man verband auf den Weltkarten diese Punkte, und alles weiter südlich Gelegene zählte zu den ominösen Antipoden. Mit diesem Vorgehen folgten die Kartografen der Neuzeit einem Geografen der Antike. Pomponius Mela, dessen *De situ orbis* eine gute Zusammenfassung der antiken Wissenschaft bietet, hatte im 1. Jahrhundert n. Chr. eine ausgedehnte Welt im Süden beschrieben, die große Insel Taprobane (Sri Lanka) hielt er für eine vorragende Landspitze.

In der Mitte des 16. Jahrhunderts maß die kartografische Schule von Dieppe, die eng mit den Portugiesen verbunden war, den südlichen Gebieten besonderes Gewicht bei. Sie unterschied in Anlehnung an Marco Polo »Klein-Java« (Sumatra) und »Groß-Java« (Java und alles, was jenseits davon lag). Der Seefahrer Jean Alfonse schrieb: »Groß-Java ist ein Land, das bis unter den Südpol reicht und im Okzident an das Südland und im Orient an das Land der Magellanstraße angrenzt.« In der *Cosmographia universalis*, einem prächtigen Atlas, den Guillaume Le Testu 1555 dem französischen Admiral Coligny schenkte – heute ein Paradestück des Historischen Zentralarchivs (SHD) in Vincennes –, präsentieren mehrere Karten südlich von Afrika und Amerika einen Kontinent mit üppiger Flora, fantastischen Tieren und federgeschmückten Eingeborenen. Der hugenottische Adelige La Popelinière veröffentlichte

1582 nach seiner Rückkehr aus den Religionskriegen eine bizarre Geschichte der Entdeckungen unter dem Titel *Die Drei Welten*. Er sprach darin von der Alten und der Neuen Welt, vor allem aber von einer »Dritten Welt«, wobei er sich im Speziellen auf Drakes Reisen stützte: »Es ist ein Gebiet von wesentlich größerer Ausdehnung als Amerika, das im Süden bei 30 Grad vom Äquator beginnt. Angesichts der Lage und Größe dieser dritten Welt ist es unmöglich, dass es dort nicht wunderbare Dinge an Vergnügungen, Reichtümern und anderen Annehmlichkeiten des Lebens gäbe.«

Feuerland war der erste reale Anknüpfungspunkt für eine imaginäre Kartografie. Magellan hatte diese Inseln im äußersten Süden Amerikas im November 1520 entdeckt, als er in die seither nach ihm benannte Meerenge einfuhr, die sie vom Rest des Kontinents trennt. Auf Ortelius' *Typus orbis terrarum* ist Feuerland in die *Terra australis* gut integriert; Letztere lässt vor allem südlich von Java die Kontur der Nordküste Australiens und eventuell Neuguineas erkennen, welche die Portugiesen 1526 erreicht hatten. Magellans Reise hat eine wichtige Rolle für die Weiterentwicklung der Kartografie der Antipodengebiete gespielt, die man fortan »Magellania« nannte. Der Portugiese hatte als Namensgeber weniger Glück als Amerigo Vespucci, war ihm doch ein Kontinent zugeschrieben worden, der im 18. Jahrhundert von den Landkarten verschwinden sollte. Bis dahin aber wurde dieser ungeachtet der zunehmenden Kenntnisse über die südliche Halbkugel regelmäßig auf den Weltkarten angezeigt. Schon vor deren systematischer Erforschung in der zweiten Hälfte des 18. Jahrhunderts geriet der Glaube an ein Gegengewicht im Süden in Misskredit, denn diese geophysikalische Theorie hatte nur in einem Universum Sinn ergeben, in dem es ein Oben und Unten gemäß aristotelischer Vorstellungen gab. Dieses Paradigma wurde durch die bahnbrechend neue Newtonsche

Physik erschüttert. Das Gesetz der universellen Schwerkraft, welches Newton (1643–1727) in seinen *Mathematischen Prinzipien (Philosophiae naturalis principia mathematica)* 1687 darlegte, entzog der Vorstellung von einem Gegengewicht jegliche Legitimität, da nun die Erdmitte zum irdischen »Unten« wurde.

Das Abrücken vom Glauben an die Antipoden vollzog sich jedoch nicht mit einem Schlag. In den Jahren von 1740 bis 1750 fanden in Paris sogar ernsthafte Debatten über ihre Existenz statt, an denen unter anderem

Ein Skiapode (Ausschnitt aus einer Weltkarte zum *Navarra-Beatus*, einem Apokalypse-Kommentar; Ende 12. Jh.)

Bereits in Texten der Antike (zum Beispiel bei Plinius d. Ä.) war von Skiapoden zu lesen. Die Vorstellung war im Mittelalter noch lebendig, doch während die Fabelwesen laut Plinius Indien besiedelten, galten sie nun häufig als Bewohner der Antipoden, immer sehr heißer Regionen. Man stellte sich vor, ihr einziger riesiger Fuß diene ihnen als Sonnenschutz.

Die Erde nach der Sintflut, **Joseph Moxon, 1681** (Cornell University, (Ithaca, New York)

Der aus puritanischer Familie stammende Drucker, Mathematiker und Geograf Joseph Moxon (1627–1691) war der Hydrograf König Charles' II. von England. Die Karte zeigt die Aufteilung der Erde unter den Söhnen Noahs. Auf Nordamerika (das so an Europa angegliedert wird) steht Japhets Name, dies ermöglicht die Beibehaltung der Aufteilung in drei Erdteile. Die zurückgegangenen Wasser der Sintflut bilden einen einzigen großen Ozean. Die Struktur der mittelalterlichen *Mappae mundi* besteht auf dieser Weltkarte aus dem 17. Jahrhundert fort.

יהוה
OCEAN.
OCEAN.
Magog.
EDEN
Nod.
HAVILA
California
ASIA.
34.Borneo.
35.Phillipins Iles.
36.New Holland.
37.Persia.
38.Media.
39.Assiria.
40.Mesopotamia.
41.Arabia.
42.Armenia.
43.Natolia.
44.Red Sea.
× Spitsberg
AFRICA.
45.St Helena.
46.Madagascar.
Socotora.
47.Cape of good-hope.
48.Guiney.
AFRICA.
49.Egypt.
50.Abissines.
51.Barbary.
52.Fez.
53.Marocco.
54.Algiers.
55.Negroes-land.
× Tunis
AMERICA.
56.New England.
57.Pensilvania.
58.Verginia.
59.Newfoundland.
60.New France.
61.New Spain.
AMERICA.
62.Brasile.
63.Magalanica.
64.Chili.
65.Peru.
66.Mexico.
67.Barbadoes.
68.Bermudas.
69.Iaimaica.
70.Florida.
71.Rio dela-Plata.
72.Cuba.
73.Hispaniola.
74.Hudsonsbay.
75.Golf of Mexico.
76.Canada.
77.New Wales.
78.New Denmark.
A Map of all the
EARTH
And how after the Flood it was Divided
among the Sons of NOAH
By J Moxon Hydrographer to the Kings
most Excellent Majestr

der Naturforscher Buffon (*Theorie der Erde*, 1749), der Mathematiker Maupertuis (*Brief über den Fortschritt der Wissenschaften*, 1752) und der Königliche Geograf Philippe Buache (*Physikalische Karte des Großen Meers, vormals Meer des Südens genannt*, 1744) beteiligt waren. In diese Diskussion schaltete sich Charles de Brosses ein, der als Großaktionär der Französischen Westindienkompanie eigene Interessen an der Thematik hatte. Er verfocht die Existenz der Antipoden: »Es ist nicht möglich, dass es in einem so ausgedehnten Bereich nicht eine riesige Festlandsmasse gäbe, die fähig ist, die Erde bei ihrer Drehung im Gleichgewicht zu halten und als Gegengewicht zu Nordasien zu dienen.« *Seine Geschichte der Seereisen in die Gebiete der südlichen Halbkugel* gab entscheidende Impulse für die Anstrengungen, die Frankreich Ende des 18. Jahrhunderts zur Entdeckung der Welt unternahm, nachdem es 1763 im Frieden von Paris sowohl Kanada als auch seine indischen Besitzungen abgetreten hatte.

1766 lief Bougainville zur ersten französischen Weltumsegelung aus. Deren Früchte waren unter anderem die »Wiederentdeckung« Tahitis am 2. April 1768 (Samuel Wallis war ihm am 17. Juni 1767 zuvorgekommen), vor allem aber die Erkenntnis der weitgehenden Leere des Südpazifiks. Dieselbe Feststellung machte Kerguelen 1773/1774 im Indischen Ozean (dort ist eine Inselgruppe nach ihm benannt). Cook zog nach seiner zweiten Reise das Fazit: »Ich habe die ganze südliche Hemisphäre auf einem hohen Breitengrad durchquert und damit den unwiderlegbaren Beweis, dass es dort kein Festland gibt, es sei denn, dieses befände sich sehr nah am Pol, wo Seefahrer es nicht ansteuern können.«

Verschwundene Kontinente

Im 19. Jahrhundert, als über die Kontinentalverschiebung und die Eiszeiten noch nichts bekannt war, waren die geologischen und biologischen Übereinstimmungen oder Unterschiede zwischen den Kontinenten schwer erklärbar. So stellte der Zoologe Philip Sclater angesichts der Beobachtung, dass Lemuren in weit voneinander entfernten Regionen verbreitetet waren, die These von einem verschwundenen Kontinent im Indischen Ozean auf, der früher eine Landbrücke zwischen Australien, Malaysia und Madagaskar gebildet habe; diesem gab er den Namen »Lemurien«. Einen Beitrag zur Popularisierung dieser Theorie leistete Jules Hermann, ein Wissenschaftler und Dichter von der Insel La Réunion, mit seinen 1927 posthum veröffentlichten *Offenbarungen des Großen Ozeans*.

Als wissenschaftliche Hypothese hielt sich Lemurien nicht lange, doch es existiert unter neuem Namen in der Esoterik weiter als »Mū, der versunkene Kontinent«. Der britische Schriftsteller James Churchward hat ihn in seinem gleichnamigen, 1926 erschienenen Buch als einen angeblich vor 12 000 Jahren zerstörten Kontinent propagiert und auf abenteuerliche Weise die Wurzel *mu* aus den drawidischen Sprachen mit der aztekischen Kosmologie verknüpft. Laut Churchwards (unbewiesener) Behauptung weisen in Indien und Mexiko gefundene Tafeln sowie Inschriften auf der Osterinsel den Kontinent Mū als Wiege der Menschheit und Quelle aller Zivilisationen aus. Ein augenzwinkernder Gruß an den Kollegen ist dem Italiener Hugo Pratt und seinem Helden Corto Maltese im Comic-Band *Mū* gelungen. Von hier war es nicht mehr weit bis Atlantis… Von Magellania aber war nicht mehr die Rede, außer als Titel eines wenig bekannten Romans Jules Vernes von 1897 über einen menschenfeindlichen Anarchisten, der

Abel Tasman und seine Familie **von Jacob Cuyp**
(um 1637, National Library of Australia)

1642 beauftragte der Gouverneur von Batavia den Kapitän der Niederländischen Ostindien-Kompanie Abel Janszoon Tasman (1603–1659) mit der Klärung der Existenz eines Südkontinents. Tasman erreichte Neuseeland, er hielt es für die Nordspitze der Antipoden. Ihm gelang die erste Umsegelung Australiens, wobei er das später nach ihm benannte Tasmanien passierte. Jacob Cuyp (1594–1652) porträtierte den Seefahrer mit dessen zweiter Ehefrau Janetjie Tjaers und seiner Tochter aus erster Ehe, Claesgen. Im Globus, den Tasman seiner Ehefrau zeigt, und im Apfel, der Frucht der Erkenntnis, den sie dem Kind gibt, ist die Weitergabe des Wissens symbolisiert.

allein auf einer Insel lebt, bis ihn Schiffbrüchige für einen Häuptling halten (*En Magellanie*, dt. *Die Schiffbrüchigen der »Jonathan«*).

Atlantis ist anderswo

Unter den imaginären Kontinenten ist Atlantis der berühmteste, mehr noch als die Antipoden. Der Historiker Pierre Vidal-Naquet widmete ihm sein letztes Werk, das sich um den von Platon (im *Timaios*- und *Kritias*-Dialog) und seinen Erben entwickelten Mythos dreht. Obwohl bei Platon ausgeführt wird, dass »es sich um eine echte, nicht erfundene Geschichte handelt«, sieht man heute darin nicht mehr als eine Fabel, die der athenische Philosoph ausgehend von Elementen der griechischen Kultur erdichtete, die er von Homer (die Insel der Phäaken in der *Odyssee*) und Thukydides (Gefallenenrede des Perikles in *Der Peloponnesische Krieg*) entlehnte. Dieser verschwundene Kontinent ist nicht auf dem Grund des Atlantiks zu suchen, selbst wenn manche Geologen physikalische Ereignisse anführen, die zur Entstehung des Mythos beigetragen haben könnten. Eher ist darin das Idealbild eines heldischen Athens zu sehen, dessen tatsächlicher Zustand im 4. Jahrhundert v. Chr. in krassem Gegensatz dazu stand. Aristoteles und Eratosthenes haben die beiden Dialoge übrigens vor allem für diese Authentizitätsbehauptung kritisiert. Vidal-Naquet äußert treffend: »Tatsächlich führt Platons Narration etwas Neues ein: das Erdachte als Realität zu präsentieren. Mit einer völligen Verkehrung der Wirklichkeit, die ihm immensen Erfolg bescheren sollte, wurde er zum Begründer

Mappa mundi* im *Saint-Sever Beatus (zwischen 1047 und 1072)
Diese schöne Weltkarte in Form einer sog. *Chlamys* (griech. Mantel) illustriert eine Handschrift des *Kommentars zur Apokalypse* des Beatus von Liébana, der im 7. Jahrhundert in Asturien lebte. In ihr sind mozarabische Einflüsse wahrnehmbar. Im äußersten Süden (also rechts, da es sich um eine geostete Karte handelt) ist jenseits des auf der Karte rot dargestellten *mare rubrum* ein schmales südliches Landgebiet zu erkennen, auf dem Isidor von Sevilla vermerkt hat: »Über die drei Erdteile hinaus gibt es einen vierten Teil jenseits des Ozeans in Richtung Süden, der uns aufgrund der Hitze der Sonne unbekannt ist. In dieser Region leben der Legende nach die Antipoden.«

ORIENS
INSL ARGIRE
INSULA CRISE
GENS SERES
ASIA MAIOR
MESOPOTAMIA
PARTIA UOCATUR
ARABIA
IUDEA
PALESTINA
EGIPT SUPERIOR
EGIPT INFERIOR
INSULA MEROEN
SINUS ARABICUS
MARI RU BRUM
LIBIA
AFRICA
ACAIA
SINUS ADRIATICUS
CALABRIA
ROMA
PROUINCIA
SEPTIMANIA
GALLICIA
INSULAE
FORTUNATARUM
LIPS AFRICUS
MERIDIES

des historischen, also in Raum und Zeit eingebetteten Romans.« Mit dem fiktiven Bericht gab Platon seinen Mitbürgern in erster Linie eine Lektion in Gemeinsinn. Im *Timaios* gibt Kritias, ein Schüler von Sokrates, eine Erzählung wieder, die einer seiner Vorfahren von einem ägyptischen Priester gehört haben soll: Früher habe eine große Insel im Atlantik existiert, die größer war als Libyen (Afrika) und Asien zusammen. Dort gab es ein riesiges, herrliches Reich, das 9000 Jahre vor Solon auf Krieg gegen Athen sann. Erdbeben führten schließ-

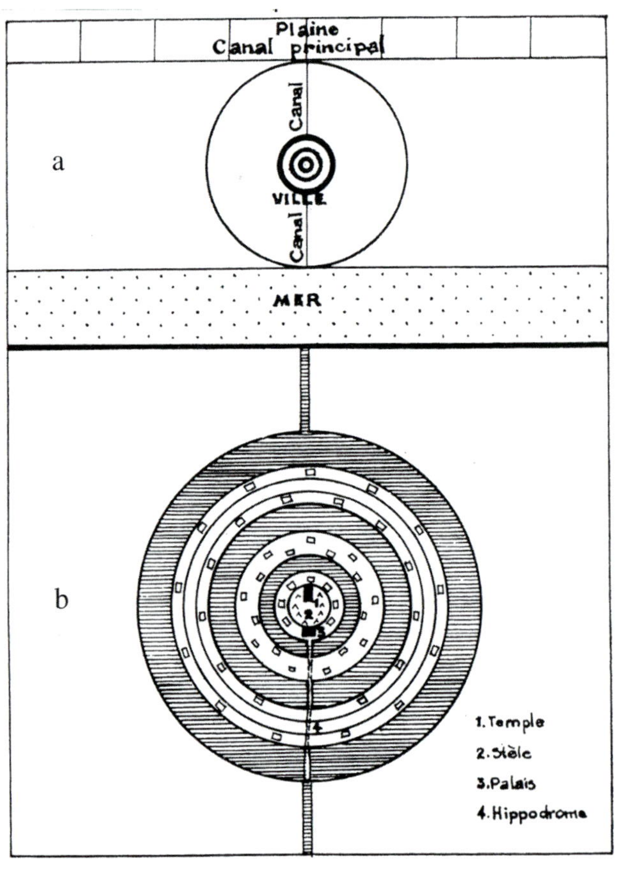

Gesüdete Atlantis-Karte in Kirchers *Mundus subterraneus* (Amsterdam, 1664)

Der deutsche Jesuit Athanasius Kircher (1602–1680) war einer der großen Gelehrten des 17. Jahrhunderts. In *Mundus subterraneus* unternahm er, bei aller Treue gegenüber den antiken Texten, erste geologische Überlegungen. Ausgehend von Platon verfertigte er eine Karte der Insel Atlantis.

Plan der Stadt der Atlanter gemäß Platon (nach P. Friedländer, 1954)

Der deutsche Platon-Spezialist Paul Friedländer entwarf diesen Plan ausgehend vom griechischen Text. Die von geometrischen Formen geprägte Stadt (a. Gesamtansicht, b. Innenstadt) wirkt wie eine schematische Wiedergabe der von Herodot beschriebenen orientalischen Städte (Susa, Ekbatana, Babylon …).

lich dazu, dass die Insel Atlantis und die athenische Armee im Meer versanken. Der *Kritias*-Dialog macht genauere Angaben zur Herkunft der Atlanter, die aus der Verbindung von Poseidon mit einer Sterblichen entstanden seien, beschreibt ihre Sitten, die Geografie der Insel und ihre politische und soziale Organisation. Platon stellt den fiktiven Kontinent als idyllische Welt dar (1516 wird der englische Humanist Thomas Morus in Anlehnung daran die Insel Utopia erfinden). Atlantis verfügt über reiche natürliche Ressourcen, darunter ein geheimnisvolles Metall namens »Oreichalkos«. Doch dieses Paradies zerfällt im Lauf der Zeit innerlich, als die Atlanter zu Imperialisten werden, die Afrika bis Ägypten und Europa bis Italien mit Waffengewalt erobern. Allein Athen ist fähig, sich ihnen entgegenzustellen. Der *Kritias* blieb unvollendet, was der Fantasie Tür und Tor öffnete; zum Beispiel befindet sich der vollständige Text in Pierre Benoits Roman *Königin von Atlantis* im nordafrikanischen Hoggar. Die Suche nach geologischen oder archäologischen Beweisen für Atlantis scheint zwecklos, doch die Kraft der Legende ist groß… Noch am wenigsten aberwitzig wirken die Vermutungen des Meeresforschers Cousteau, der dem griechischen Archäologen Marinatos in der Annahme folgte, bei Atlantis handle es sich um die minoische Kultur auf Kreta, die etwa 1500 v. Chr. durch den Vulkanausbruch auf der ägäischen Insel Santorin (Thera) unterging. Unlängst sah der Geologe Jacques Collina-Girard in einer Inselgruppe westlich von Gibraltar, die nach der letzten Eiszeit durch den Anstieg des Meeresspiegels überflutet wurde, einen weiteren Anhaltspunkt für den antiken Bericht.

Jules Verne lässt Kapitän Nemo und Professor Arronax in *Zwanzigtausend Meilen unter dem Meer* die Ruinen von Atlantis besuchen, sie liegen bei ihm 450 Seemeilen vor Marokko. Auch für politische Zwecke wurde Atlantis instrumentalisiert. Dies reichte von der Glorifizierung des atlantiküberspannenden Reichs Karls V. als wiederaufgetauchtem Atlantis bis zu Himmlers Atlantis-Suche, die auf verschwurbelten Elaboraten des 19. Jahrhunderts über Atlantis als Wiege der arischen Rasse beruhte; Karl Georg Zschaetzsch hatte diese Thesen 1922 in *Atlantis, die Urheimat der Arier* (Berlin, Neuauflage 1935) zusammengeführt, Albert Herrmann 1934 in *Unsere Ahnen und Atlantis*.

Die Königin Antinea in Pabsts *Die Herrin von Atlantis* (1932)
Pierre Benoits 1919 veröffentlichter Roman erzählt die Geschichte des Leutnants Saint-Avit, der sich unsterblich in Königin Antinea verliebt, deren Gefangener er ist. Sie herrscht über Atlantis, das der Autor ins Innere der Sahara versetzt hat. Zahlreiche Verfilmungen ab 1921 (Jacques Feyder) beruhen auf dem Roman, die berühmteste ist die Version von Georg Wilhelm Pabst (1885–1967) mit Brigitte Helm, die man hier in der Titelrolle sieht, und Pierre Blanchar. Es ist ein expressionistischer Film mit starken Hell-Dunkel-Kontrasten.

T. Cole.
1836

***Die Apotheose des Römischen Reichs* von Thomas Cole** (1836, New York Historical Society)

Thomas Cole (1801–1848), einer der bekanntesten amerikanischen Landschaftsmaler, hatte bei seiner Europareise 1829–1832 Gelegenheit zum Studium des klassischen Erbes. Architektonische Fülle und Menschenmengen bringen auf diesem Bild eine Zivilisation auf dem Gipfel des Wohlstands zum Ausdruck. Der Atlantik ist nur ein kleiner Meeresarm; im Hintergrund erhebt sich Atlantis.

Platons Atlantis-Mythos ist eine negative Utopie, ein Spiegel des Niedergangs des imperialistischen Athen im 5. und 4. Jahrhundert v. Chr., dem er die ursprüngliche Stadt gegenüberstellt, als die er es sich gewünscht hätte. Er griff auf den Mythenfundus zurück, vermischt mit einer Gegenwartsbeschreibung seiner Zeit.

Mythisches Paradies

Im Atlantis-Mythos findet sich das Motiv einer Großkatastrophe in Form einer reinigenden Flut wieder, die einen großen Teil der verderbten Menschheit dahinrafft. Platon kombinierte diese »Sintflut« mit Beschreibungen der Großstädte des Orients, Babylon und Ekbatana, die er bei Herodot entlehnte, bei dem er gern Anleihen machte. Die Zerstörung von Atlantis hat Züge, die bibelkundige Leser an die Vernichtung von Babel erinnern. Der Kirchenvater Tertullian zog Anfang des 3. Jahrhunderts wohl als Erster den Vergleich mit der Bibel; im 6. Jahrhundert knüpfte der alexandrinische Geograf Kosmas Indikopleustes daran an. In allen späteren Ausformungen ist aus Platons mythischer Gestalt eine positive Utopie geworden, eine Art Neuausgabe des irdischen Paradieses. Das Mittelalter, in dessen Karten und Erzählungen noch eine gute Anzahl mythischer Orte von der Heimat Gogs und Magogs bis zum Reich des Priesterkönigs Johannes vorkamen, interessierte sich nicht für das Atlantis-Motiv, erst in der Renaissance kehrte es 1485 über Marsilio Ficino, den Übersetzer von Platons Gesamtwerk, zurück. Er war der maßgebliche Angelpunkt des Florentiner Neuplatonismus, in diesem Zirkel verkehrte auch der junge Amerigo Vespucci. Die Entdecker Amerikas, allen voraus Christoph Kolumbus, vermuteten natürlich, sie hätten Atlantis erreicht, und Ortelius übernahm die Idee in sein *Theatrum*. De Las Casas (der Anwalt der Indigenen in der späteren Debatte von Valladolid) sah darin einen klaren Widerspruch zu Platon, da Atlantis dann ja gar nicht untergegangen sei, und überlegte in *Historia de las Indias* (1527), es müsse zumindest ein Teil des Kontinents vor dem Untergang verschont geblieben sein. Der spanische Forscher und Schriftsteller Pedro Sarmiento de Gamboa kam 1572 in seiner

Werbeplakat zu Pabsts Film *Die Herrin von Atlantis* (1932)

Von den drei Plakaten zum Film verzichtete nur dieses auf Sahara-Impressionen mit kolonialem Gepräge und richtete sich ganz auf die mythische Gestalt der Antinea aus, Pabsts Adaption der legendären Tuareg-Königin Tin Hinan. Der Akzent liegt ganz auf dem Stilmittel, die von Brigitte Helm verkörperte Gestalt mit ihrem steinernen Ebenbild zu kontrastieren. Sie wird zur Statue, zum Mythos – wie Atlantis.

Historia general llamada Indica in anderer Form auf diese Theorie zurück: Amerika, sozusagen die Erbin des ehemals in der Nachbarschaft Europas gelegenen Atlantis, müsse gemäß dem göttlichen Recht Philipp II. gehören. Montaigne drehte in seinem berühmten Essay *Über die Kannibalen* den Spieß um: »Es hat nur geringen Anschein, dass jene Insel [Atlantis] die neue Welt ist, die wir gerade entdeckt haben, denn sie stieß praktisch an Spanien, und es wäre eine kaum glaubhafte Wirkung der Überschwemmung, sie von dort über mehr als zwölfhundert Lieues an den heutigen Ort verschoben zu haben.«

Zur Zeit der Aufklärung wurden die Atlanter in den Debatten über den Ursprung der Zivilisation bemüht. Gegenüber Voltaire, der nicht ohne boshaften Schalk den Vorrang Indiens behauptete – »Ich bin überzeugt, dass alles zu uns von den Ufern des Ganges gekommen ist« (*Brief über den Ursprung*, 1777) –, lief es bei vielen Autoren auf Atlantis als Urheimat hinaus. Der Astronom Jean-Sylvain Bailly – Erster Bürgermeister von Paris (1789) – imaginierte ein Urvolk als Ursprung aller Völker, und wie zu erwarten waren es die Atlanter, sie waren diesmal in Spitzbergen beheimatet. Die christlichen Denker witterten schnell, dass sich in dieser Kontroverse eine Chance bot, den Hebräern ihre Vorrechte zu nehmen. Delisle de Sales, ein wenig bekannter Autor der Übergangsgeneration zwischen Aufklärung und Romantik, machte sich 1779 an eine riesige, 52-bändige *Geschichte der Menschen* (41 Bände wurden realisiert), in welcher er sowohl die Heilige Geschichte als auch die Mythologie anfocht. Sein Urvolk, die Atlanter, siedelte er im Herzen Eurasiens an. Mit diesem Szenarium, so Vidal-Naquet, kam Delisle in die Nähe dessen, was der Historiker Léon Poliakov als »arischen Mythos« bezeichnete. Delisle war ein Zeitgenosse der Erfindung der indoeuropäischen Sprachgruppe. Definitiv zum privilegierten Stoff für Science-Fiction und Okkultismus wurde Atlantis mit Fabre d'Olivet, einem französischen Autor und Pionier der Theosophie. Er begann direkt im Anschluss an Bonapartes Ägypten-Feldzug, mit dem die Ägyptologie in Mode kam, zu publizieren und stellte Ägypten als letztes Herrschaftsgebiet der Atlanter dar: eine Art fehlendes Glied zwischen Urzeit und klassischer Geschichte.

Atlantis in Jules Vernes *20 000 Meilen unter dem Meer*
(nach einem amerikanischen Comic)
Jules Vernes Roman wurde oft verfilmt und als Comic bearbeitet. In Teil 2, Kapitel 9, besuchen die Protagonisten Ruinen auf dem Meeresgrund: »Atlantis – das alte Meropis des Theopompos und Platons Atlantis –, dieser Kontinent, verleugnet von Origenes, Porphyrios, Iamblichos, d'Anville, Malte-Brun und Humboldt, die sein Verschwinden einer Fabel zuschrieben, [...] hier hatte ich ihn vor Augen, und er war noch von den unanfechtbaren Spuren der Katastrophe gezeichnet! Dies also war die untergegangene Region, die einstmals neben Europa, Asien und Libyen existiert hatte.«

Nicht selten mobilisierten die ab dem Ende des 18. Jahrhunderts aufkommenden nationalistischen Bewegungen Atlantis für sich. So gestaltete der englische Dichter William Blake (1757–1827) Britanniens mythischen Urahnen Albion als »Patriarchen des Atlantischen Kontinents«; in England und Amerika sah er dessen gemeinsame Erben. Im Poem *Atlantiade oder die Theogonie Newtons*, das der Franzose Népomucène Lemercier (1771–1840) im Jahr 1812 verfasste, hatten die Atlanter viele Gemeinsamkeiten mit Napoleon. Erst ab den 1830er-Jahren begann sich die historische Wissenschaft zu behaupten, insbesondere mit Thomas-Henri Martin, der mit seinen *Studien zu Platons Thimaios* (1841) eine klare Trennlinie zwischen wissenschaftlichen Anstrengungen und den esoterischen Fantastereien um die Atlanter zog und damit den Traum vom verlorenen Kontinent und seinen Bewohnern ausräumte. Doch im Roman und verwandten Genres darf sich die Fantasie zum Glück weiter an dem unerschöpflichen Thema entzünden, wie in Pierre Benoits Roman von 1919 und dessen Verfilmungen.

Die Schlusslichter

Atlantis und die Antipoden waren endgültig ins Reich der Fantasie verwiesen, und für eine Reihe von Orten auf der Erde fehlte immer noch die Zuordnung. So war Anfang des 19. Jahrhunderts das Bedürfnis greifbar, die Liste der Erdteile zu erweitern, und Malte-Brun tat den Schritt. Den Geografen seiner Zeit war bewusst, dass sein »Kontinent« ein Notbehelf war, eine Art »Restefundus«, wo alles hinkam, was nicht anderweitig unterzubringen war. Dies kommt noch in der zehnbändigen Ausgabe des *Grand Larousse encyclopédique* von 1963 zum Ausdruck: »Ozeanien: Einer der fünf Erdteile, künstlich gebildet aus … « Das klingt nicht nach großer zusammenhängender Landmasse. Muss es auch nicht. Erdteile sind ein konventionelles, historisch gewachsenes Einteilungsschema. Unter diesem Blickwinkel wirft die Unterscheidung zwischen Europa und Asien keine Probleme auf, es sei denn die Frage, wo genau die Trennlinie zu ziehen sei. Eurasien ist jedenfalls überflüssig. In derselben Weise ist Ozeanien ein Konstrukt, um all das einzuordnen, was zwischen den Ostküsten Asiens und den Westküsten Amerikas liegt.

Es muss immer bedacht werden, ob man »Kontinent« als Synonym zu den gerade genannten Erdteilen sieht (wie es heutzutage oft getan wird) oder ob man die kontinentalen Landmassen im Sinn hat. Diese unterschiedlichen Blickwinkel dürfen nicht verwechselt werden. Neben den großen kontinentalen Blöcken, die in Frankreich schon in den alten geografischen Lehrbüchern genannt wurden – der Alten und der Neuen Welt (mit 84 800 000 km² bzw. 42 000 000 km²), – gibt es zwei weitere: die Antarktis (16 500 000 km²) und Australien (7 704 000 km²), das übrigens von seinen Einwohnern häufig »Inselkontinent« genannt wird, womit es der einzige Staat ist, der gleichzeitig einen Kontinent bildet. Joël Bonnemaisons einführende Worte zu »Australien« in der neuesten französischsprachigen Universalgeografie lauten: »Australien ist der kleinste Kontinent und die größte Insel.« Das kann man gut stehen lassen. Australien repräsentiert 90 % der Landmasse der ozeanischen Gebiete in den heutigen Grenzen (und 60 % der Einwohner), Papua-Neuguinea 5 % und Neuseeland 3 %. Der Rest ist in quantitativer Hinsicht geringfügig, doch die weit im Pazifik verstreute Inselwelt macht Ozeanien zum Erdteil mit der größten Ausdehnung. Trotz seiner maximal erst 200-jährigen Geschichte hat der Begriff eine Reihe von Bedeutungsverschiebungen und entsprechende Variationen der Zuordnung von Orten erlebt. Dabei ist weniger die Abgrenzung zu den südlichen Polargebieten signifikant – sie wurde mit der Bestimmung eines eigenen Kontinents Antarktika definitiv geregelt – als vielmehr die Grenzziehung zwischen Asien und Ozeanien. Konsultiert man die Enzyklopädien aus den ersten Jahrzehnten des 20. Jahrhunderts, so findet sich im zweibändigen Larousse von 1922, getreu nach Malte-Brun, die folgende Definition: »Ozeanien: einer der fünf Erdteile. Ozeanien ist ein ausgedehnter, im Großen Ozean gelegener Archipel, der von Asien im Westen bis Amerika im Osten reicht. Es ist eine ganze Inselwelt. [...] Ozeanien besteht aus drei großen Teilen: Malaysien, Melanesien und Polynesien.«

Wenn man im Artikel »Malaysien« gegenliest, findet man: »Malaiischer Archipel, Indischer Archipel oder Insulinde; einer der großen Teilbereiche Ozeaniens, welcher die Sundainseln, Timor, die Molukken, Celebes, Borneo und die Philippinischen Inseln umfasst.« Die Sundainseln sind der Inselbogen, der sich von Sumatra über Java und Bali bis Flores zieht.

Die *Encyclopédie didactique* von Quillet (Band 5, 1907) ist kritischer: »Man bezeichnet mit dem Namen Ozeanien die Gesamtheit der Inseln, die im zentralen Pazifischen Ozean verstreut liegen: den asiatischen Archipel, Australien und die östlichen Inseln. Dieser Teil des Erdballs liegt zwischen dem amerikanischen und dem asiatischen Kontinent. Ozeanien bildet keine Welt für sich, gewisse Teile davon würden sich sinnvoll anderen Kontinenten zuordnen lassen. Für eine genauere Untersuchung gehen wir von einer Aufteilung in sechs unterschiedliche Bereiche aus: die Insulinde, welche viele Geografen – zu Recht, wie uns scheint – an Asien angliedern, sowie Australien, Neuseeland, Melanesien, Mikronesien und Polynesien.« Es fällt auf, dass »Kontinent« in dieser Enzyklopädie bereits in der ansonsten erst Ende des 20. Jahrhunderts geläufigen Bedeutung verwendet wird (so wird auch Afrika als »Kontinent der Erde mit der kompaktesten Masse« bezeichnet). Eine Erklärung mag sein, dass sich Quillet vor allem auf den großen Geografen und Anarchisten Élisée Reclus bezog; die begleitenden Karten und Abbildungen stammen aus dessen Universalgeographie *Der Mensch und die Erde*. Reclus verwendete dort ohne Bedenken das Wort »Kontinent«, wenn er von Erdteilen sprach, im Gegensatz zur Schulmeinung seiner Zeit. Man könnte sagen, dass er letztendlich gewonnen hat.

Die weitere Entwicklung lässt sich über das 20. Jahrhundert hinweg in den Atlanten und Enzyklopädien anhand der unterschiedlichen Zuordnung der Inselgruppen Südostasiens (Japan war niemals betroffen) verfolgen. Legte man früher die Zäsur zwischen die asiatische Landmasse und die Inselgruppen (die heutigen Philippinen, Indonesien und einige andere), so orientierte sich die Einteilung in jüngerer Zeit an

Verschiedene Typen polynesischer Einwohner (1899)
Diesem Druck lag eine Zeichnung von Félix Philippoteaux (1815–1884) zugrunde. Er war in erster Linie Historienmaler, lieferte aber auch viele Illustrationen zu gedruckten Werken. Seine Darstellung der Polynesier ging auf Beschreibungen europäischer Reisender zurück (Tätowierungen usw.), doch auch europäische Fantasievorstellungen über die Südseefrauen spielten mit. Die Traumgestalt der Vahiné, der Frau aus Tahiti, begann sich herauszukristallisieren.

Die erste europäische Karte Australiens (1547, British Library, London)

Mitte des 16. Jahrhunderts trug die kartografische Schule von Dieppe zur Verbreitung der Kenntnisse bei, die die Portugiesen erworben hatten. In technischer Hinsicht ähnelten ihre Karten den alten Portolankarten. Auf diesen Seekarten waren die Küstenlinien präzise dargestellt, doch das Landesinnere füllten Miniaturzeichnungen, die auf reiner Fantasie beruhten. In dem aus 15 Karten bestehenden Sammelwerk von Nicolas Vallard (1547) wurde das sogenannte »Groß-Java« zwischen dem heutigen Indonesien und dem Südkontinent bereits ziemlich zutreffend dargestellt. Diese Karte ist, wie die meisten der Schule von Dieppe, nach Süden ausgerichtet.

Staatsgrenzen – eine Verschiebung von der physikalischen zur politischen Geografie. Der auffälligste Punkt ist die Zweiteilung der Insel Neuguinea: Die Interkontinentalgrenze verläuft entlang der Staatsgrenze zwischen dem indonesischen Teil im Westen, der bis 2002 als Irian Jaya bezeichnet wurde und jetzt Westpapua genannt wird, und dem unabhängigen östlichen Teil, Papua-Neuguinea. Die Philippinen, Indonesien und die Inselbereiche von Malaysia, Brunei und Timor haben somit ihre kontinentale Zugehörigkeit gewechselt und gelten nicht mehr als Teil Ozeaniens, sondern Asiens.

Der Gegenpol zum Bären

Der Kontinent am Südpol erscheint nur deswegen klein, weil man ihn meist in einem anderen Maßstab als die anderen Erdteile betrachtet. In Wirklichkeit hat er in etwa die Fläche von Russland, dem größten Staat der Erde (europäische und asiatische Gebiete zusammen); es fehlen dazu nur eine halbe Million Quadratkilometer, sodass man sagen könnte: Die Fläche Antarktikas ist gleich der Fläche Russlands minus der Fläche Frankreichs. Doch es ist unbewohnt, abgesehen von der zeitweiligen Anwesenheit einiger Wissenschaftler. Wegen seiner schweren Erreichbarkeit wurde es sehr spät kartografiert. Cook hat als erster Seefahrer einen zuverlässigen Bericht von seinen Küsten hinterlassen, selbst wenn er sicher nicht der Erste war, der sie erblickt hat.

Einer der Ersten, denen (unabhängig von den Antipoden) der Gedanke kam, es könne einen kleinen polaren Kontinent geben, war 1713 wahrscheinlich der französische Seefahrer Frézier. Nachdem er Kap Hoorn umsegelt hatte, sichtete er auf 58° südlicher Breite einen riesigen »Eisbrocken« (Eisberg), den er zunächst für eine Insel hielt. Als ihm klar wurde, dass es sich um Süßwasser handelte, schloss er daraus auf die Nähe eisbedeckten Festlands.

Nach der Französischen Revolution und der Napoleonzeit rüstete man in Europa wieder Forschungsexpeditionen aus. Fabian Gottlieb von Bellingshausen stieß 1821 im Auftrag des russischen Zaren zur Alexander-I.-Insel und zur Peter-I.-Insel 1700 Kilometer südlich von Feuerland

vor. Jules Dumont d'Urville erreichte im Januar 1840 erstmals echtes antarktisches Festland, doch erst Ende des Jahrhunderts wagte man sich ins Innere vor. Dann aber kam es zu einem regelrechten Wettlauf zum Pol. Letztendlich hatte der Norweger Roald Amundsen die Nase vorn, er schaffte es am 14. Dezember 1911 und kam damit dem Engländer Robert Falcon Scott um einen Monat zuvor; Letzterer starb auf der Rückkehr an Erschöpfung. Damit galt die Epoche der Entdeckungen im Großen und Ganzen als beendet.

Das Adjektiv »arktisch« als Bezeichnung für die nördlichen Polargebiete ist alt, ein Kunstwort, in dem das griechische *arctos*, »Bär«, enthalten ist, nicht wegen der Eisbären, sondern in Anlehnung an das Sternbild des Kleinen Bären, in dem sich der Polarstern befindet, der seit der Hochantike als Anhaltspunkt für die Nordrichtung dient. Das Gegenteil dazu bildet »antarktisch« – »der Arktis entgegengesetzt«. Substantiviert zu »Antarktika« wurde daraus Anfang des 20. Jahrhunderts die Bezeichnung eines weiteren Kontinents, doch in Frankreich und anderswo war das Bild von fünf Erdteilen in der Schulmeinung schon so stark verfestigt, dass ein Übergang zu sechs nicht mehr möglich schien. In jedem Fall kann ein praktisch unbewohnter Kontinent nicht den gleichen Status wie die anderen haben. Als Antarktika benannt, kartografiert und endlich »besiegt« war, war man sich darin einig, dass nun »die Zeit der endlichen Welt beginnt« (Paul Valéry). Übrig blieb der Umstand, dass die ganze Art, wie man die Welt denkt, einordnet und damit das ausbildet, was als »Metageografie« bezeichnet wird, aus sehr alten Zeiten stammt – ein tragfähiges Erbe für die Zukunft?

Weiße Stellen auf der Karte lassen Raum für die Fantasie. Im *»horror vacui«* des Mittelalters angesichts der Natur spiegelt sich die Schwierigkeit, mit der eigenen Unwissenheit zurande zu kommen. Die Gewohnheit, Kartenbereiche, die wenig bekannte Gebiete betreffen, weiß zu lassen, kam erst im 18. Jahrhundert mit dem Erfordernis der Wissenschaftlichkeit auf, welches zwingt, Unbekanntes erst genauer zu untersuchen. Zuvor war alles Unerforschte bis auf den letzten Fleck mit Ungeheuern oder Fantasieländern gefüllt worden. Dies war mehr als nur eine ästhetische Notwendigkeit. Die landgewohnten Gesellschaften der Alten Welt empfanden den Ozean als große Leere; man versuchte sie mit imaginären Kontinenten zu füllen. Mit dem paradoxalen Namen »Ozeanien« für den letzten Erdteil hatte man einen Weg gefunden, den großen Ozean in einen Kontinent zu verwandeln.

Flottenparade des Königs von Tahiti

(William Hodges, 1774, National Maritime Museum, London)

Der König von Otaheite (Tahiti) veranstaltete am 14. Mai 1774 eine Parade seiner Kriegsflotte in der Bucht von Ohaneneno (Insel Raiatea, Gesellschaftsinseln), um James Cook zu beeindrucken. Hodges zeigt die Piroggen wie für eine europäische Flottenschau aufgereiht.

Die Meere
und Ozeane

»Als wir endlich in die Wasser der großen Südsee gelangten, hätte ich meinen lieben Pazifik unter anderen Umständen mit unendlichem Dank begrüßen können [...]. Unablässig steigen und fallen die Wellen, fluten heran und zurück im weiten Wogen dieser Meereswiesen, dieser Äcker des Töpfers der vier Kontinente [...]. Dem in stiller Betrachtung dahinziehenden Reisenden, wie es die alten Magier waren, muss der ruhige Stille Ozean zum Meer seiner Wahl werden. Seine Wasser bilden den Rumpf der Welt, Indischer und Atlantischer Ozean sind nur die Arme davon.«

Herman Melville, *Moby-Dick*, 1851

POLLE ARTICQVE
mer glacee
Cercle articque
Francica
mer oceanne
mer mediterranne
Sarmathia
asia minor
la floride
Tropicque de cancer
la cube
mer de lentille
Lentille
barbarie
Ethiopiee
Guinee
monoculli
arrabie felis
Equinoctial
Bresil
Le perou
americque
mer du su
montz de la lune
Tropicque de capricorne
Grand mer oceanne
Cercle antarticque
Terre australle

Atlantik, Pazifik, Indischer Ozean: Wir wissen seit unserer frühesten Schulzeit, dass drei große Ozeane existieren, blaue Weiten, die auf der Weltkarte das »Puzzle« der Kontinente ergänzen. Die Assoziation ist gerechtfertigt, denn genauso wie die Einteilung des Festlands in Stücke mit unregelmäßigen Formen beruht auch die Einteilung der Ozeane auf kulturgeschichtlichen Festlegungen, die im Wesentlichen unter europäischer Führung entstanden sind, allerdings etwas später und weitaus stärker fluktuierend – wie es in der Natur der Meere liegt.

Erst Ende des 19. Jahrhunderts setzte sich die Dreiheit Atlantik-Pazifik-Indik endgültig in den Atlanten und Weltkarten, Seeversicherungspolicen und Prospekten der Reisebüros durch. Lange Zeit hatten andere Bezeichnungen überwogen. Es sei nur an »Südsee« für den Pazifik erinnert, das träumerische Bilder aufsteigen lässt und sich wohl deswegen bis heute gehalten hat. Auf den Weltkarten des 15. bis 19. Jahrhunderts lässt sich der Wandel der Toponyme nachverfolgen: Die Bezeichnungen der Ozeane haben sich häufig geändert. Ausschlaggebend für die Einteilung und Namensgebung war, wie bei den Kontinenten, auch hier allein die Tätigkeit der europäischen Kartografen. Wieso entschied man sich eigentlich für drei Teile, da es doch nur diese eine riesige, zusammenhängende Meeresfläche gab, von einigen Binnenmeeren einmal abgesehen? Die Übereinkunft bezüglich der Dreiteilung zeichnete sich seit dem 16. Jahrhundert ab, doch es dauerte lange, bis man sich schließlich auf die drei Namen einigte, die heute so selbstverständlich scheinen. Auch andere Varianten der maritimen Geografie wären im Prinzip denkbar gewesen.

1 = 3 (+ 2)

»Weite, zusammenhängende Salzwassermasse, die den größten Teil der Erdoberfläche bedeckt«, so definiert der *Petit Larousse* das Wort »Ozean« – der Singular genügt. Und in *Geografie des Globalen Ozeans* (2001) führt der Geograf Jean-René Vanney aus: »Der Weltozean ist als unteilbares Ganzes anzusehen und muss aus dieser globalisierenden Perspektive vorgestellt werden.« Der »Weltstrom« der Antike klingt in diesem schönen Ausdruck an. Chevalier de Jaucourt, der einen Großteil der wissenschaftlichen Texte für die letzten Bände der *Enzyklopädie* von Diderot und d'Alembert beigetragen hat, beginnt seinen Artikel »Ozean« (in Band XI, 1751) im Singular: »Die riesige Meeresfläche, welche die großen Kontinente der Erde, die wir bewohnen, umschließt.« Diese Einheit und Einzigkeit des Ozeans bleibt nicht nur der Wortherkunft treu – denn »Okeanos« war in der griechischen Mythologie der Älteste der Titanen –, sondern auch der alten kosmogonischen Tradition der TO-Karten, in denen

Der Atlantik, Bildtafel aus der *Cosmographia universalis* von Guillaume Le Testu, 1556 (Historisches Zentralarchiv (SHD), Vincennes)

Le Testu (1510–1573), der berühmteste Kartograf der Schule von Dieppe, führte ein Abenteuerleben: Er erforschte die Bucht von Guanabara (das zukünftige Rio de Janeiro), wirkte an Villegagnons Kolonisationsversuch *»France antarctique«* mit, war königlicher Lotse von Charles IX., Freund von Francis Drake und Freibeuter; er wurde von den Spaniern exekutiert. Sein großartiger Atlas auf der Höhe des Wissenstands seiner Zeit ist prächtig illustriert.

Rebbelib (mikronesische Stabkarte) von den Marshallinseln

Die Polynesier gaben ihr jahrtausendealtes Wissen in der Navigation auf dem Pazifik meist mündlich weiter, es war aber auch in Karten aus Stäben und Kaurimuscheln, die mit Fasern verbunden waren, konzentriert. Sie dienten den hervorragenden Seefahrern zur Positionsbestimmung. Hier ist der Marshall-Archipel kartografiert; die Messung der Entfernungen erfolgt anhand der Anfahrtszeiten.

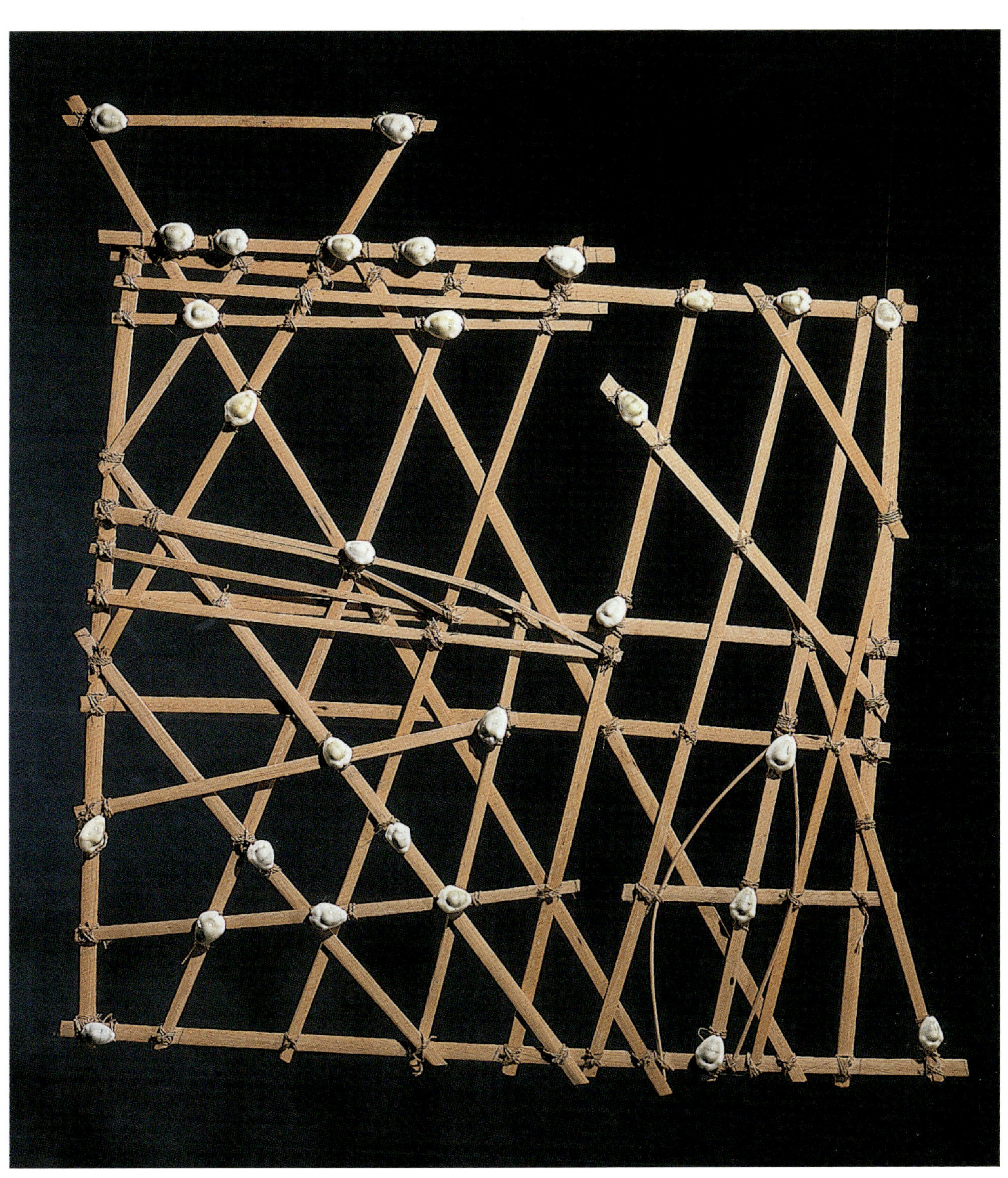

das »O« von eben diesem Weltozean gebildet wurde. Im Weiteren setzt Jaucourt allerdings sofort zur Untergliederung an: »Der Ozean selbst gliedert sich in verschiedene Meere, ohne dass diese durch irgendeine Grenze geteilt wären [...], doch weil eine so große Meeresfläche wie der Ozean von Seeleuten befahren wird, die unterscheiden müssen, an welchem Ort sie sich befunden haben, hat man sich Teile mit jeweils eigenen Namen vorgestellt.« Um die Nutzer der Meere ging es also, für sie war die Orientierung im Ozean essenziell. Die Abgrenzung oder zumindest Benennung von Teilstücken spiegelte eine ständig wiederholte Erfahrung von Lotsen und Kapitänen. Sie erkannten flüssige »Regionen« am Seegang, den Wellen, der Farbe und tausend anderen für Landbewohner unmerklichen Zeichen, welche für sie ganz deutlich waren, wodurch sie einen empirischen Wissensschatz anzusammeln vermochten, der den Ozean zugänglicher machte und die weißen oder, besser, blauen Flecken auf der Karte verringerte. Bei allen Seefahrervölkern findet man dieses kollektive Wissenserbe. Über die beste Kenntnis des flüssigen »Terrains« verfügten wahrscheinlich die exzellenten polynesischen Seefahrer, die damit im 18. und 19. Jahrhundert die Bewunderung ihrer europäischen Kollegen erweckten. So tauchten in den Reiseberichten die Iroisesee und Sargassosee auf, der Golf von Bengalen oder von Guinea, das Korallenmeer oder das *Mar del Perú*. Doch diese empirische Regionalisierung des Ozeans kam in Spannung mit einer anderen, formaleren und eher theoretischen, kartografisch größere Bereiche umfassenden Form der Einteilung, nämlich jener der sesshaften Geografen und Kartografen, die ihre Weltkarten entwarfen. Damit die Europäer sich geistig mit der weiten Welt auseinandersetzen konnten, bevor sie sie kolonisierten, führte ihnen die Kartografie diese Welt vor Augen, indem sie alles in Elemente zergliederte, in Kontinente, aber auch in Meere. So wurde das Wort »Ozean« zu etwas Geläufigem, und man verwendete es nun auch in der Mehrzahl. Historische wie aktuelle Karten zeugen von diesen zwei Ebenen der Einteilung der Meere in Ozeane einerseits und Nebenmeere andererseits, was sich häufig in einer grafischen Hierarchie der Schriftgrößen spiegelt. Statuswechsel waren möglich, ein gleitender Wechsel vom Meer zum Ozean vollzog sich zum Beispiel für den »Pazifik«. So bekamen die großen Erdteile ihr Pendant in maritimen Großregionen, doch Letztere setzten sich sehr langsam durch. Während die drei Erdteile der mittelalterlichen Welt bereits 1507 dank Waldseemüllers erfolgreicher Namensgebung durch Amerika ergänzt wurden, gelang der ozeanischen Dreiergruppe hinsichtlich Anzahl und Benennung erst im 19. Jahrhundert der Durchbruch. Ein letztes Mal sei dies mit Jaucourt belegt: »Mehrere Geografen haben den Hauptozean in vier Teile gegliedert, von denen ein jeder ebenfalls Ozean genannt wird & sie entsprechen den vier Kontinenten oder großen Inseln der Erde.« Der Artikel nennt unterschiedliche Aufteilungen:

– Atlantischer (oder westlicher) Ozean; Pazifischer Ozean, Südmeer oder Pazifik; hyperboräischer oder Nordozean; Südlicher Ozean, »zu dem der Indische Ozean zählt«;
– Atlantischer Ozean nördlich und Äthiopischer südlich des Äquators, Pazifischer und Indischer;
– »Manche unterscheiden nur drei Teile, nämlich den atlantischen, pazifischen & indischen.«

Jaucourts einsichtige Schlussbemerkung zu all dem: »Jeder kann sich der Aufteilung anschließen, die ihm als die beste erscheint, es hat keine große Bedeutung, denn diese Einteilung ist nicht von der Natur selbst

Windrose (Seekarte aus dem 16. Jahrhundert, Bibliothek des Museo Correr, Venedig)
Ab dem 13. Jh. fanden als Portolankarten bezeichnete Navigationskarten zusammen mit dem neuen Trockenkompass breite Verwendung. Sie sind durch ein Liniennetz aus Windstrahlen oder Rumben (Rumbennetz) gegliedert, die von Windrosen ausgehen. Traditionsgemäß gaben die Seefahrer des Mittelmeers die Fahrtrichtung mit dem Namen der Winde an, welche die Schiffe antrieben. Bis ins 17. Jahrhundert waren um die Weltkarten herum oft Winde in Gestalt blasender Engel angeordnet (Boreas für den Nordwind, Zephir für den Westwind ...).

gemacht, sie ist allein ein Werk der Vorstellung.« Während die Einteilungen zu Lande Ende des 18. Jahrhunderts allmählich nicht mehr zur Debatte standen, blieben sie zu Wasser noch lange veränderlich.

Zur Norm wurden sowohl die Kontinent- als auch die Ozeanbezeichnungen sowie ihre Grenzen erst ab Beginn des 19. Jahrhunderts mit der Einführung der allgemeinen Schulpflicht in Europa, die später auf alle Völker ausgeweitet wurde. In Fortführung der wichtigsten Schulpraxis früherer Zeiten – des Katechismus –, war es an europäischen Schulen gebräuchlich, in Unterricht, Prüfungen, Lehrmitteln und Karten meist nur eine Antwort auf eine bestimmte Frage zuzulassen, mit dem Risiko (das in der Geografie besonders spürbar wurde), Standardantworten einzuführen und Verkürzungen zu provozieren. So wurden die Ozeane zum Dreiergespann. Dies bezog die zwei arktischen Ozeane noch nicht ein, welche im späten 19. Jahrhundert durchaus nicht unvermittelt auf der Bildfläche erschienen. Da die Pole die Weltgegenden waren, wohin die Forscher zuallerletzt vordrangen (Robert Peary zum Nordpol 1909 und Roald Amundsen zum Südpol 1911), lagen lange Zeit nur sehr unpräzise Karten vor, umso mehr, als bei den meisten der üblichen auf den Äquator zentrierten Weltkarten die hohen Breitengrade weitgehend marginalisiert waren. Ein weitverbreiteter Irrglaube (vermutlich weil man das Packeis missdeutet hatte) bestand in der Vorstellung, im hohen Norden gäbe es Festland. Eine Karte Mercators, die häufig reproduziert wurde – wahrscheinlich, weil ihre Ungewöhnlichkeit Neugier weckte –, war auf den Nordpol zentriert: *Septentrionalium terrarum descriptio* (1595). Auf sehr hohen nördlichen Breitengraden breitet sich hier Festland aus, welches durch ein sehr kleines zentrales Meer in vier Teile geteilt wird. Doch auf einigen Weltkarten fanden sich schon ab dem 15. Jahrhundert Einträge wie »Eismeer«. Angaben zu einem Südlichen Ozean tauchten erst später auf; ab dem späten 18. Jahrhundert waren sie dann vor allem auf britischen Karten regelmäßig anzutreffen (*Southern Ocean* oder *Antarctic Ocean*).

Die Unterteilung in fünf Ozeane wurde 1928 international anerkannt, nachdem 1921 im Gefolge der Gründung des Völkerbundes das Internationale Hydrographische Büro eingerichtet wurde (1970 umbenannt in Internationale Hydrographische Organisation, IHO), eine zwischenstaatliche Einrichtung zur fachlichen Koordination. Eine ihrer primären Aufgaben besteht darin, das Umfeld für Seefrachten zu optimieren, vor allem durch Schaffung einer gemeinsamen normativen Basis, wozu auch die genaue Festlegung der Grenzen der Ozeane gehört. Diese Präzisierung ist von besonderer Wichtigkeit für die Versicherungswirtschaft, deren Prämien streckenabhängig sind. Erste Bemühungen um ein internationales Abkommen hatte es bereits 1845 in London gegeben, doch zum Erfolg gelangten sie erst mit der Internationalen Hydrographischen Konferenz, die 1919 ebenfalls in der britischen Hauptstadt im Kontext des Vertragswerks zum Friedensschluss nach dem Ersten Weltkrieg stattfand. Die Aufteilung der Landgebiete – der europäischen wie der Kolonien – wurde in Versailles verhandelt, die der Meere in London.

Über die Grenzlinien des Kap Hoorn und des Kaps der Guten Hoffnung bestand Einigkeit. Der Längenmeridian 67° 16' w. L., die Länge von Kap Hoorn, gilt als Grenze zwischen Atlantik und Pazifik an der Drakestraße. Der Meridian 20° ö. L. am Kap Agulhas, das ein klein wenig südlicher gelegen ist als das benachbarte Kap der Guten Hoffnung, stellt die Grenze zwischen Atlantik und Indischem Ozean dar. Der Übergang des Indischen in

Gerardus Mercator, Karte der Arktis, 1585

Gerhard Kremer, genannt Mercator (1512–1594), auf den auch das berühmte Projektionsverfahren und die Bezeichnung »Atlas« für eine Kartensammlung zurückgehen, zeichnete die erste Karte des Nordpols. Er zeigt hier den Pol umgeben von vier großen Inseln. Das kleine zentrale Meer ist ein Wirbel, der die Wasser der Ozeane in sich einsaugt; nach einem unterirdischen Kreislauf speisen sie erneut die Quellen. Mercator dachte sich eine Meerenge zwischen Asien und Amerika aus; Bering fand diese tatsächlich – im Jahr 1728!

Sep:
tentrio:
nalium
Terrarum de:
scriptio.
Per
Gerardum Mercatorem
Cum Privilegio
Frisland insula
Farre in fule
Scetland insula
Anian regnum
Bergi regio
El streto de Anian
Circulus Arcticus
California regio sola fama Hispanis nota
Lago de Conibas
Vng que a nostris Gog dicitur
Desertum de Belgian are nosum
ASIAE PARS
AMERICAE PARS
OCEANUS SCYTHICUS qui et Mare Tabin
Gradus latitudinis
POLUS ARCTICUS
Groclant
Mare glaciale
NOVA ZEMLA
PETZORKE MARE
MVRMANSKOI MARE
OCEANUS SEPTENTRIONALIS
Circulus Arcticus

den Pazifischen Ozean liegt bei 147° 07' östlicher Länge am South West Cape, einer der Südspitzen Tasmaniens (geringfügig nördlicher als Südostkap).

Noch ein Stück deutlicher wird der auf Absprachen beruhende Charakter dieser Einteilungen bei den Breitengraden. Der Südliche Ozean (die IHO gab dieser Bezeichnung im Jahr 2000 den Vorzug vor »Südliches Eismeer«) wurde durch den Breitengrad 60° s. B. definiert, er bildet somit eine maritime Krone um den Kontinent Antarktika. Diese Demarkierung ergibt sich aus dem starken zirkumpolaren Eisstrom, der an einem deutlichen Temperaturgefälle erkennbar ist, welches in der Tat in der Nähe des 60. Breitengrads auftritt. IHB und später IHO haben lange gezögert, den Ozean anzuerkennen; er war in der Nomenklatur von 1928 vorhanden, verschwand in der von 1953 und kam Anfang des 21. Jahrhunderts endgültig dazu.

Fehlt noch der recht kleine Arktische Ozean (13 Millionen km², eine Fläche, die häufig als für einen Ozean zu gering angesehen wird). Seine Aufnahme war weniger umstritten, dafür ist seine 1953 vom IHB beschlossene, im Zickzack verlaufende Grenze äußerst kompliziert. Sie liegt nicht parallel zu den sibirischen und kanadischen Küsten, sondern mäandert zwischen Inseln in einer Breitenregion, die mehr oder weniger (aber nicht immer) mit dem 80. nördlichen Breitengrad zusammentrifft. Diese Tatsache verdeutlicht, dass die Geografie der Ozeane in gleicher Weise wie die Einteilungen der Kontinente geschichtlich bedingt und durch kulturelle Vereinbarungen geprägt ist.

Südmeere, Nordmeere und eine lange Geschichte der Nautik

Die christliche und die muslimische Welt hatten die griechische Tradition übernommen (gelegentlich spielten leichte orientalische Einflüsse hinein), und die Geografie der Alten Welt konstruierte ihr Weltbild rund um ein Zentrum im Mittleren Osten (wie die Europäer die Region im 19. Jahrhundert nannten). Für die »arabische« (meist persische) Kartografie war Arabien das Zentrum der *Mappae mundi;* in den (europäischen) mittelalterlichen Karten dagegen lag es dort, wo die drei Lebensbereiche der Völker, die aus Noahs drei

Robert Peary auf der Brücke der *Roosevelt*, 1909

Am 6. April 1909 erreichte die von Robert Edwin Peary (1856–1920) geführte Polarexpedition als erste offiziell den Nordpol, doch diese Tatsache ist umstritten: In Wirklichkeit soll ihn erst Ralph Plaisted, ebenfalls ein US-Amerikaner, 1968 mit Motorschlitten erreicht haben. Peary sei angeblich nur auf 30 Kilometer an ihn herangekommen. Doch seine Expedition ist in der Polarforschung schon lange legendär geworden.

Söhnen hervorgegangen waren, zusammentrafen: in Jerusalem, am Heiligen Grab (von China aus betrachtet war der Unterschied geringfügig). Dieser Geografie des Festlandsbereichs entsprach eine Untergliederung der Meere; auch sie gruppierten sich in ähnlicher Weise um das Zentrum, allerdings waren es nur zwei Meere. Nordwestlich des räumlichen Nabelpunkts (der auch ein zeitlicher war, da mit Christi Geburt die Jahreszählung neu ansetzt) lag das Mittelmeer, südöstlich davon der »Indische Ozean«. Häufig zeigt das *Mare Indicum* ebenso wie das Mittelmeer eine Öffnung über eine Meerenge zum Ozean, in diesem Fall nach Osten; im Süden wird es durch afrikanisches Land begrenzt, das sich sehr weit in den Osten zieht. Diese kartografische Spiegelung des einen Meeres im anderen korrespondierte mit den Traditionen der Seefahrt, die im Indischen Meer seit genauso alten

Amundsens Lager am Fuß des Axel-Heiberg-Gletschers, 1911
Der Brite Robert Scott (1868–1912) und der Norweger Roald Amundsen (1872–1928) lieferten sich ein Wettrennen in der Antarktis. Im November 1911 schlug Amundsen sein Basislager am Fuß des Axel-Heiberg-Gletschers auf, den er anschließend bestieg, um zum Antarktischen Plateau zu gelangen. Am 14. Dezember 1911 erreichte er als Erster den Südpol 33 Tage vor Scott, der auf dem Rückweg starb.

القرآن ثم قرأ بعد اساطير تلاها وزخارف جلاها وقال اركبوا فيها بسم الله مجراها
ومرساها ثم تنفس تنفس المغرمين او عباد الله المكرمين وقال اما انا

Zeiten betrieben wurde wie im Mittelmeer, sodass diese beiden »Kommunikationsnetze« in Wirklichkeit eine Einheit bildeten. Ganz anders war die Grenzregion in all den mittelalterlichen TO-Karten, das »O«: Hier war der Ozean (in der Einzahl) der Rand der Welt, das Unbekannte, Rätselhafte, Erschreckende; der arabische Chronist Nahrawali nannte den Atlantik 1575 das »Meer der Finsternis«. Vor diesem kulturellen Hintergrund entwickelte man geschichtlich natürlich ein anderes Bild vom Indischen Ozean als vom Atlantik.

Christoph Kolumbus erhielt den Titel »Admiral des Ozeanischen Meeres«, da die weite Meeresfläche westlich von Europa und Asien als ein Teilstück des großen Weltozeans angesehen wurde, der die Ökumene umschloss. Als Vasco da Gama 1498 nach seiner Afrikaumrundung in Indien anlangte, wurde rasch klar, dass das Indische Meer nicht zum Mittelmeer symmetrisch war, sondern einen Teil dieses großen Ozeans bildete, doch seine antike Benennung (*Indikon Pelagos* bei Ptolemäus und *Oceanus Indicus* bei Plinius d. Ä.) blieb bis in die heutige Zeit bestehen. Die meisten Einträge zu »Ozean« auf alten europäischen Karten waren mit dem Indischen Ozean verknüpft, Konkurrenz machte ihm einzig die Formulierung »Östliches Meer« (bzw. »Ozean« oder, meist auf französischen Karten, »Ozeanisches Meer«); niederländische Weltkarten enthielten manchmal beide Angaben gleichzeitig. Gelegentlich wurde angemerkt, dass es sich um das »Indien im Osten« handelt. Ein anderer antiker Ausdruck verschwand hingegen bald: *Prasodum Insulae*, die Bezeichnung für die Inselgruppen jenseits von Taprobane (der Name Sri Lankas in der griechisch-römischen Geografie); manche Forscher sind der Meinung, dies sei eine vage Bezeichnung für die Insulinde oder allgemeiner Südostasien gewesen. Vom Mittelmeerraum aus gesehen gab es zunächst ein *Mare Indicum* (der heutige Golf von Oman) und ein Meer von Tabrobane (der Golf von Bengalen). Der Indische Ozean ist von den Dreien derjenige mit der größten Namenskontinuität, deshalb stand er hier am Anfang.

Die Geschichte der Benennungen

So wie sich das Abendland anfangs eine Vorstellung vom Indischen Ozean machte, die sich symmetrisch zu der vom Mittelmeer gestaltete, war auch die Wahrneh-

⇧ *Mappa mundi* von al-Idrisi in einer arabischen Handschrift aus dem 13. Jahrhundert (BNF)

Der Geograf al-Idrisi (um 1100–1165) verfasste im Auftrag des Normannenkönigs Roger II. von Sizilien das berühmte *Kitâb Nuzhat al Mushtâq* (»Erquickung für jene, die Sehnsucht haben, die Horizonte zu durchstreifen«), auch *Charta Rogeriana* genannt. Es ist der Kommentar zu einer großen, verschwundenen Weltkarte (aus Silber), von der es aber viele Reproduktionen gibt. Getreu der arabischen Kartografie liegt Süden oben, zu beiden Seiten der Arabischen Halbinsel in der Mitte sieht man das Mittelmeer und den Indischen Ozean.

⇦ Schiff im Persischen Golf (Handschrift, Schule von Bagdad, 13. Jahrhundert)

Der Maler und Kalligraph al-Wâsitî ist vor allem für seine Illustrationen zu den berühmten *Maqâmat* des al-Hariri von Basra (1054–1122) bekannt. Die Makame ist ein literarisches Genre, das im 10. Jahrhundert im Irak entstanden ist: eine kurze, frei erfundene Geschichte in Reimprosa *(saj)*. Die Miniaturmalerei zielt zwar nicht auf realistische Wiedergabe ab, zeigt aber den hohen technischen Stand der arabischen und persischen Marine im 13. Jh.: Das Achterstevensteuer ist eine wichtige Neuerung.

mung des Atlantiks und Pazifiks lange Zeit miteinander gekoppelt. Selbst wenn die Überquerung der Landenge von Panama durch Vasco Núñez de Balboa 1513 bereits hatte vermuten lassen, dass westlich von Amerika (der Begriff war damals erst sieben Jahre alt) ein großes Meer existierte, landete diese Idee erst mit der Weltumsegelung Magellans beziehungsweise der Rückkehr des überlebenden Del Cano 1522 tatsächlich in den Köpfen, und dies ging nicht ohne den Atlantik. Denn der Ozean, der zukünftig zum Pazifik wurde, wurde von Osten her durch die Umsegelung Amerikas entdeckt, und später wurde er, vor allem seit der Einrichtung der Acapulco-Manila-Handelsroute im Jahr 1565, meist vom amerikanischen Neuspanien aus befahren. Dies hilft zu verstehen, warum der Pazifik meist aus einer europäischen Perspektive wahrgenommen wurde. Diese geopolitische Dimension hat wesentlich damit zu tun, dass den europäischen Seefahrern lange Zeit nur ein Teil der möglichen Seewege bekannt war. Mit den Passatwinden im Rücken war es einfacher, auf niedrigen Breitengraden von Ost nach West zu segeln, als in der umgekehrten Richtung. Diese Route nahm Magellan im Dienst der spanischen Krone.[1]

So tauchten die konkurrierenden Begriffe »Westliches Ozeanisches Meer«, »Südmeer« und »Pazifisches Meer« (Letzterer behauptete sich dann im 19. Jahrhundert) erst nach der ersten Weltumrundung auf. Hätte man den Pazifik von Westen her erschlossen, in Verlängerung der nach Japan führenden portugiesischen Routen, hätte sich vielleicht der Ausdruck *Oceanus orientalis* gehalten, ein Eintrag, der sich auf den ältesten Weltkarten östlich von China finden lässt, zum letzten Mal in Guillaume Le Testus hervorragender Karte von 1556. Über lange Zeit, bis zur Mitte des 19. Jahrhunderts, war »Südmeer« (selten auch im Plural) verbreiteter als »Pazifik«, die letzte Belegstelle für *South Sea* stammt von 1851. Die Benennung ist übrigens so eng mit der Dominanz der flämischen Kartografen vom 16. bis ins 18. Jahrhundert verknüpft, dass man es vor allem als *Mar del Zur* findet. Auf den meisten ihrer damaligen Karten ist auch »Pazifik« anzutreffen, aber nur als untergeordnete Bezeichnung für ein enger begrenztes Meer direkt westlich von Kap Hoorn. Der Eintrag »Südmeer«, in größerer Schrift und häufig in Rot, befindet sich übrigens meist nicht exakt im südlichen Teil des Ozeans, sondern nördlich des Äquators.

Symmetrisch dazu ist auf denselben Weltkarten der heutige Atlantik vornehmlich als »Nordmeer« (oder besser *Mar del Nort*) bezeichnet, allerdings entstand die Bezeichnung später als »Südmeer« und war nicht so dauerhaft. Der Name »Atlantik« geht auf die griechische Antike zurück. *Atlantikos Pelaios* (Platon, *Timaios*) oder *Atlantiké Thalassa* (Plutarch, *Timoleon*) nannte man damals das weite Meer jenseits der Säulen des Herkules – vom Titanen Atlas, der im äußersten Westen der Welt das Himmelsgewölbe trug. Doch Anfang des 16. Jahrhunderts war noch nichts konkret festgelegt: Zwar ist die Bezeichnung *Oceanus Atlanticus* in der Kartografie geläufig (zum Beispiel in Fra Mauros Karte), doch häufiger trug man *Oceanus Occidentalis* oder beide Begriffe gleichzeitig ein. Diese Angaben finden sich nördlich des Äquators; der südliche Bereich des heutigen Atlantiks blieb unbenannt oder war als *Oceanus Meridionalis* gekennzeichnet. Abraham Ortelius brachte 1564 den Ausdruck »Nordmeer« auf; im 17. Jahrhundert legten sich die flämischen Kartografen allein auf diesen fest. Er umfasste nur den Bereich nördlich des Äquators, der

1• Da er von Ost nach West reiste, konnte er im Gegensatz zu Jules Vernes Phileas Fogg nicht darauf hoffen, einen Tag zu gewinnen …

Fra Mauros Karte, 1459 (Biblioteca Nazionale Marciana, Venedig)
Der Kamaldulensermönch und Kartograf Fra Mauro schuf diese Weltkarte um 1450 für Alfonso V. von Portugal; das Original ging verloren. Die zweite Ausgabe, die er und der Seefahrer und Kartograf Andrea Bianco sofort auf Pergament verfertigten, hat fast zwei Meter Durchmesser und trägt noch einige Züge arabischer *Mappae mundi* des Mittelalters (die Ausrichtung nach Süden). Sie besticht durch für die damalige Zeit äußerst rare Kenntnisse, vor allem über China und den Indischen Ozean.

SEPTENTRIO
POLVS ARTICVS

Apalatci
In hoc lacu Indigenæ argenti grana inueniunt
Oustaca
Onatheaqua
Appalou
Potanou
Ehiamana
Anouala
Hicaranaou
FLORIDA PROVINCIA
AB INDIGENIS DICTA IAQVAZA
Hic descendit Pamphilus Narvaez
Astina
Vitina
Choya
Eloquale
Patchica
Aquouena
Cadica
Edelano
Chilili
Calanay
Eclanou
Omitaqua
Onachaquara
Mocoso
Mathiaca
Mayarca
Maira
Marracou
Lacus aquæ dulcis
Adeo magnus est hic lacus ut ex una ripa conspici altera non possit. Distat a Charlesfort 180 leucis.
Sorrochos
Oathkaqua
Prom: Cañaueral
Mocossou
Lacus & Insula Sarrope
Mexicani Sinus pars
Sinus Ioannis Ponce
F. Canoti
F. Pacis
Aquatio
CALOS
Calos
Insulæ dictæ Testudines
Scopuli dicti Martyres
Prom. Floridæ
Yucajouque siue maior Lucaya
Bahara
Bimini
Hæc maris pars plena est Insulis, scopulis, breuib
Hauana
Portus Matancas
Cuba insula
Xaqua
Guanagnarico
Cuspis S. Antonij
Insula Pinorū
Iardines scopuli, nauigantibus formidabiles
S. Trinitatis
Cayana
S. Christi
Portus Principis
Isabella

Florida (farbiger Stich von Theodor de Bry, 1564)

Französische Hugenotten gründeten 1562 in Nordflorida eine kurzlebige Kolonie mit den Städten Charlesfort und Fort-Caroline. Spanier metzelten die Kolonisten 1565 nieder. Jacques Le Moyne de Morgues (ca. 1533–1588) entkam und berichtete eine Fülle von Eindrücken über die Region und ihre Ureinwohner, die Timucuas. Theodor de Bry (1528–1598) hielt alles in Stichen fest, die die beste Informationsquelle über diese Region im 16. Jahrhundert bieten.

südliche Atlantik wurde von Ortelius ab 1570 *Oceanus Aethiopicus* genannt. Diese Bezeichnung hielt sich bis in die erste Hälfte des 18. Jahrhunderts. Allein schon die Darstellung Amerikas auf den flämischen Karten (und damit allen Weltkarten des 17. Jahrhunderts, denn die Normen in der Darstellung der Welt setzten damals flämische Kartografen wie Ortelius, Mercator und Blaeu) erweckt den Eindruck, dass das Konzept von Südmeer und Nordmeer damals paarig angelegt war. Südamerika liegt von Natur aus um beträchtliche 51° 87' gegenüber Nordamerika längenversetzt (San Francisco befindet sich auf 122° 27' w. L., Santiago de Chile auf 70° 40' w. L.), doch auf den Karten des 17. Jahrhunderts war diese seitliche Verschiebung auf 140° gesteigert. Infolge dieser Verzerrung wirkte der Pazifik im Süden viel breiter als im Norden, für den Atlantik war es umgekehrt. Anhand dieser kartografischen Besonderheiten ist die aus heutiger Sicht bizarre Namensgebung besser zu begreifen, von der die Bezeichnung »Südsee« für die Inselwelt des Zentralpazifiks übrig geblieben ist. Ein Grund, der für diesen Gebrauch der Himmelsrichtungen häufig angeführt wird, ist, dass die Landenge von Panama, über die Balboas Route 1513 führte (die erste Durchquerung des amerikanischen Kontinents durch einen Europäer), die Form eines umgedrehten liegenden »S« hat, wodurch der Atlantik tendenziell im Nordwesten und der Pazifik im Südosten liegt. (Auch am heutigen Panamakanal liegt der atlantische Zugang nördlicher als der pazifische auf der anderen Seite.) Doch hätte Balboas Erfahrung im 16. Jahrhundert sich so direkt ausgewirkt? Vermutlich nicht. Weitaus wahrscheinlicher waren hier die spanischen Bemühungen im Spiel, die Zuschreibung des westlich von Amerika gelegenen Ozeans zu ihrer Einflusshemisphäre (die im Vertrag von Tordesillas festgelegt war) zu erreichen. Die Spanier suchten eine Rechtfertigung, um ihre imperiale Herrschaft auf die südostasiatischen Gewürzinseln auszudehnen. Als wichtigste Konsequenz daraus begann 1565 die spanische Kolonialisierung der Philippinen.

Ende des 18. Jahrhunderts hatte sich der Kontext verändert, die Kartografie lag nun in der Hand der Franzosen (und für den maritimen Bereich immer öfter der Briten), das Duo Nordmeer/Südmeer war verschwunden. Im Gefolge der Französischen Revolution und ihres Strebens nach einer umfassenden Neudefinition der Normen war man wieder von der Idee des Weltozeans angetan. Charles Pierre Claret de Fleurieu, unter dem *Directoire* (1795–1799) Mitglied des *Bureau des longitudes* (Längenbüro) – mit der Einführung des Marinechronometers zur Längenberechnung hatte er Frankreichs Konkurrenzfähigkeit gegenüber der britischen Marine verbessert –, schlug 1799 eine neue Nomenklatur der Meere vor. Innerhalb des »einzigen und allumfassenden« Ozeans blieb bei Fleurieu nur eine Unterteilung in Atlantik und »Großer Ozean« übrig. Dies hätte eine Rückkehr zur Sicht von Anfang des 16. Jahrhunderts bedeutet, doch sein Vorschlag blieb wirkungslos, denn die Meere waren unter britischer Kontrolle. So hat der Begriff »Indischer Ozean« sein Überleben womöglich der französischen Niederlage vor Gibraltar zu verdanken. Sukzessive setzte sich im 19. Jahrhundert das Trio Atlantischer – Indischer – Pazifischer Ozean auf den Karten durch. Allein die deutschen Kartografen sprachen noch einige Zeit eher von »Großer Ozean« als von »Pazifik«. Im 20. Jahrhundert war die Debatte beendet.

Für die Polarmeere war die Geschichte der Benennungen kein solcher »Fortsetzungsroman«, zumal erst Mitte des 20. Jahrhunderts einigermaßen feststand, dass sie dazugehörten und wo ihre Grenzen

Meeresungeheuer (Sebastian Münster, Druck von 1570)

Die *Cosmographia Universalis* von Sebastian Münster (1488–1552) erschien erstmals 1544 in lateinischer Sprache. Regelmäßige Neuauflagen und Übersetzungen folgten bis Mitte des 17. Jahrhunderts; nach der Bibel galt diese Beschreibung der Erde als das meistgedruckte und gelesene Werk des 16. Jahrhunderts. Einen guten Teil seines Erfolgs machten die Holzschnittillustrationen aus. Die Monster der Tiefe, an die man steif und fest glaubte, waren mehr als nur ein dekoratives Element, sie verkörperten die Schrecken des Ozeans.

liegen sollten. Nur gelegentlich wurde im Norden der Weltkarten ein *Oceanus Hyperboreus* oder schlicht ein »Eismeer« (oder schöner *Mare Congelato*) erwähnt; »Arktischer Ozean« findet sich das erste Mal 1827 auf einer Weltkarte.

Noch phantomhafter war die Existenz des Antarktischen Ozeans, denn in diese Breiten setzte man (wie im Vorkapitel geschildert) bis Mitte des 17. Jahrhunderts einen Kontinent, die legendären Antipoden. Erst ab der zweiten Hälfte des 17. Jahrhunderts wurde dieser (in den gängigen Projektionen untere) Bereich der Landkarten leer gelassen, da kein einziger Forscher auf das Südland gestoßen war (Tasman bewies 1642 mit seiner Umrundung Australiens, dass dieses nicht zum antipodischen Kontinent gehören konnte). Mit Newtons Darlegung des universalen Gesetzes der Schwerkraft in *Philosophiae naturalis principia mathematica* (1686) wurde das Oben und Unten im Universum (und somit die Notwendigkeit eines Gegengewichts) obsolet.

Flüssige Kontinente zwischen Küsten

Die Meere wären auf den Karten anders dargestellt, der Ozean anders – oder gar nicht – eingeteilt, die Namen lauteten anders … Es genügt, sich einen Moment vor-

Die ostindischen Inseln

(Karte von Jodocus Hondius, 1606)

Der Unabhängigkeitskampf der Niederlande führte zu einer Verlagerung des Zentrums der europäischen Kartografie von Antwerpen nach Amsterdam. Diesem Weg folgte Jodocus Hondius (1563–1612), der eine neue Kartografen-Dynastie begründete. Er kaufte die Druckplatten Mercators auf und legte dessen Atlas mit Ergänzungen wieder auf. Diese Karte kam vier Jahre nach Gründung der Niederländischen Ostindien-Kompanie heraus und zeigt den Schauplatz des Geschehens: die Gewürzinseln.

INSULÆ PHILIPPINÆ
ARCHIPELAGUS S. LAZARI
ISLAS DE LAS VELAS
MOLUCCÆ
GILOLO INSULA
CELEBES INSULÆ
CEIRAM I. os Papuas
Moluccæ Insulæ quinque sunt juxta I. Gilolo sitæ, nimirum Tarnate, Tidori, Mutir, Machiam, Bachian. Ditissima omnium est Ternate: Bachiā verò Maxima; ex his gariophylli, cinamomum nuces myristicæ gingiber ac alia aromata. ubertim ad orbis varias partes mittuntur.
NOVA GUINEA
Ita dicta quod ejus littora locorumq; facies Guineæ Africanæ multum sint similia. Sit autem insula necne incertum est.
Hic hybernavit Georgius de Meneses
A qui ibernoa Martin Afonso de Melo
De situ Iavæ Minoris
Varia est Geographorum sententia de Iavæ Minoris situ, sunt enim qui ex Marci Pauli Veneti Lib. 3. cap. 13. sub Tropico Capricorni eam locant alij Sumatram ipsi Paulo Venesse Minorem Iavam, tum ex locorum distantijs ac situ, tum ex alijs circumstantijs contendunt. Sunt etiam qui Insulam Cambabā Iavam Minorem dici volunt Nos etiamnum in re dubia certi nihil affirmamus.
Leucæ Hispanicæ 17½ 35 52½
Milliaria Germanica 15 30 45
MERIDIES

Karte von Sumatra (Giovanni Battista Ramusio, 1556)

Ramusio (1485–1557), ein venezianischer Diplomat und Politiker, war auch ein geschickter Kartograf. Sehr interessiert an allen Entdeckungen, entwarf er anhand von Informationen, die er in seiner Zeit als Botschafter in Paris eingeholt hatte, die erste Karte Montreals. Er sammelte und aktualisierte die wichtigsten geografischen Berichte im Werk *Delle navigazioni e viaggi* (1556), aus dem diese Sumatra-Karte stammt. Die Insel ist hier isoliert dargestellt – ohne die Malakka-Halbinsel.

zustellen, die maritimen Expeditionen Chinas unter Zheng He im frühen 15. Jahrhundert wären 1432 nicht urplötzlich eingestellt worden … Doch selbst in diesem Fall würde man sich vermutlich Land und Meer, das Braun und Blau auf den Karten, als Gegensatz vorstellen – aber muss das zwangsläufig so sein? Nicht automatisch war das Meer in der Vorstellung von Völkern mit Diskontinuität verbunden. Vielmehr boten die Küstenbereiche oft ein besonders günstiges Lebensumfeld, der Austausch über das Wasser war leichter, während die Landdistanzen nicht so gut in den Griff zu bekommen waren. Immer schon haben sich Gesellschaften an gegenüberliegenden Ufern angesiedelt. Vor ein paar Hundert Jahren ging es noch um moderate Entfernungen. Von den Inselgruppen Südostasiens bis zu den Ärmelkanalinseln gibt es viele Beispiele. Das wichtigste um ein Meer herum organisierte Großterritorium war sicher das Römische Reich. In solchen geohistorischen Konstrukten eint das Meer, und das Land trennt.

In gewissem Maß schufen auch die europäischen Kolonialreiche mit ihrer Aneignung »überseeischer« Gebiete Systeme, in deren Zentrum Ozeane standen, allerdings standen die Territorien im Ungleichgewicht, da sich die Herrscher auf der europäischen und die Beherrschten auf der exotischen Seite des Ozeans befanden, was die eigenständige Bedeutung des Ozeans als Raum schwächte. Immerhin gab es im atlantischen Bereich den Entwurf einer »atlantischen Zivilisation«, die zu Beginn spanisch und später britisch dominiert war. Ein bekannter Ansatz zur Schaffung eines maritimen Geschichtsraums lag in dem von Jacques Godechot, einem französischen Historiker, geprägten Ausdruck »atlantische Revolutionen« für die gemeinsame Erfahrung aus dem Amerikanischen Unabhängigkeitskrieg und der Französischen Revolution.

In diesem Kontext sei noch eine eigene Tradition der Namensgebung von Küstengewässern erwähnt: Für die Navigation besonders wichtige Bereiche wurden gern in Verlängerung des Landgebiets benannt, vor dem sie lagen. Diese Namen haben sich aber in den Weiten der Meere verloren, heute spricht man schlicht von »Territorialgewässern« (ein nur scheinbar paradoxer Begriff) oder der 200-Seemeilen-Zone (Ausschließliche Wirtschaftszone). Früher standen auf Weltkarten und vor allem regionalen Karten am Rand von Küsten, manchmal aber auch weit draußen im freien Meer, Einträge wie »Meer von …«, gefolgt von einem landbezogenen Toponym: *Mar del Perú, mar Argentino …* Auf Coronellis Globus gab es ein »Meer von Brasilien« auf Höhe der heutigen Region Nordeste. Auch das früher exakt am Ausgang der Magellanstraße eingetragene Pazifische Meer gehörte zu diesen Küstenmeeren. Der Ausdruck »Indischer Ozean« oder »(Ost-)Indisches Meer« mochte ebenfalls mit dieser Wahrnehmung des Ozeans in Verlängerung des Landes zu tun haben, insbesondere wenn in seinem südlichen Teil noch ein Eintrag wie Südlicher oder Östlicher Ozean stand. Der Umstand, dass die Meere der Südhalbkugel lange Zeit wenig bekannt waren und man sich auf keine Autorität der Antike berufen konnte, um Ordnung in die Darstellung zu bringen, mochte Kartografen dazu anregen, Benennungen des Festlands auf das Meer zu übertragen.

Sehr lange konnte sich *Oceanus Aethiopicus* halten. Der Eintrag stand meist im Süden des heutigen Atlantiks, im freien Meer ungefähr auf Höhe von Angola, teilweise zog er sich auch um das Kap der Guten Hoffnung und griff damit in den heutigen Indischen Ozean über. Die Benennung entstand Ende des 16. und verschwand Ende des 18. Jahrhunderts aus den Karten. »Äthiopien« war eine der Bezeichnungen, die man in der Antike für die südlichen Gebiete Afrikas (im Süden von Ägypten) verwendete. In der *Ilias* und der *Odyssee* kommt das Wort mehrmals vor. Zusammen mit »Libýē«, welches eher den nordafrikanischen Bereich westlich von Ägypten bis zum Atlantik bezeichnete, umfasste es ungefähr den Bereich, den die Europäer

Werbefächer der Air India, 1965

Dieses Werbeutensil aus einer Zeit, in der noch nicht alles klimatisiert war, zeigt das Streckennetz der indischen Fluglinie. Die verlängerte polare Projektion ermöglicht die Darstellung Indiens im Mittelpunkt und gleichzeitig die Anpassung an die Lotusblattform des Fächers. Anders als bei vielen anderen Beispielen für diesen Projektionstyp wird hier die Größe des Ozeans richtig angezeigt.

Japanische Karte der Fernstraßen und Schiffsrouten von Edo nach Nagasaki, 2. Hälfte des 17. Jh.s (BNF)

Ausschnitt aus einer langen Karte, die den ganzen Südteil Japans umfasst. Man sieht das Binnenmeer und die Insel Shikoku, die Küste der Hauptinsel Honshū im Norden und Osten sowie die Küste von Kyūshū im Westen. Für die Japaner und ihre auf die Meere zentrierte Kartentradition war das aus China übermittelte Wissen nicht ausreichend; so übernahmen sie im 16. Jh. europäische Techniken.

später »Afrika« tauften, womit sie den alten Namen der römischen Provinz um Karthago aufgriffen. Bei den Kartografen der Neuzeit findet man »Libya« und »Ethiopia« (Letzteres weiter im Süden). In den vagen maritimen Bezeichnungen in der Südhemisphäre erschien Afrika als ein stabiler Anhaltspunkt, und so wurde die Toponymie der Landgebiete auf die Meeresumgebung ausgedehnt. Französische Karten folgten lange dieser Betrachtungsweise, bis sich die maritime Terminologie der britischen Geografen durchsetzte.

Die Ikonografie der Ozeane ist verglichen mit den außerordentlich reichhaltigen bildlichen und skulpturalen Darstellungen der Kontinente sehr reduziert.

Einige wenige antike Skulpturen des Ozeans in Gestalt eines in den Wellen ruhenden bärtigen Alten wären zu nennen, und aus der Neuzeit Guillaume Coustous Monumentalskulpturen des Ozeans und des Mittelmeers im Schlossgarten von Marly. Dieser Mangel an Darstellungen bezeugt, dass diese Regionen der Welt nur eine schwache eigene Identität hatten. Während es Tausende von Allegorien Amerikas, Asiens, Afrikas oder Europas und ab Ende des 19. Jahrhunderts sogar Ozeaniens gibt (einige wurden in den Vorkapiteln vorgestellt), existieren die Ozeane nicht. Dasselbe gilt für Buchveröffentlichungen: Die Untergliederung der Welt, insbesondere in Kontinente, wird in einer Reihe von Werken thematisiert, doch die Einteilung der Meere und ihre Bezeichnungen finden keine Erwähnung. Mit »Ozeanismus« würde man kaum auf Resonanz stoßen, während »Kontinentalismus« (zumindest im Deutschen und Englischen, im Französischen etwas weniger) durchaus verwendet wird, um ein Gefühl kontinentaler Identität und den Willen zu deren besonderer Betonung zu bezeichnen. »Amerika den Amerikanern«, die Monroe-Doktrin (nach dem Namen des US-Präsidenten, der sie 1823 proklamierte), kann als der Urtyp dafür gelten, daraus entstanden diplomatische und wirtschaftliche Bemühungen wie Panamerikanismus. In der weiteren Entwicklung bildete sich die Europäische Union. Die wohl interessanteste Sammlungsbewegung findet unter dem Dach der Afrikanischen Union in Afrika statt. Der Kontinent entstammt in seiner jetzigen Form eigentlich den Vorstellungen der Europäer, hat sich aber inzwischen für die Bereiche südlich der Sahara zum Träger eines starken Identitätsgefühls und Autonomiewillens entwickelt.

Die Ozeane erwecken nicht diese starken Gefühle. Diplomatische Versuche eines Zusammenschlusses von Anrainerländern eines bestimmten Ozeans blieben bisher bescheiden, wie die 1982 gegründete Kommission des Indischen Ozeans bezeugt, eine französischsprachige Organisation mit nur fünf Mitgliedern. Sie versucht – in Analogie zum pazifischen Ozeanien –, den Ausdruck *Indianocéanie* zu etablieren. Wesentlich mehr Gewicht hat die 1989 gegründete Asiatisch-Pazifische Wirtschaftsgemeinschaft (APEC), die 21 Mitglieder umfasst, darunter China, die USA und Russland. Noch die meiste territoriale Konsistenz hat aber der nordatlantische Bereich, dessen Gesellschaften sich sehr nahe stehen und wirtschaftlich eng verbunden sind. In »NATO« sind die beiden Begriffe »Nord« und »Atlantik« kombiniert, die abwechselnd eben diesen Teil der Welt bezeichnet haben.

Diese Nachverfolgung der Untergliederungen der Ozeane und der Bezeichnung ihrer Teilbereiche über die letzten 500 Jahre sollte – falls es überhaupt noch nötig gewesen war – ein letztes Mal anschaulich vor Augen geführt haben, dass die Basiselemente der Weltgeografie alle auf einem rein kulturellen Hintergrund beruhen und sich insofern ändern können. Heute aber erscheint die Tradition nachhaltig verfestigt. Zweifellos ist die Schule mit der schulischen Kartenarbeit und der Vermittlung der Namen der drei Ozeane, gemeinsam mit denen der Kontinente, verantwortlich für diese offensichtliche Unbeweglichkeit. Der bereits erwähnte Charles de Fleurieu erhoffte sich »eine hydrografische Unterteilung und Namensgebung, die auf keine Zeit, kein Land und vor allem kein Volk zurückgehen soll; sie soll gleichermaßen allen Völkern, allen Ländern und allen Zeiten entsprechen«[2]. Der Weltozean – dies ist die Ebene, auf der sich die Weltgeschichte bewegt.

2 • Charles Pierre Claret de Fleurieu, *Observations sur la division hydrographique du globe.* Ich danke Vincent Capdepuy für den Hinweis auf diese Quelle.

◄ *Ocean Life*, James M. Sommerville und Christian Schussele, 1859
(Metropolitan Museum of Art, New York)
Der Naturforscher Sommerville (1825–1899) war auch Zeichner. Er schuf die Litografie zu diesem Bild; der aus Frankreich stammende Maler Schussele (1824–1879) kolorierte es (Aquarell, Gouache). Es illustrierte eine Broschüre der Akademie der Wissenschaften von Pennsylvania.

Wir und **die anderen**

»Die Geschichte des Diskurses über den anderen ist bedrückend. Zu allen Zeiten haben die Menschen geglaubt, dass sie besser als ihre Nachbarn sind. Diese Abwertung hat zwei komplementäre Aspekte: Zum einen betrachtet man seinen eigenen Referenzrahmen als den einzigen, oder zumindest als den normalen, und zum anderen stellt man fest, dass die anderen in Bezug auf diesen Rahmen unter einem selbst stehen. Man macht sich also ein Bild vom anderen durch Projektion der eigenen Schwächen auf ihn; er ist ähnlich und gleichzeitig minderwertig. Was man ihm vor allem verweigert, das ist das Anders-Sein: weder unterlegen noch vielleicht sogar überlegen, sondern ganz einfach anders.«

Tzvetan Todorov, Vorwort zu *Orientalismus* von Edward Said (1980)

Ozeane und Kontinente – dem Anschein nach Naturgegebenheiten – erweisen sich beim näheren Hinsehen also als historisch gewachsene Vorstellungen. Doch woher nahm dieses auf die Welt projizierte Betrachtungsschema seine Beweiskraft, um letztendlich als »natürlich« angenommen zu werden? Dies geschah vor allem durch das ständige Wechselspiel zwischen Kultur (dem aufgliedernden europäischen Denken, das Teile schuf) und Natur (der dort vorhandenen Realität). Dass man in jüngerer Zeit keinen Unterschied mehr zwischen den Begriffen »Kontinent« und »Erdteil« macht und praktisch ausschließlich von »Kontinent« spricht, zeigt die Wirkkraft dieses kulturellen Schemas.

Die überzeugende Wirkung der Einteilung in kontinentale Großräume ergibt sich aus dem Umstand, dass dieses Narrativ wiederholt und zunehmend bedient wurde. Seit mindestens 200 Jahren wird die Welt in diesen Rahmen gestellt, und dies hält an, und sei es nur in der Gliederung der Statistiken. Die enzyklopädischen Publikationen, in Frankreich vor allem von *Larousse*, haben ganze Arbeit geleistet, um jedem der Erdteile sein Gesicht zu geben, indem sie die visuelle Identifizierung, die in der barocken Kunst in voller Blüte war, mit einer umfangreichen Zuordnung von Attributen (Pflanzen, Tiere, Landschaften, »Rassen«) zu den einzelnen Kontinenten fortführten, um die »Persönlichkeit« des Erdteils zu verstärken und seine Besonderheit im Vergleich zu den anderen herauszustellen. Dies unterschied sich nicht grundlegend von den umfangreichen Bemühungen jeder europäischen Nation seit dem 18. Jahrhundert, sich ihre eigene, unverwechselbare Identität zu schaffen. Es betraf nur eine andere Ebene, der Ansatz an sich war derselbe.

Das Vorbild der nationalen Identitäten

Mit der Grundlagenarbeit der Linguisten fing es an, dann begannen Volkskundler, Historiker und schließlich alle, die im weitesten Sinne Kultur gestalteten – vom Architekten bis zum Musiker, von der Schneiderin bis zur Köchin – bei ihren Erzeugnissen die nationale Note zu unterstreichen. Besonders in Regionen wie Osteuropa, wo die nationale Idee jung und mit Unabhängigkeitsstreben gekoppelt war, stellten die Landessprachen Kreationen des 19. Jahrhunderts dar. Nicht, dass das Serbische oder Slowakische, das Estnische oder Bulgarische und alle, die da kodifiziert wurden, Schöpfungen aus dem Nichts gewesen wären, aber es bedurfte einer Standardisierung, einer Auswahl innerhalb eines unklaren linguistischen Umfelds zahlreicher dialektaler Varianten oder Hybridformen mit anderen Sprachen, da die Idiome oft stark von Tal zu Tal oder gar von Dorf zu Dorf variierten. Die nationale Einigung innerhalb von Grenzen, die nun ein

Hudson landet in der Bucht von Delaware
(Gemälde von Jean Leon Gerome Ferris)

J. L. G. Ferris' (1863–1930) langer Vorname kündet davon, dass sein Vater ein großer Bewunderer des französischen Malers Jean-Léon Gérôme war. Ferris war spezialisiert auf Historiengemälde zur Geschichte der USA. Der vollständige Titel dieses Werks ist eine ganze Geschichtslektion: »Der britische Forscher Henry Hudson landet im August 1609 an der Küste der Bucht von Delaware, wo er den Indianern vom Poutaxat begegnet.« Er hätte noch erwähnen können, dass Hudson für die Niederländische Ostindien-Kompanie tätig war.

exklusives Hoheitsgebiet umschlossen, setzte sich in Kleidung, Speisen, Hausbau und der Gestaltung von Kulturlandschaften fort.

Dieser Großaufwand zur Schaffung nationaler Identitäten – in Schottland wurde er von Macpherson und in Deutschland von Herder angestoßen – verlief in einer Art Symbiose mit der Ausbildung von exklusiven Territorialstaaten mit exakt festgelegten Grenzen, die ein geschichtliches Novum waren. Zuvor hatten sich soziale Zugehörigkeiten in Europa weitgehend in Form personenbezogener Abhängigkeiten gestaltet: Man war Untertan des Königs von Frankreich, des Herzogs von Savoyen oder des Bischofs von Lüttich, was komplexe, überlappende Gebietsgrenzen schuf – ein starker Unterschied zu den modernen Grenzziehungen. Mit Erstaunen stellt man fest, dass die politische Umgestaltung der Landkarte in ein »Puzzle«, dessen Teile alle mit klar markierten Rändern ineinandergreifen, ein Begleitprozess des wissenschaftlichen Klassifizierungsakts war, welcher die ganze Wirklichkeit mithilfe abgrenzender Definitionen zu fassen versuchte. In einer höheren Kategorie waren die Kontinente ebensolche großen Puzzleteile.

Der Prozess der Entstehung (und oft Erfindung) von Nationalstaaten setzte sich im 20. Jahrhundert fort; diesmal betraf er, meist im Zuge der Dekolonisation, die restliche Welt. Die daraus entstehende geopolitische Fragmentierung hat zu Versuchen geführt, zum Ausgleich Zusammenschlüsse auf der Ebene supranationaler Regionen zu bilden, um sich international größeres Gewicht zu verschaffen. *Europäische* Union, Gemeinschaft der *Lateinamerikanischen* Staaten, *Afrikanische* Union, *Nordamerikanisches* Freihandelsabkommen – hier stößt man wieder auf die Kontinente, ein deutliches Zeichen, dass diese in den Köpfen eine gewisse Konsistenz hatten. Die Haltbarkeit dieses Bilds lässt sich damit erklären, dass die kontinentale Identitätsbildung von der Kunst des 17. und 18. Jahrhunderts bis zu den Enzyklopädien des 19. und 20. Jahrhunderts ständig neu genährt worden war. Übrigens bedurfte Europa lange Zeit keiner besonderen Bestätigung seiner Identität, da der Rest der Welt seine geopolitische Überlegenheit eindeutig vor Augen hatte (die Bemühungen einer europäischen Einigung kamen erst in Gang, als sein Status in der zweiten Hälfte des 20. Jahrhunderts eine deutliche Schwächung erfahren hatte).

Die kontinentalen Identitäten entwickelten sich allerdings nie zu einem sozialen Phänomen, in welchem sich die gesamte Identitätsbildung einer Gesellschaft ausgedrückt hätte, denn sie wären in diesem Fall in Widerspruch zur nationalen Eigenständigkeit und Zugehörigkeit geraten (die nationalistischen Widerstände gegen den europäischen Einigungsprozess zeigen es gerade wieder). Die Herausbildung nationalstaatlicher Identitäten im Europa des 19. Jahrhunderts war durch den wesentlichen Umstand gekennzeichnet, dass diese keine andere Identitätsform neben sich zuließen. Darum konnte auf Dauer weder ein multinationales Gebilde wie Österreich-Ungarn fortbestehen noch konnten sich regionale Identitäten, wie etwa die provenzalische Félibrige-Bewegung, behaupten – sofern ihnen nicht die Bildung eines Nationalstaats auf einer Ebene mit den anderen gelang.

So war die Geografie über lange Zeit von dieser Entwicklungslinie einer Reduzierung auf die nationalstaatliche als einzige und dominierende Ebene geprägt, und die Welt war als ein im direkten Wortsinn inter-nationales System strukturiert. Auch wenn für den Ersten Weltkrieg keine nationale Ideologie die treibende Kraft war, bildete er den Gipfelpunkt dieses Zunehmens europäischer Nationalbewegungen, die jede andere Form der Zugehörigkeit, sei es auf kontinentaler, sei es auf lokaler Ebene, ausschlossen.

Die Schaffung kontinentaler Identitäten

In diesem geopolitischen Kontext behaupteten die Kontinente in einem bestimmten Rahmen dennoch ihre Existenz, zum einen rein wegen ihrer enormen Fläche, mit der sie eine ganz andere Größenkategorie bildeten. So stellten sie in Identitätsfragen keine Konkurrenz für die nationalen Ideologien dar, die eher auf die Zerschlagung der Zwischenebene – wie etwa des Osmanischen und Russischen Reichs oder Österreich-Ungarns – hinwirkten. Zum anderen hoben sich die Kontinente vorteilhaft von dem anderen über die Welt gelegten Schema ab, der Einteilung in Kolonialimperien. So stärkten sie der Opposition der Kolonien gegenüber dem Mutterland den Rücken. Ein wesentliches Thema war seit dem Mittelalter immer die alleinige Autonomie Europas gewesen. Aus dieser Sicht entwickelte sich in Amerika Gegenwind: Die Vereinigten Staaten erhoben den Monopolanspruch auf den Namen des Kontinents (»Amerika« als Bezeichnung des Staats USA) und stellten sich durch diesen Sprachgebrauch auf eine Ebene mit dem Kontinent Europa, dem sie mit der Monroe-Doktrin »Amerika den Amerikanern« (also: den amerikanischen Kontinent den US-Amerikanern) implizit die Tür wiesen.

Dies war der Hintergrund, vor dem sich das Verständnis der Erdteile wandelte: von einer geopolitischen Kategorie zu einer quasi naturgegebenen Tatsache, den Kontinenten. Sie, die geografisch ohnehin in einer anderen Größenliga spielten, mussten sich markant von den Nationen unterscheiden, deren Identität sich vorrangig über die soziokulturelle Dimension definierte. Europa mit der (römischen oder ökumenischen) Christenheit gleichzusetzen warf das Problem einer doppelten – nationalen wie religiösen – identitätsmäßigen Zugehörigkeit auf, was zu einem großen Spannungsfaktor werden konnte (wenn etwa im Ersten Weltkrieg Glaubensgenossen gezwungen waren, aufeinander zu schießen, weil sie unterschiedlichen Staaten angehörten). Mit der Kontinentalisierung konnte Europas Charakter als Kulturraum vergessen werden; er wurde mit Naturmerkmalen zugeschüttet, mithilfe derer man nun die Kontinente identifizierte und unterschied. So wird die Genese des in der Einleitung zum Buch angesprochenen Problems – die Schwierigkeit, Europa zu definieren und unzweideutige Kriterien eines Europäertums zu identifizieren – verständlich.

Den Enzyklopädien waren expressiv wirkende Bildtafeln beigefügt, um die Artikel über die verschiedenen Erdteile zu illustrieren – das Ausgeführte im wahrsten Sinne des Wortes anschaulich zu machen. Beim ersten Hinsehen wirken sie fast wie Vorläufer jener Werbeplakate, auf denen die ganze Welt bis in immer größere Fernen rund um den beworbenen Ort angeordnet ist. Die Asien-Bildtafel aus dem Larousse von 1905 zeigt im Vordergrund Chinesen in einer kleinen Dschunke, und im oberen Bereich Jakuten auf einem von Rentieren gezogenen Schlitten. Sieht man aber näher hin, bemerkt man ein wildes geografisches Durcheinander. Der Eintrag »Fächerpalme« befindet sich ganz oben, und da diese Palme in den asiatischen Tropenregionen wächst, stellt sich eine Interpretation, dass die Anordnung geografischen Zonen entspräche, als unhaltbar heraus. Während im Vordergrund ein majestätischer »Hindu« zwischen einer Annamitin und einem Chinesen steht, befinden sich drei weitere »Hindus« mit

Asien. Bildtafel aus dem *Petit Larousse illustré* (erste Ausgabe: 1905)

Die Serie der Kontinent-Bildtafeln des *Petit Larousse* legt den Akzent sehr stark auf die Diversität der Fauna und der Menschen. Zwar fehlt es nicht an Modernität (der japanische Soldat), doch im Wesentlichen handelt es sich um archetypische Figuren. Die Tafel ist nur teilweise nach Himmelsrichtungen aufgebaut: Die Türken und der Perser sind links (Westen?), aber der Araber rechts; die Jakuten oben (Norden?), aber dort sind auch die Hindus mit ihrem Elefanten. Eine interessante Besonderheit dieser Tafeln besteht darin, dass unten, im Vordergrund der Szenerie, die wichtigsten Exportwaren des Kontinents dargestellt sind. Bei Asien sieht man Opium und Reis, Tee oder Diamanten. Afrika hat Elfenbein, Gold, Datteln, Orangen »im Angebot«; Amerika Tabak, Baumwolle, Kautschuk, Zucker; Ozeanien Wolle (aus Australien, wird angemerkt), Gewürze, Kampfer oder Indigo. Interessanterweise besteht der europäische Beitrag vor allem aus Alkohol (Cidre, Wein, Cognac, Bier).

Borasse
Habitations yakoutes
Traîneau
Eléphant
Singes
Rennes
Hindous
Rhinocéros
Ours brun
Turcs
Persan
Yack
Ours de Syrie
Guépard
Ours du Thibet
Arabe
Cerf de David
Orang-Outan
Tigre
Rhubarbe
Femme annamite
Japonais
Paon
Mouflon poli
Hindou
Ricin
Chinois
Chinois
Japonaise
Dame birmane
Naja
Gavial
RIZ
OPIUM
MOKA
JUJUBES

1
2
3
4
5
6
7
8
9
10
11
12
13
14
15
16
17
18
19
20
21
22
23
24
25
26
27
28
29
30
31
32
33
34
35
36
37
38
39
40
41
42
43
44
45
46
47
48
49
50
51
Millot

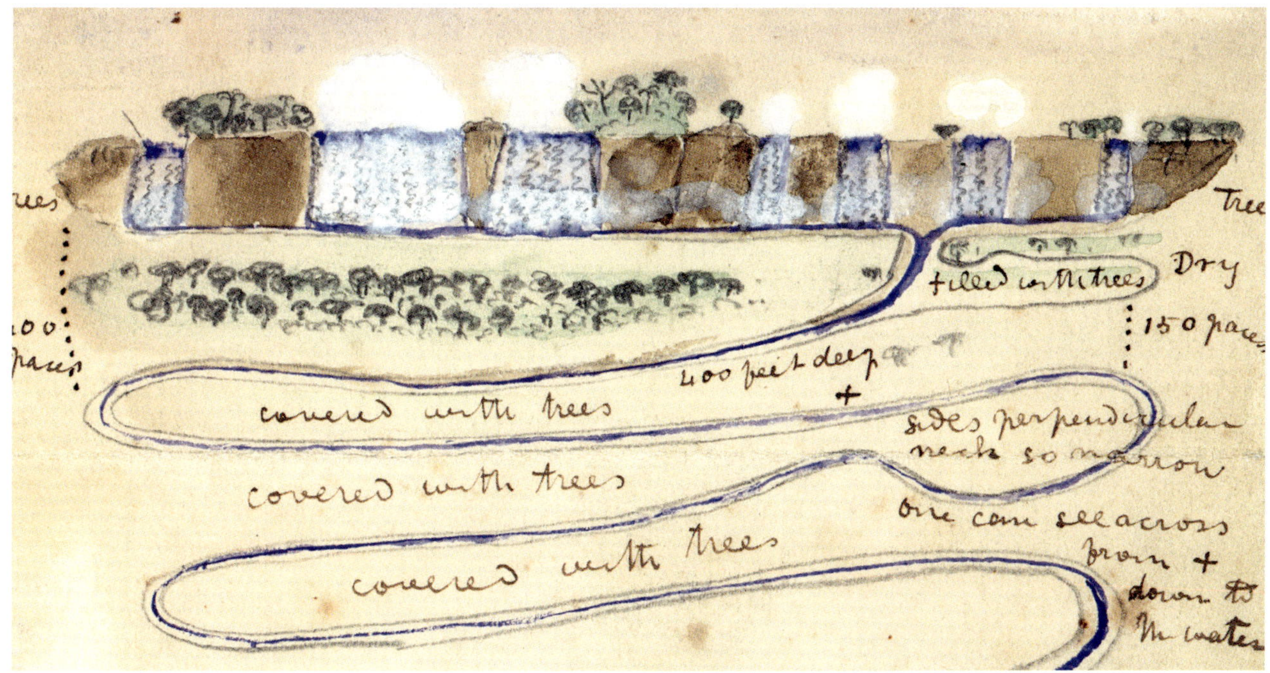

einem Elefanten im oberen Bereich des Bilds in Nachbarschaft zu jakutischen Behausungen. Die Absicht ist in erster Linie, die Fauna, Flora und Völker zu zeigen, die es nur in Asien gibt. Da diese Elemente ohne geografische Logik über das Bild verteilt sind, wirkt der ganze Raum mit ihnen angefüllt, woraus eine innere, sich von Europa unterscheidende Einheit entsteht. Sibirien ist, wie man sieht, nur durch seine Urvölker vertreten, Russen werden in Asien nicht gezeigt.

Bei manchen Tafeln wie der von 1898 (umseitig) ist die territoriale Anbindung weniger deutlich. Sie sind in kleine unterschiedliche Abbildungen aufgeteilt, scheinbar ohne Kohärenz, so verschwindet jede Ähnlichkeit mit einer Landkarte. Viel wichtiger ist, dass die für den Kontinent als typisch geltenden »Menschenrassen« zusammen mit den Tieren dargestellt werden. (Mit Europa wird genauso verfahren, also handelt es sich, zumindest hier, um keine diskriminierende Inszenierung.) Doch dieses Einfügen von Menschengruppen in die Fauna trägt intensiv zur Einordnung der Gesellschaften in ein spezifisches natürliches Umfeld bei. Es geht nicht um die Eins-zu-eins-Zuordnung einer Rasse (rot, schwarz, weiß oder gelb) zu einem Kontinent, zumal es keine Farbtafeln sind, aber es werden bestimmte für einen Erdteil typische Rassen suggeriert. Die »Natur« der Kontinente enthält eine starke gesellschaftliche Komponente.

Alternative Weltbilder, die nicht zum Zug kamen

Bei aller Betonung des europäischen Einflusses in der Ausbildung des gegenwärtigen Weltbilds drängt sich eine Frage auf: Was wäre gewesen, wenn die »Ent-

Die Viktoriafälle, gezeichnet von Livingstone
(1860, Royal Geographical Society, London)
Der Arzt und Missionar David Livingstone (1813–1873) durchquerte Afrika als erster Europäer von Ost nach West, von Sambesi bis Luanda (1851–1854). Als er in der Gegenrichtung auf dem Rückweg den Lauf des Sambesi kartografierte, bemerkte er im November 1855 »Dampfsäulen«: die berühmten Fälle, die er auf den Namen der Königin Victoria taufte.

Amerika. Bildtafel von Adolphe Millot
(aus dem *Nouveau Larousse illustré* von 1898)
Adolphe Millots (1857–1921) Zeichnungen trugen zum Charme der Larousse-Lexika an der Wende vom 19. zum 20. Jahrhundert bei. Viele seiner Bildtafeln wurden immer wieder gedruckt. Er war Verlagsillustrator und unterrichtete in späteren Jahren (ab 1911) naturwissenschaftliches Zeichnen am Pariser Naturkundemuseum. Die Tafel zu Amerika gehört zu einer Serie über die Natur der Kontinente. An dieser haben auch jene teil, die man damals noch die »Naturvölker« nannte. Häufig sind bei diesen Kompositionen die Darstellungen in einer Nord-Süd-Achse von oben nach unten angeordnet: Landschaften (Douglas-Kiefern), Tiere (Bison, Grizzly …) und Menschen (Cheyenne, Apache …) von Nordamerika über die Trockenregionen im Zentrum des Kontinents (Kerzenkaktus, Fennek …) und die mexikanischen und karibischen Völker bis hin zu Amazonien (Alligator, Tapir, Ameisenbär …) und den Andenvölkern.

Das britische Empire in der Sicht von Walter Crane, 1886 (Cornell University, Ithaca, New York)

Diese Weltkarte, eine klassische Mercator-Karte, zeigt einerseits eine traditionelle Verherrlichung der britischen Imperialherrschaft – Britannia ruht gelassen auf der Welt – auf deren Höhepunkt. Im Detail war sie durchaus zweideutig (die Devise über der Karte, die dem Kolonialherrn gleichrangigen *natives* …). Walter Crane (1845–1915) wurde vor allem als Illustrator bekannt, war aber auch einer der wichtigsten Akteure des *Arts and Crafts Movement* und ein überzeugter Sozialist.

ON,—MAP OF THE WORLD SHOWING THE EXTENT OF THE BRITISH EMPIRE IN 1886.
[PUBLI]SHED BY CAPTAIN J.C.R. COLOMB, M.P. FORMERLY R.M.A. —— BRITISH TERRITORIES COLOURED RED

MACLURE & Co QUEEN VICTORIA STREET, LONDON

deckungen« und das Miteinander der verschiedenen Gesellschaften der Welt aus einem anderen Kulturraum als dem christlichen Abendland initiiert worden wären? Selbst wenn kontrafaktische Geschichte nicht zur akademischen Geschichtsbetrachtung zählt, lohnt es sich, dies kurz zu beleuchten und eine »Geschichte der unverwirklichten Möglichkeiten« zu skizzieren. Als Erstes denkt man dabei an China, doch auch andere Weltentwürfe, aus denen sich die globale Sichtweise hätte entwickeln können, verdienen Beachtung. Extrem vereinfacht kann man eine Einteilung in zwei Kategorien möglicher Weltbilder vornehmen: Einerseits jene, die in den Gesellschaften an der Achse der Alten Welt verbreitet waren – die Kulturen, die seit der Hochantike vom Mittelmeer bis China auf vielen Landwegen (von den Europäern später »Seidenstraßen« genannt) und Seewegen, den »Gewürzrouten«, miteinander interagierten. Andererseits jene Gesellschaften, die wenig oder gar nicht mit den Ersteren in Kontakt standen, sei es, dass die Beziehungen aufgrund natürlicher Barrieren spärlich waren, sei es, dass der Kontakt vollständig verloren gegangen war.

Manche Zivilisationen des subsaharischen Bereichs brachen ihre Beziehungen zur mediterranen Welt oder zur Region des Indischen Ozeans nie ab, befanden sich aber aufgrund der Entfernung in einer Randlage, die sich mit der Ausbreitung der Saharawüste in den letzten 5000 Jahren verschärfte. Ebenso blieben die polynesischen Gesellschaften infolge ihrer starken Zerstreuung im Pazifik, die trotz oder gerade wegen ihrer großen Navigationsleistungen zunahm, schließlich isoliert zurück. Und von den amerindianischen Gesellschaften, so eindrucksvoll manche ihrer Kulturleistungen auch waren, hatte sich keine jemals übers Meer gewagt. Noch stärker abgeschieden waren die australischen Aborigenes. Dagegen entsandte das Ming-Kaiserreich im frühen 15. Jahrhundert sieben große Schiffsexpeditionen unter Führung des Admirals Zheng He, die nach dem heutigen Mosambik gelangten, 1432 wurde dieses Programm jäh abgebrochen. Es hat viele Gedankenspiele darüber gegeben, was geschehen wäre, wenn diese riesigen Flotten ihre Fahrten fortgesetzt hätten. Die Vorstellung einer durch China und um China herum strukturierten Welt ist nicht absurd – und mit der zunehmenden wirtschaftlichen und nun auch geopolitischen Macht dieses Landes wird die Frage seit der Jahrtausendwende verständlicherweise immer häufiger gestellt.

Betrachten wir kurz, was die Übertragung einer chinesischen Weltsicht auf die gesamte Erde bedeutet

Die koreanische Kangnido-Karte, 15. Jahrhundert
(Ryūkoku-Universität, Japan)

Die Originalkarte stammte aus dem Jahr 1402, doch existieren heute nur mehr drei etwas jüngere Kopien (die älteste ist von 1470), die alle in Japan aufbewahrt werden, wohin sie Hideyoshi bei seinen Feldzügen (1592–1598) verschleppte. Diese Abbildung fasst das kartografische Wissen der Chinesen, Koreaner und Japaner von Beginn des 15. Jahrhunderts zusammen. Die Kangnido-Karte gilt als das beste Zeugnis der asiatischen Kartografie vor dem Beginn westlicher Einflüsse. Sie übernahm Elemente aus zwei älteren Karten der Chinesen Li Zemin (ca. 1330) und Qing Jun (ca. 1370); ein Botschafter hatte diese nach Korea mitgebracht. Außerdem stand Korea damals mit dem indischen und iranischen Raum in Handelsbeziehungen und bekam von dort vermutlich den Globus des Jamal ad-Din. Die erhalten gebliebenen Kopien der Kangnido beruhen auf Erkenntnissen der großen Entdeckungsfahrten des Zheng He. Korea ist im Vergleich zum Rest der Alten Welt aufgebläht, China sowie das hier nicht sichtbare Japan sind ebenfalls überrepräsentiert, Indien und Sri Lanka etwas weniger. Die Arabische Halbinsel ist gut erkennbar, die enorme Größe der Seen in Afrika erstaunt. Auch Ägypten ist angegeben, und eine Pagode, die den Leuchtturm von Alexandria symbolisiert. Zum Schluss stehen in einer Ecke etwa hundert europäische Toponyme (Spanien, Deutschland, Frankreich ...), doch die Formen sind nicht zuzuordnen. Die Übertragung der meisten afrikanischen, südasiatischen und europäischen Namen beruht auf deren persischen Versionen, welche ihrerseits aus dem Arabischen abgeleitet waren.

Karte des al-Idrissi (Kopie einer Handschrift aus dem 14. Jh., 19. Jh., Library of Congress, Washington)

Das Original der von al-Idrissi für König Roger II. von Sizilien hergestellten Weltkarte ging verloren, doch es gibt ein Dutzend Kopien aus dem 14. bis 16. Jahrhundert, zwei sind im Besitz der Französischen Nationalbibliothek. Eine davon ist in 70 Doppelseiten gegliedert. Die abgebildete Reproduktion zeigt die gesamte Karte. Sie ist gesüdet, umfasst das antike Wissen und die Berichte arabischer Reisender und gilt damit als die vollständigste Karte des 12. Jahrhunderts.

hätte, dann wirkt vieles wider Erwarten gar nicht so fremdartig. Es gibt nicht wirklich einen Bruch entlang der Routen der Alten Welt: Von den griechischen Vorstellungen, die von den Arabern, Iranern oder Europäern übernommen wurden, bis hin zu den indischen und chinesischen Konzepten ist viel Verwandtes erkennbar, auch wenn die verschlungenen Wege der gegenseitigen Beeinflussung nicht leicht nachvollziehbar sind. Wir befinden uns – um einen Terminus der modernen Geschichtsschreibung zu verwenden – in *connected histories.* Dies zeigt sich beim Vergleich zweier berühmter Karten, die jede zu ihrer Zeit und an ihrem Ort sehr bedeutend waren: der Weltkarte von al-Idrissi (siehe S. 198/199) und der sogenannten Kangnido-Karte (siehe S. 196). In beiden Fällen wird die Alte Welt in ihrer Gesamtheit betrachtet, wobei

allerdings der eigene Standort (was nicht überrascht) im Vergleich zum »Anderswo« übergroß dargestellt ist. Al-Idrissi (ca. 1100–1165), ein arabischer Kartograf im Dienst des Normannenkönigs Roger II. von Sizilien, stellte die mediterrane Welt in aller Breite dar und ließ den Osten schrumpfen. Die koreanische Karte (1402) zeigte umgekehrt den ostasiatischen Raum relativ gut erkennbar, bewies auch eine nicht unwesentliche Kenntnis Afrikas und Vorderasiens, doch der Mittelmeerraum und Europa kamen zu kurz.

Ein potenzielles Spiegelbild

Alle herrschenden Gesellschaften haben sich selbst in den Mittelpunkt gestellt. Das Selbstbild Chinas als »Reich der Mitte« bestätigt es. Auch eine dominante chinesische Gesellschaft dürfte bei der Einteilung

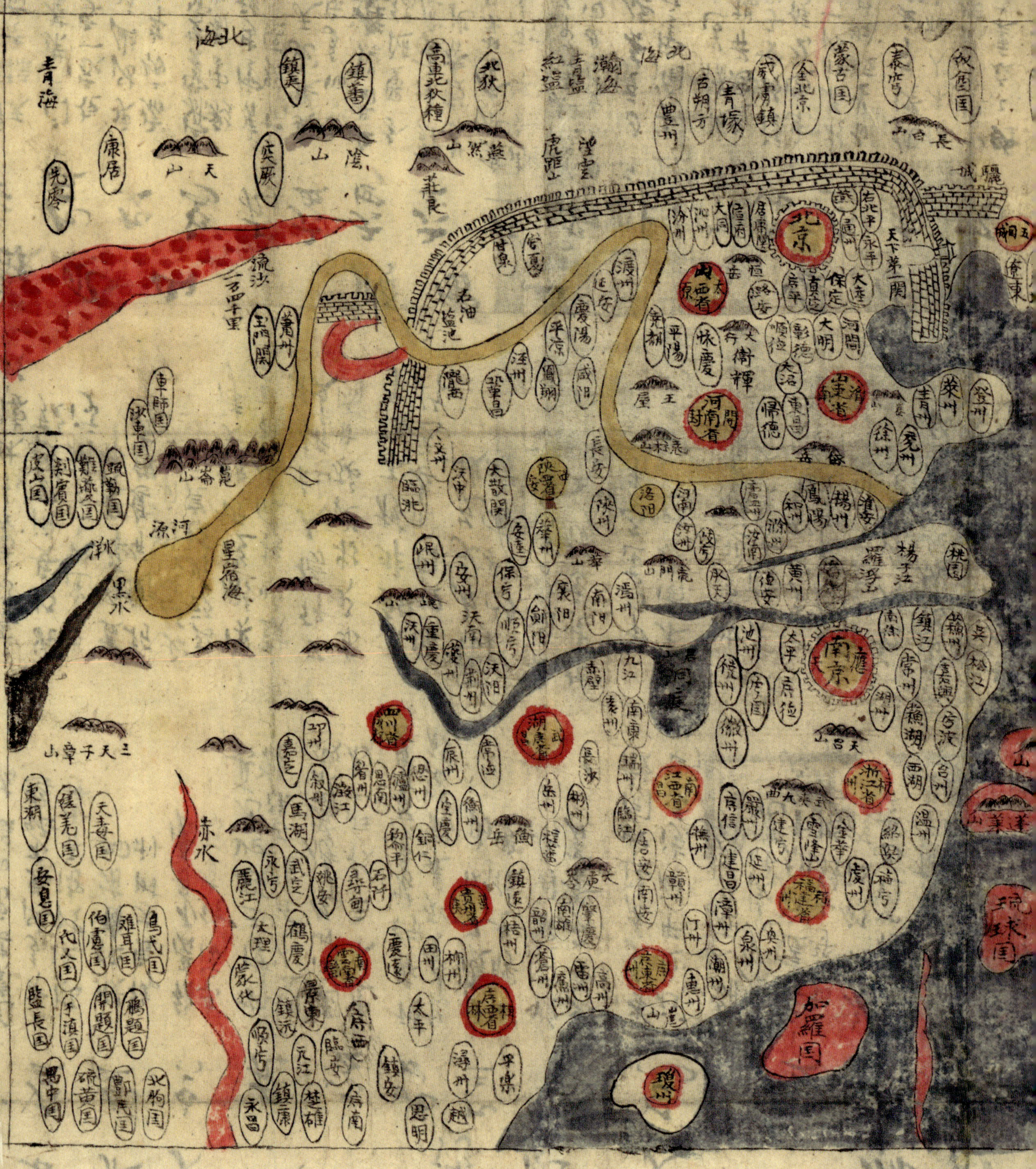

北海
青海
北京
南京
天下第一關
河南省
浙江省
蒙古国
遼東
萊州
登州
黒水
赤水
星宿海
加羅国

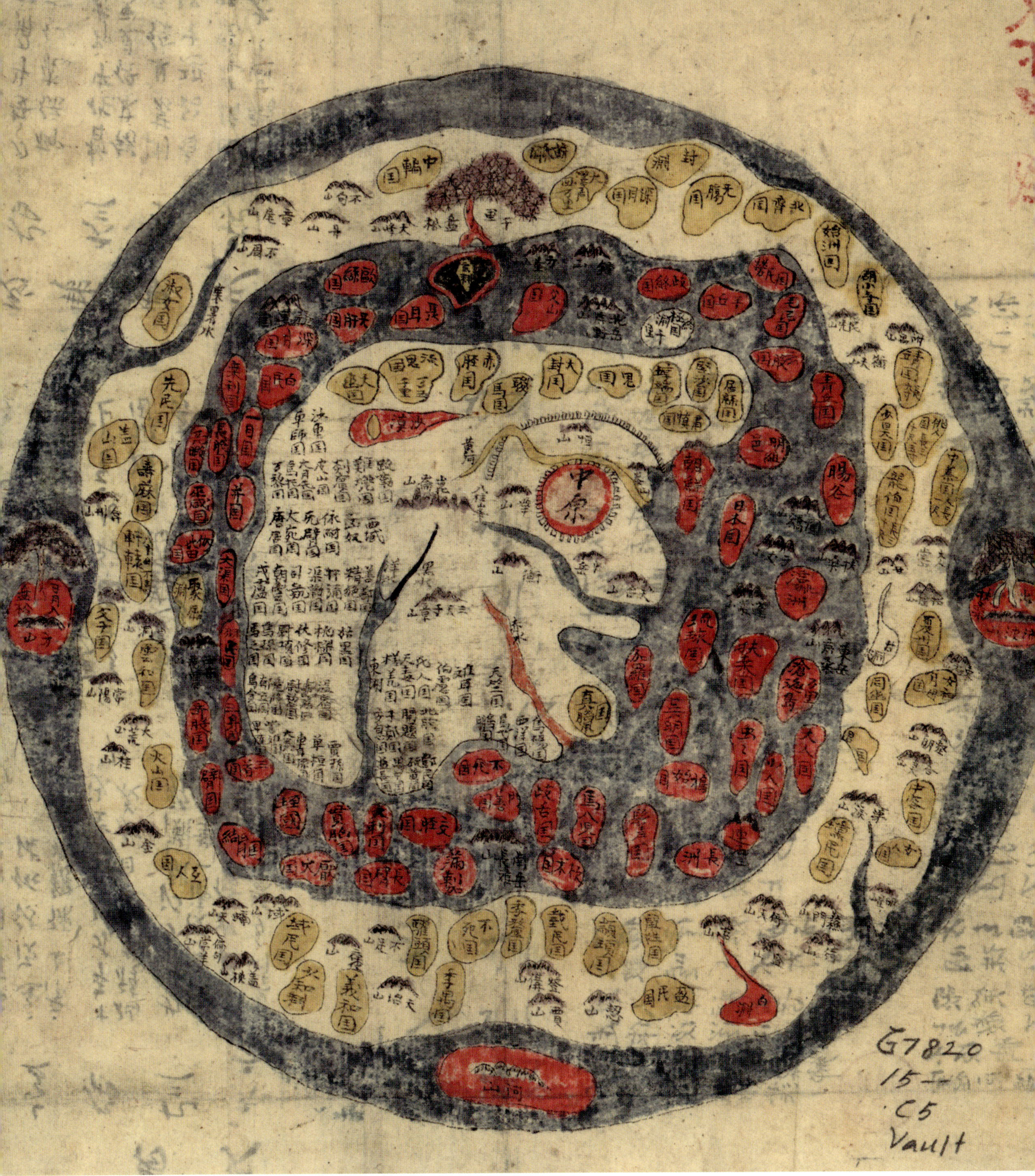
中原
日本国
G7820
15—
C5
Vault

Cheonhado von Anfang des 19. Jahrhunderts
(Library of Congress, Washington)
Die »Karte der Welt unter den Himmeln« entspricht dem rechten Teil, links ist nur das Chinesische Reich zu sehen. Diese vom 17. bis ins 19. Jahrhundert übliche taoistische Darstellungsweise entwickelte sich als Gegenentwurf zur abendländischen Kartografie. Die zentrale Landmasse ist die Welt der Lebenden; der sie umgebende, von Inseln durchsetzte geschlossene Ozean stellt das Jenseits dar. Dann folgen ein kontinentaler Außenring und ein äußerer Ozean. Der Gelbe, Blaue und Rote Fluss sind in den ihren Namen entsprechenden Farben koloriert.

der Welt ihrem Kulturraum eine Sonderstellung eingeräumt haben. Der Einflussbereich Chinas mit Korea, Japan und Vietnam stand in deutlichem Kontrast zum Westen. Europa (das den Orientalismus erfand) musste es sich gefallen lassen, seinerseits unter umgekehrtem Vorzeichen gesehen zu werden.

Als die jesuitischen Patres im 17. Jahrhundert dem chinesischen Kaiserhof die europäische Astronomie und Mathematik andienten, merkten die dortigen Gelehrten bald, dass da nichts Neues, sondern nur eine Variante der »abendländischen« (was für sie bedeutete, der arabisch-persischen) Wissenschaft vorlag, die sie seit Langem kannten. Aus chinesischer Sicht war der »Westen« der Bereich der monotheistischen (also miteinander verwandten) Religionen. Eine Schnittstelle Ost/West hätte es darum vermutlich auch in diesem Fall gegeben, doch viel weiter östlich, an der Westgrenze des chinesischen Einflussbereichs. Zentralasien und der heutige Iran hätten damit zum Westen gehört. Eine konsequente fiktive Spiegelung der Dreiteilung der Alten Welt ergäbe ein egozentrisches China (das Äquivalent zum Europa der mittelalterlichen *Mappae mundi*), daneben eine Welt des Südens (Indien) und zuletzt – als Äquivalent zum Asien der abendländischen Betrachter – die weite Welt des Westens von Persien bis zu den Britischen Inseln, Afrika eingeschlossen. Diese fiktive Einteilung mag aus der Luft gegriffen wirken, ist aber auch nicht absurder als die uns vertraute, die wir aus der Vergangenheit übernommen haben. Unwahrscheinlich wird sie eher deshalb, weil eine Zerteilung und Trennlinien einer Denkweise entstammen, die chinesischen Raumkonzepten und Darstellungen fremd war. Die kartografische Tradition der Chinesen war so alt wie die des Mittelmeerraums. Als ihr Begründer gilt Pei Xiu (224–271), der in der Han-Zeit lebte und in gewisser Hinsicht als der chinesische Ptolemäus bezeichnet werden kann. Die Vorstellung einer runden Erde war diesen Geografen nicht fremd. Besagte nicht ein Lao Tse (6. Jh. v. Chr.) zugeschriebener Ausspruch: »Weit im Westen ist der Osten«? Doch das blieb Theorie. Die Chinesen waren zwar bereits im 1. Jahrhundert v. Chr. in der Lage, Armillarsphären herzustellen (sie haben westliche Denker vermutlich beeinflusst), doch einen Erdglobus haben sie nie gebaut, obwohl sie im 13. Jahrhundert ein persisches Modell erhalten hatten. Die Frage der Übertragung einer Kugeloberfläche in die Ebene hat sich ihnen darum eigentlich nie gestellt.

Dagegen gab es schon sehr früh zweidimensionale Darstellungen der chinesischen Welt, die den Erkenntnisbedürfnissen und der Gebietsverwaltung eines mächtigen Staats entsprachen. Im Unterschied zum Weltkreis der *Mappae mundi* schrieben die Chinesen die Welt in ein »schachbrettartiges« Quadrat ein, während der Himmel für sie rund »wie eine umgedrehte Schale« war. Die quadratische Form bot große Vorteile, da sie die Orientierung über ein Koordinatensystem erleichterte, vorausgesetzt, man klammerte die Frage der Projektionstechniken aus. So riesig, dass die Kartografierung unlösbare Probleme in der Darstellung der Randbereiche aufgeworfen hätte, war das chinesische Gebiet aber ohnehin nicht. Negativ wirkte sich das Fehlen einer Seekartografie aus, die sich mangels Bedarf nicht entwickelt hatte. Die abendländischen Weltkarten des 16. Jahrhunderts, von denen unsere heutigen Karten abstammen, waren für die Seefahrt bestimmt, was den Erfolg der Mercator-Projektion erklärt, in der alle Winkel stimmen, während die Entfernungen und Flächen verzerrt sind.

Als China asiatisch wurde

Chinas Darstellungen der Welt bestanden aus ineinandergefügten Quadraten: Das Reich der Mitte (Zhonguo) gliedert sich in eine alte Herzregion – die »zentrale Blüte« (Zhonghua), ein Symbol der Kultur – und in Außengebiete. Dann folgen die chinesisch beeinflusste Welt, die Tributpflichtigen (»gekochte Barbaren«) und die entfernter lebenden Ethnien (»rohe Barbaren«), die man noch tributpflichtig machen musste. Das Kochen symbolisiert hier die Übernahme der Kultur. Diese Sichtweise (die, wie Ethnologen nachgewiesen haben, in vielen Kulturen verbreitet, bei den Chinesen aber besonders strukturiert war), mag naiv und gleichzeitig überheblich wirken. Aber verbirgt sich dahinter nicht dieselbe Haltung wie bei unserer »natürlichen« Einteilung der Erde?

Shiji, eine Schrift des Historikers Sima Qian (1. Jh. n. Chr.), enthält eine Darstellung der Welt, die ein wenig der *Mappae mundi*-Einteilung ähnelt, aus der sich später die Vorstellung der Kontinente entwickelt hat. Der äquivalent erscheinende Begriff lautet *zhu* (洲), was als »Insel« oder »Land« übersetzt wird. China ist selbstverständlich das zentrale *zhu*, es ist von acht anderen umgeben. Dies alles ist von einem Außenmeer eingeschlossen, sodass ein *zhu* der nächsthöheren Ebene entsteht, welches wieder von acht Elementen umgeben ist. Den äußeren Rahmen bildet ein riesiger Ozean, der am Ende in den Himmel übergeht. Diese fraktalartige Anordnung ist ebenso stark formalisiert wie der durch Strahlen gegliederte Kreis der TO-Karte Isidors von Sevilla. Über schrittweise Anpassungen hätten sich daraus Erdteile entwickeln können, die ebenso »funktionsfähig« gewesen wären wie ihre westlichen Entsprechungen, doch dazu kam es nicht, da die Chinesen die weite Welt nicht zu kategorisieren brauchten. (*Zhu* wurde im Japanischen zu *shū*, was sich in der Benennung der Hauptinseln des Japanischen Archipels, Honshū und Kyushū, wiederfindet.)

Die jesuitischen Missionare verfolgten in China das im Deckenfresko der Kirche Sant'Ignazio in Rom aufgezeigte Bekehrungsprogramm. Sie versuchten die abendländische Wissenschaft einzuführen und damit Überzeugungsarbeit für ihre Mission zu leisten. Ihre Bemühungen fokussierten sich auf mathematische Anwendungen und somit die Astronomie, aber auch die Kartografie. Der berühmteste Missionar, Matteo Ricci (1552–1610), schuf dabei ein besonders innovatives kartografisches Werk, in das er chinesisches Wissen aufnahm, welches damals in Europa unbekannt war. Er stellte außerdem China in den Mittelpunkt, bei gleichzeitiger Verwendung modernster Projektionsverfahren. Es waren die ersten »chinesischen« Karten, in denen Amerika repräsentiert war. Der Einfluss Riccis und seiner Nachfolger war vor allem an der neuen Einteilung in Kontinente erkennbar – die Verpflanzung war geglückt. Sie entwickelten eine chinesische Umschrift für die vier Erdteilnamen (Afrika, Asien, Amerika, Europa), die in China bis zum heutigen Tag gültig ist, und ebenso für viele andere Länder- und Städtenamen. China erfuhr auf diese Weise, dass es »asiatisch« war.

Eigene Karten und Weltbilder existierten auch im Gebiet zwischen China und Europa; aus ihnen ließe

***Kunyu wanguo quantu (Gesamtkarte der unzähligen Länder der Welt),* Weltkarte von Matteo Ricci** (1602, Biblioteca Ambrosiana, Mailand)

Diese genordete, nach den fortschrittlichsten Projektionstechniken der flämischen Schule gezeichnete Karte unterscheidet sich nicht wesentlich von Ortelius' Weltkarte (auch hier ist der riesige antipodische Kontinent zu finden). Eine bedeutende Innovation stellt dagegen der Zentralmeridian dar - das Gegenstück des Meridians von Tordesillas. Pater Ricci hielt in seinem Tagebuch fest, es sei darum gegangen, sich an das Weltbild der Chinesen anzupassen und ihnen außerdem zu zeigen, dass Europa weit weg war und keine Gefahr für sie bedeutete. Sie könnten also ohne Risiko den Glauben annehmen. Diese Karte beinhaltete auch kartografisches Wissen der Chinesen; sie war insofern den zeitgenössischen europäischen Karten überlegen. Diese Karte setzte für die chinesischen Geografen einen Qualitätsmaßstab, und sie übernahmen sie auf lange Zeit.

全
圖
小西洋
赤道
西南海

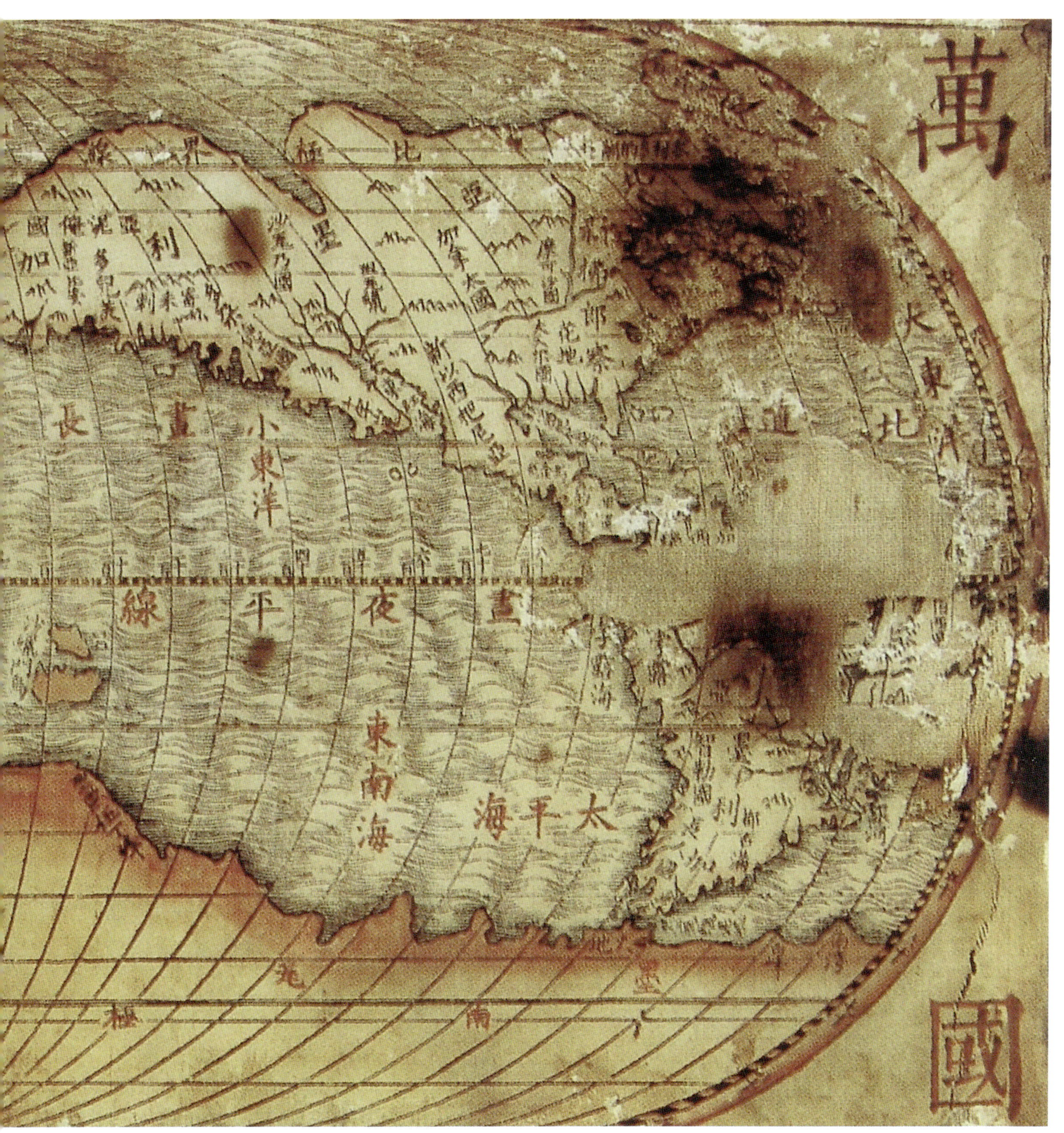

萬
國
小東洋
晝夜平線
東南海
太平海

sich jedoch keine abweichende hypothetische Aufteilung entwickeln. Die arabischen und persischen Kartografen hielten sich, zumindest bis zum 14. Jahrhundert, enger als ihre europäischen Kollegen an die griechischen Vorbilder. Aus Indien liegen kaum Karten vor. Bisweilen wird zwischen Gesellschaften mit und ohne Kartenkultur unterschieden, Letztere überwogen in der hinduistisch geprägten Welt. Die entsprechenden Sozialstrukturen bildeten keine festen Territorialstaaten aus, sondern organisierten sich in Gebieten mit komplexen graduellen Abhängigkeiten, was manchmal als »Mandala-Modell« bezeichnet wird (in Analogie zu den »Mandala« genannten Darstellungen des Universums).

Eigene Kosmogonien bestanden auch in Gesellschaften außerhalb der Zentralachse der Alten Welt vom Chinesischen Meer bis zum Mittelmeer, so zum Beispiel bei den berühmten Dogon in Mali, über die die Ethnologin Geneviève Calame-Griaule berichtete: »Im Denken der Dogon stellen der Schöpfungsmythos, das Ordnungssystem und die sich daraus ergebenden Verknüpfungen von Symbolen eine Begründung des Schöpfungsgedankens und eine Erklärung der Welt dar.« Ein Überblick über all diese Weltbilder ist an dieser Stelle nicht möglich. Sicher ließen sich manche strukturelle Übereinstimmungen erkennen, doch die Chance, dass sich ihre Ideen bei den anderen durchgesetzt hätten, war im Vergleich zu den näher am Zentrum der Alten Welt lebenden Kulturen verschwindend gering. Dies soll nicht besagen, dass ihre in Karten und Kosmogonien ausgedrückten Vorstellungen nicht sehr differenziert waren – ob es sich nun um Karten zu Seewegen handelte, wie sie bei den faszinierenden polynesischen Seefahrern in Gebrauch waren, oder um ein vollständiges Weltbild.

Europa und die anderen

Die aus der mittelalterlichen Kosmogonie entstandene Einteilung der Welt, welche von den Europäern letztendlich durchgesetzt wurde, unterschied sich nicht wesentlich von den oben erwähnten Weltbildern, insbesondere dem chinesischen. Ihr Hauptcharakteristikum ist, dass Europa in die Mitte der Darstellungen gerückt ist – eine relativ klassische Sicht der Welt durch die eigene Kulturbrille (die einem in der Schule nachhaltig vermittelt wird). Die übrigen Erdteile werden um dieses zentrale Europa herum in Zonen angeordnet: im Osten Asien, im Süden Afrika und im Westen Amerika, Ozeanien bleibt als Rest. Dieses Bild einer eurozentrischen Welt setzte sich zu dem Zeitpunkt durch, als Europa in der Epoche der zweiten Kolonisation, Mitte des 19. Jahrhunderts bis 1914, tatsächlich den Eindruck hatte, im Mittelpunkt der Welt zu stehen. Ein deutlicher Ausdruck dafür war die Festlegung des Greenwich-Nullmeridians für die Angabe der Universalzeit (UT). Diese Wahl war eine gezielte Entscheidung und keineswegs dadurch bedingt, dass sich Greenwich in irgendeiner »mittigen« Lage befunden hätte, wie das heute im Rückblick erscheinen mag. Die relativ mittige Lage des Meridians auf den meisten gewohnten Weltkarten ist hinderlich beim Bemühen um eine weniger egozentrierte Auffassung Europas, denn sie enthalten eine implizite – man ist versucht zu sagen, unterschwellige – Botschaft: Europa liegt in zentraler Lage, also ist es logisch, dass die Globalisierung von hier aus begonnen wurde. Stichhaltiger ist die umgekehrte Argumentation: Da Europa als Erstes eine globale

Die Kolonialherrin Frankreich zivilisiert die fünf Kontinente

Pierre-Henri Ducos de la Haille (Fresko im Palais de la Porte Dorée, Paris, 1931)

Das Palais de la Porte Dorée, in dem heute das Museum der Migration untergebracht ist, wurde für die Kolonialausstellung von 1931 gebaut. Zuerst war es ein Kolonialmuseum. Das von Pierre-Henri Ducos de la Haille (1889–1972) geschaffene 600 m^2 große Fresko im Festsaal verherrlicht Frankreich, das allen fünf Erdteilen Kulturwerte vermittelt. Frankreich, die einzige vollständig bekleidete Frau, steht im Zentrum und hält Europa an der Hand. Amerika vorne rechts ist an den Wolkenkratzern erkennbar (ein klarer Fortschritt im Vergleich zu den federgeschmückten Figuren in der Barockmalerei), Ozeanien unten links ist eine tahitianische Frau. Rechts oben ist Afrika auf einem grauen Elefanten und links oben Asien unter einem Baldachin zu sehen.

Sicht entwickelte, tat es dies aus seinem eigenen Raum heraus, stellte sich in die Mitte und gruppierte den Rest der Welt wie einen Fächer um sich herum. Dies konnte mit einer Hierarchisierung in Abhängigkeit von der Entfernung zum Ursprungskern gekoppelt sein, wie das Zeitlichkeitsdenken veranschaulicht. In der Renaissance vollzog sich, wie der Anthropologe Johannes Fabian in *Time and the Other* aufzeigte, die Desakralisierung der jüdisch-christlichen Zeit über ihre Physikalisierung. Zeit konnte nun unabhängig von der religiösen Sicht gedacht werden, die sie bis dahin organisiert hatte (Schöpfung – α, Leben Christi, Jüngstes Gericht– ω): Die gleichförmig ohne Anfang und Ende dahinfließende Zeit der klassischen Physik ist neutral. Dieser Prozess der Generalisierung und Universalisierung der Zeit vollzog sich spiegelbildlich zur gleichzeitigen Säkularisierung des Raums, die in der Kartografie zum Ausdruck kam. Das enzyklopädische Denken konnte Gesellschaften von nun an anhand des zeitlichen Bezugs in drei Kategorien ordnen: das fort-

schrittliche Europa, nahe zu ihm der unbewegliche Orient, in der Ferne die »geschichtslosen« Gesellschaften.

Joseph-Marie Degerando, ein Pionier der ethnologischen Forschung, schrieb in *Considérations sur les diverses méthodes à suivre dans l'observation des peuples sauvages* (1800), einem Leitfaden zur Beobachtung von Naturvölkern: »Der reisende Philosoph bewegt sich auf dem Weg zu den Enden der Erde rückwärts durch die Zeitalter in die Vergangenheit, jeder Schritt führt über die Schwelle eines weiteren Jahrhunderts.« Hätte man noch deutlicher Gesellschaften, die sich von der eigenen unterschieden, auf eine Stufe stellen können, die man selbst als lange überwunden ansah?

Ein aktuelleres Beispiel der Abgrenzung Europas gegenüber dem Rest der Welt liefert das Musée du Quai Branly Jacques Chirac, das anfänglich einen Namen trug, welcher die Gliederung der Erde in Kontinente aufgriff: »Museum der Kunst und der Kulturen Afrikas, Asiens, Ozeaniens und Amerikas«. Diese Einrichtung zu benennen, war kein einfaches Unterfangen: Der Aus-

Der kosmische Mensch des Jainismus

Der Jainismus, eine im 5. Jahrhundert v. Chr. entstandene Religion, stellt das Universum meist in Menschengestalt dar. Der »kosmische Mensch« ist weder Mensch noch Gott, er ist der Körper der Welt selbst. Unten befinden sich die Etagen der Hölle, in der Nabelzone die Mittlere Welt (Jambûdvîpa) – das erste Land mit dem Berg Meru als Angelpunkt der Welt, umgeben vom salzigen Ozean. Die Etagen der himmlischen Welt im Brustbereich sind die Wohnstätte der Götter. Im Halbmond auf der Stirn sind die Geläuterten versammelt.

Die Welt im *Codex Fejérvary-Mayer*

(National Museums Liverpool)

Dieser präkolumbische Codex stammt aus der Zeit vor der Eroberung durch Cortés im Jahr 1521. Seine erste Seite gibt die Raum-und Zeitvorstellungen der mesoamerikanischen Völker wieder. Im Zentrum quellen aus dem Körper des Feuergotts Xiutecuhtli vier Blut- oder Lavaströme in die vier Himmelsrichtungen. Jeder von ihnen wird durch eine Farbe, einen Baum, einen Vogel und Gottheiten repräsentiert. Dieser Weltentwurf zeigt gleichzeitig den Kalenderzyklus.

druck »Urvölker« war nicht konsensfähig, »Primitive« war obsolet, und eine Definition der betreffenden Gesellschaften *ex negativo* als »nicht westlich« oder »nicht modern« heikel. Letztendlich entschied man sich für die Aufzählung der Kontinente ohne Europa, wobei diese Formulierung, welche die Erdteile als reale Fakten präsentierte, einen Nebeneffekt hatte: Sie förderte – wegen des begrenzten natürlichen Rahmens, den die jeweiligen »großen Inseln« darstellten – praktisch automatisch eine Sicht der Kontinente als Kulturareale im engeren Sinn. Dass eine kohärente Gemeinschaft von Kulturen existierte, die (zum Beispiel) als »asiatisch« eingestuft werden konnte, erschien dann als selbstverständlich. Emmanuel Désveaux, Ethnologe sowie Forschungs- und Bildungsleiter des gerade in Bau befindlichen Museums, vertrat das bei einem Interview im Jahr 2002 mit einer sehr bezeichnenden Aussage: »Die vier großen geografischen Räume – Ozeanien, Asien, Afrika und Amerika – sollen in der Hauptgalerie präsentiert werden [...]. Europa bleibt aus praktischen Gründen davon ausgeschlossen: Unser dokumentarisches Material hat so große historische Tiefe, dass die Gefahr eines Ungleichgewichts bestünde.« Erwähnt sei aber auch, dass Désveaux fortfuhr: »Auch gemeinsame Themen der Menschheit – etwa wie sich Macht, die Familie, der Körperbezug et cetera geschichtlich entwickelten – werden in Form von Dauerausstellungen aufgegriffen werden, die auch Europa einbeziehen.« Die Kontinente sind zu Makrogesellschaften geworden.

Asien – kleinerer Umfang, neuer Ort

Während man Amerika als eigenständige Insel bezeichnen könnte (mit der Besonderheit, dass die USA die Alleinvertretung für den Namen beanspruchten) und Ozeanien als künstlich geschaffenen Kontinent, fällt die Charakterisierung Afrikas und Asiens schwerer. Zu behaupten, die Europäer hätten sie erfunden, wäre heutzutage vermutlich zu provokant, doch man bedenke, wie mit den TO-Karten die Dreiteilung der »Alten Welt« begann. Sie ist der größte zusammenhängende Block der Erde (42 Millionen km², 55 % der Landmasse, über 80 % der Weltbevölkerung), neuere Bezeichnungen für sie sind »Afro-Eurasien« oder »Eurafrasien«. Ihr Teilbereich »Eurasien« wird schon lange so genannt (und gelegentlich in panrussischen oder pantürkischen Mythen ideologisiert). »Eurafrique« zählt im französischsprachigen Raum zum Vokabular des politischen Journalismus (nicht zu verwechseln mit dem häufiger genannten »Françafrique«). Manchmal stößt man auf »Afro-Asien« (die Alte Welt minus Europa), das noch undurchschaubarer bleibt.

Die Jesuitenmissionare führten den Begriff »Asien« in China, Japan und ganz Fernost ein; er wurde vor Ort bald übernommen. Im 19. und frühen 20. Jahrhundert wurde er zum Träger panasiatischer Bewegungen, die sich gegen den westlichen Imperialismus richteten und sich unter dieser Formel zum Widerstand sammelten. Als Front gegenüber einem gemeinsamen Feind manifestierten sie das Bewusstsein eines gemeinsamen Raums. Sun Yat-sen, der 1911 die Republik China gründete, war der bekannteste Propagandist dieser Bewegung. Der Begriff »Osten« lief dem Selbstverständnis der Chinesen, Mittelpunkt der Welt zu sein, zuwider. Dagegen ordneten sich Japan und Korea traditionsgemäß östlich von China ein, woran die Eigenbezeichnungen »Land der aufgehenden Sonne« (Japan) und »Land der Morgenstille« (Korea) erinnern. Die japanische Interpretation des »Ostens«, über die sich das Land von China absonderte und als symmetrische Entsprechung zu Europa oder zumindest

Astronomisches Observatorium
(persische Miniatur aus dem 15. Jh., Topkapi-Bibliothek, Istanbul)
Die islamischen Wissenschaftler übernahmen die griechische Astronomie und entwickelten sie weiter. Ihr Geografieverständnis basierte auf der Himmelsbeobachtung. Die dargestellte Gruppe von Gelehrten setzt fortschrittlichste Instrumente ein, darunter ein Astrolabium. Der Erdglobus im Vordergrund (Amerika ist zu erkennen) verrät kartografische Kenntnisse, die auf ebenso hohem Stand wie die Entdeckungen der Europäer waren.

zu England präsentierte, entwickelte sich Anfang des 20. Jahrhunderts zu einer antiwestlichen Ideologie und diente gleichzeitig dazu, Japans Führungsanspruch in Asien zu behaupten. Nationalistische Strömungen etablierten Japan als »Orient des Orients«, was nur wenig mit dem »Orientalismus« vergleichbar ist, den Edward Said später prägte und dessen Objekt ein anderes war, nämlich die arabische, türkische und iranische Welt, am Rand vielleicht noch Indien. Diese politisch geprägten Abgrenzungen sind in dem Bereich Asiens, der von Europa aus »Fernost« ist, immer noch wirksam.

Am 2. Juli 1997 nahm die »Asienkrise« in Form einer durch den Kurssturz des thailändischen Bath ausgelösten Geldentwertung ihren Ausgang und erfasste rasch die Wahrungen der benachbarten »neuen Tigerstaaten« – die indonesische Rupiah, den malaysischen Ringgit und den philippinischen Peso. Im Herbst sprang sie auf die »Drachenstaaten« Singapur, Hongkong, Südkorea und Taiwan über. Übermäßige Investitionen und hohe Auslandsverschuldung hatten die monetären Systeme geschwächt, eine Finanzblase war entstanden. Als die Kreditvergabe eingeschränkt wurde, gingen zahlreiche Banken und hoch verschuldete örtliche Unternehmen bankrott, die Börsen gingen auf Talfahrt, eine drastische politische Folge war der Sturz von Suharto in Indonesien. Japan, China und Russland sahen sich nur indirekt von der Krise betroffen, Indien praktisch überhaupt nicht.

Die geografische Ausprägung dieser Krise zeigte, dass Ende der 1990er-Jahre an der unmittelbaren Peripherie von Japan und China ein Raum mit hoher wechselseitiger Abhängigkeit der Volkswirtschaften entstanden war. Die beiden Giganten dagegen wurden aufgrund ihres Größenmaßstabs nur leicht angekratzt. Soweit Russland beeinträchtigt war, äußerte sich darin in erster Linie ein Symptom seiner noch nicht überwundenen Wirtschaftsschwäche. Umgekehrt bewies Indien seine Unabhängigkeit. Anderswo in der Welt waren die Konsequenzen nur indirekt und maßvoll zu spüren, außer in einigen Schwellenländern wie Argentinien und Brasilien. Das von der Krise betroffene asiatische Gebiet war also im Umfang reduziert, Zentralasien und der Mittlere Osten waren nicht im Spiel.

Auch der Maschrik (die arabische Levante) beginnt eine eigenständige Unterregion zu bilden, zu der als wesentliche Komponente Ägypten zählt; im Osten reicht sie nicht über den Irak hinaus. Die vom Westen geprägten Begriffe »Naher Osten« und »Mittlerer Osten« (in geschichtlich unterschiedlicher Ausdehnung) dienten als Abgrenzung gegenüber dem »Fernen Osten«. In der Praxis hat die Asienkrise von 1997/98 gezeigt, dass sich Asien immer mehr auf Fernost reduziert, was früher allerdings den Bereich zwischen dem Indusdelta und der Mündung des Amur einbezog, also auch Indien, während dies für den oben erwähnten, in erster Linie als direkter Einflussbereich Chinas gekennzeichneten Wirtschaftsraum nicht mehr unbedingt der Fall ist.

Die Veränderlichkeit wirtschaftlicher und geopolitischer Dynamiken, und damit regionaler Grenzen, ist nur normal. Trotzdem ist auffällig, wie stark der Begriff »Asien« sein Zentrum gerade in die Region des Westpazifiks östlich von Eurasien verlagert. Asien, die Welt Sems in den mittelalterlichen *Mappae mundi*, hat sich verändert: Nicht nur der Mittlere Osten einschließlich des Iran findet sich nun außerhalb von Asien wieder, sondern – semantisch ein Absurdum – auch Zentralasien. Das Vorwort zu einem 2005

Izanagi und Izanami als Schöpfer der Welt (Ukiyo-e-Seidenbild von Kobayashi Eitaku, Mitte 19. Jh., Museum of Fine Arts, Boston)

Ein Geschwister- und Ehepaar, Izanagi und Izanami, das von geschlechtslosen Urgottheiten abstammt, erschafft in der japanischen Mythologie die Welt: Sonne und Mond, die *kami* (shintoistische Natur- oder Elementgottheiten) und schließlich Land und Meer. Aus einem von der Lanze der Götter gefallenen Wassertropfen entsteht die Ur-Insel. Ukiyo-e, ein Genre in Malerei und Druckgrafik, ist typisch für die Zeit des Aufstiegs des kaufmännischen Bürgertums unter dem Tokugawa-Shogunat (Edo-Zeit, 17.–19. Jh.).

鮮斎永濯

Der »Mutter-Indien-Tempel« in Benares

Eine Karte als Hauptheiligtum eines Tempels – eine Rarität! Der Tempel Bharat Mata (»Mutter Indien«) wurde von Mahatma Gandhi 1936 eingeweiht. Anstelle des üblichen Götterstandbilds nimmt hier eine überdimensionale, aus Marmorelementen zusammengesetzte Reliefkarte des Indischen Subkontinents den zentralen Raum ein. Der Leitgedanke dahinter war, Inder aller Glaubensrichtungen in einem gemeinsamen feurigen Elan zu vereinen.

erschienenen Buchs von Jean-Pierre Paulet mit dem Titel *Asien: neues Zentrum der Welt?* sagt es klar: »Es wäre möglich gewesen, den indischen Raum oder, wie es früher üblich war, Westasien ab Zypern mit Israel, der Türkei und dem Iran einzuschließen. Hier wird jedoch ›nur‹ Ostasien behandelt, das an sich bereits ein riesiges Gebiet ist.«

Das heutige Asien verlagert sich sogar schon weiter Richtung Südosten, wo Australien ins Spiel kommt. Immer mehr Statistiken verzichten auf die Kategorie »Ozeanien«; Australien und Neuseeland werden unter »Ostasien« miterfasst. So sieht es auch eine Werbung von Singapore Airlines: Singapur ist als Lotosblüte inmitten einer Wasserfläche dargestellt, die Blätter zeigen zu den einzelnen Flugdestinationen, wodurch sich eine Karte ergibt. Dazu ein eindeutiger Slogan: »Niemand bringt Sie so gut ins Zentrum Asiens.« Der so umrissene Kontinent reicht von Karatschi und Katmandu bis Auckland und Christchurch, von Peking und Tokio bis Melbourne und Adelaide. Teheran oder Taschkent gehören nicht dazu, dafür ist Sydney dabei. Nebenbei bemerkt ist China seit 2007 der wichtigste Handelspartner Australiens und hat damit Japan überholt; 2019 entfiel über ein Viertel des australischen und neuseeländischen Außenhandelsvolumens auf China, welches damit weit vor anderen Ländern führt.

Wenn es im riesigen Asien eine Teilregion mit variabler Zugehörigkeit gibt, so ist es Indien. Nicht, weil die Indische Halbinsel plattentektonisch nicht zur asiatischen, sondern zur indoaustralischen Platte zählt, sondern weil die indische Kultur eine eigene Welt bildet, selbst wenn sie jahrtausendelang immer gut in die Strömungen integriert war, die die Alte Welt formten. Nicht ganz unbeteiligt daran ist die mächtige natürliche Barriere des Himalayagebirges. »Indien ist fast ein Kontinent für sich«, erinnert François Durand-Dastès, der bei der letzten Auflage der französischen *Géographie universelle* von 1995 (unter Leitung von Roger Brunet) für den Indien-Band verantwortlich war, die Leser. »Angesichts der Größe und der klaren Abgrenzungen des Gebiets, in dem sie ihre Königin als Herrscherin eingesetzt hatten, prägten die Briten einen Begriff, der inzwischen zum Sprachgebrauch zählt: *The Indian Subcontinent*, später auch kurz und bündig (Singularität verpflichtet) *the Subcontinent* genannt. Es gibt gute Gründe, bei diesem Begriff zu bleiben, wobei man ›Sub-‹ keinesfalls in abwertender Weise verstehen darf, sondern als ›Beinahe-Kontinent‹.«

Die Indische Union hat die westliche Tradition der territorial begründeten Identität weitgehend übernommen und sich mit dem gesamten Subkontinent identifiziert (selbst wenn das ehemalige Britisch-Indien viel größer war). In Varanasi (Benares), Indiens heiligster Stadt, gibt es einen merkwürdigen Tempel, den Bharat Mata Mandir, der 1936 von Mahatma Gandhi höchstpersönlich eingeweiht wurde. Das dort verehrte Heiligtum ist eine riesige, aus Marmorelementen zusammengesetzte Reliefkarte Indiens. Die Heimat auf diese Weise in Form der Darstellung ihres Territoriums zu ehren (in den Grenzen von 1936, also einschließlich des Gebiets der heutigen Staaten Pakistan, Bangladesch und Sri Lanka), zielt darauf ab, alle Einwohner dieser Region in einem Streben zu einen.

Afrika, ein Phantom?

Während Asien zur Seite driftet, scheint Afrika stabil zu sein. Die Afrikanische Union (früher: OAE) und viele afrikaweite Sportveranstaltungen wie der 1957 vom Afrikanischen Fußballverband (CAF) ins Leben gerufene African Cup of Nations stärken das Bewusstsein der Identität des Kontinents. Das Afrikanisch-Sein wird heute sehr stark betont, vor allem im subsaharischen Bereich. Nichtsdestotrotz liegt darin etwas Paradoxes. Es wäre nämlich gar nicht so absurd, zu behaupten, Afrika »existiere nicht«, denn es wurde als Raumkategorie genauso wie Asien eigentlich von europäischer Seite konstruiert (und dies in beiden Fällen durch eine Definition als nicht europäisch). Im europäischen Denken gab es innerhalb der zusammenhängenden Landmasse der Alten Welt zwei »exterritoriale« Gebiete, nämlich Asien und Afrika. Die Abgrenzung zwischen den beiden »Nicht-Europas« variierte. Lange galt der Nil als Grenze, seit dem Erscheinen der *Enzyklopädie* dann das Rote Meer, welches es, wie bereits beschrieben, erst seit etwa 12 000 Jahren gibt.

In der Zeit, die in Europa dem Mittelalter entsprach, hatten die Reiche in der Region zwischen Sahara und Äquator (Songhai, Ghana, Kanem, Mali ...) keine Kontakte mit den zum Indischen Ozean hin gelegenen Staaten wie Monomotapa oder Simbabwe (es sei denn sehr indirekt über ihre jeweiligen Zweigrouten zu den großen Handelswegen der Alten Welt weiter im Norden), und keines stand in Verbindung mit den Gesellschaften im Südwesten des Kontinents (etwa dem Königreich Kongo), auf welche die Portugiesen im 16 Jahrhundert stießen. Nichtsdestotrotz zeigen viele historische Atlanten eine Karte von »Afrika im Mittelalter« – ein gutes Beispiel für die rückwirkende Konstruktion eines gesellschaftspolitisch definierten Areals, an dem bereits der Name eine Projektion der Europäer darstellte. Dieses Phantom ist bei den besten Historikern anzutreffen. So bediente sich Fernand Braudel in seinem großen Werk *Das Mittelmeer und die mediterrane Welt in der Epoche Philipps II.* einer eindrucksvollen visuellen Rhetorik, um das »Gewicht« zu zeigen, mit welchem der Schwarze Kontinent auf dem mediterranen Raum lastet: Er fügte eine gesüdete Karte von Jacques Bertin ein, auf der Afrika »oben«

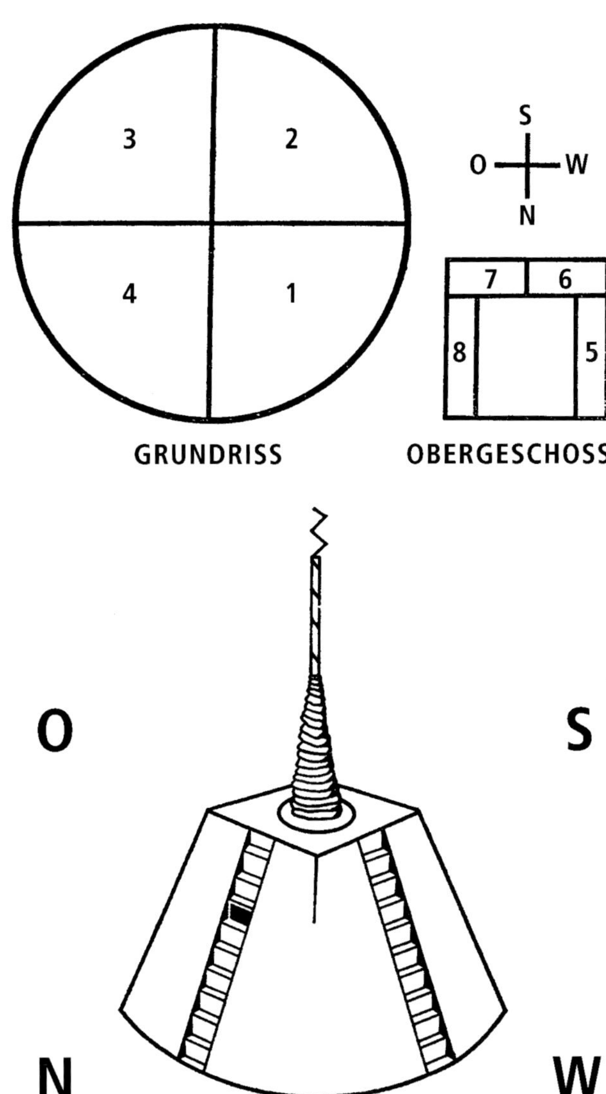

Kosmogonische Darstellung der Dogon

(nach Marcel Griaule)

In seinem Werk *Wassergott. Gespräche mit Ogotemmeli* (1948) versuchte der Ethnologe Marcel Griaule die Weltsicht darzulegen, die ihm ein alter blinder Jäger und Weiser aus der Ethnie der Dogon (im heutigen Mali) enthüllt hatte. Die Welt ist wie ein umgedrehter Korb, dessen Inneres in vier Teile gegliedert ist, im oberen Bereich sind es noch einmal vier Teile.

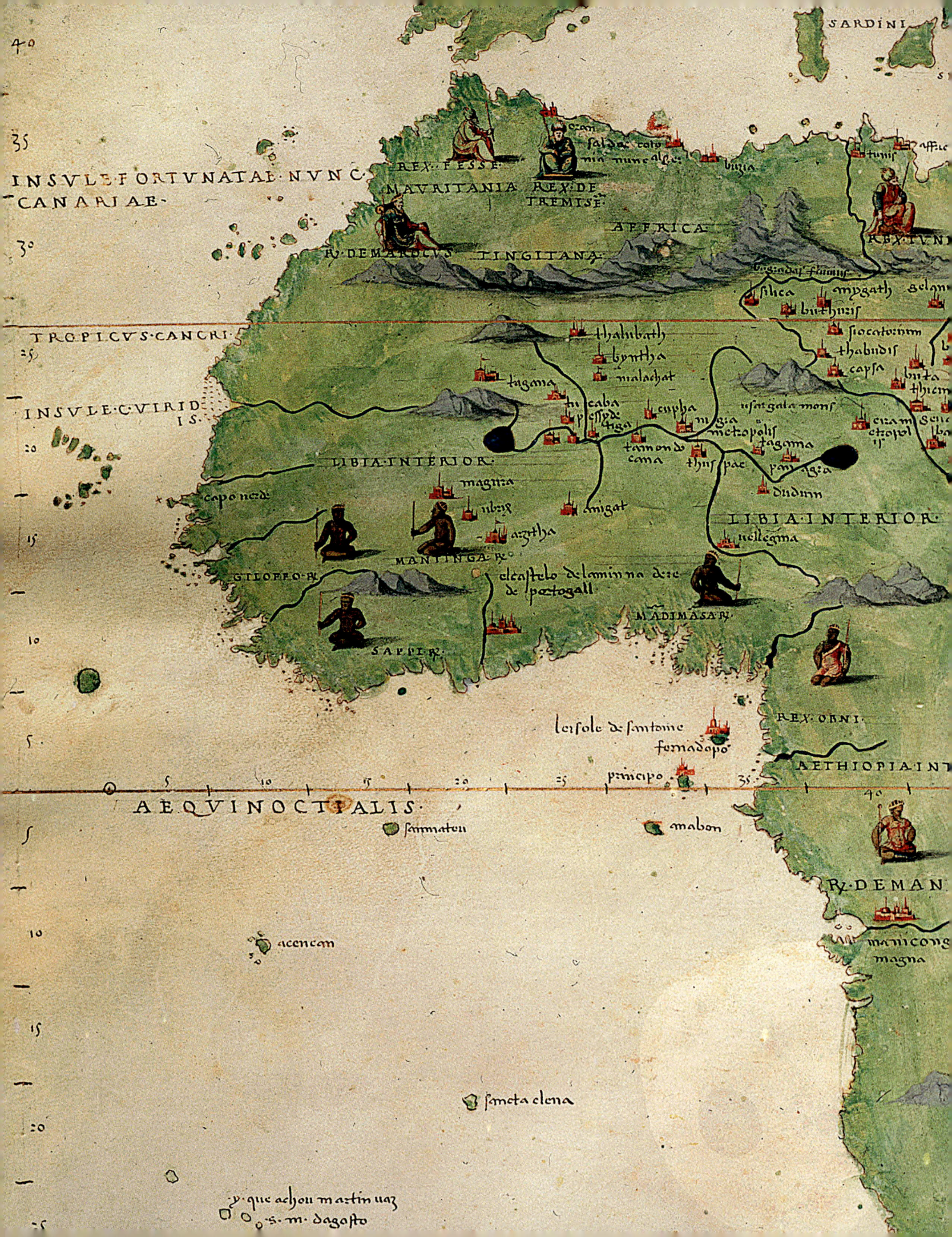

SARDINI
INSVLE FORTVNATAE NVNC CANARIAE
REX FESSE
MAVRITANIA
REX DE TREMISE
AFFRICA
TINGITANA
TROPICVS CANCRI
INSVLE C VIRID IS
LIBIA INTERIOR
MANTINGA R
LIBIA INTERIOR
MADIMASA R
REX OBNI
AEQVINOCTIALIS
principo
fernadopo
mabon
acencan
R DEMAN
manicong
magna

CANDIA
CIPRUS
babilonia
PERSIDIS
alexandria
AEGYPTUS
ormuz
ARABIA
mecha
FOELIX
aden ciuitas
REGINA AUSTRIA
PRETE IANE
melindi
R. DE MELINDI
masta ciuitas
monsenbich ciuitas
INSULA S. LAURENTII
X DEMONSENBICH

Afrika-Karte von Battista Agnese
(1550, Biblioteca Nazionale Marciana, Venedig)

Während die Umrisse Afrikas Anfang des 15. Jahrhunderts noch weitgehend unbekannt waren, gab man ihm bald nach der ersten Afrikaumrundung Vasco da Gamas (1497–1499) seine endgültige Form – jedenfalls was die Küstenlinie anging. Ein Beispiel ist Agneses Karte von 1550. Das Innere Afrikas blieb bis zum 19. Jahrhundert unerforscht. Bevor man dazu überging, unbekannte Gebiete (die berühmten »weißen Flecken auf der Karte«) leer zu lassen, füllte man die Lücken mit imaginären Bergen, Flüssen und Völkern.

liegt und auf das Binnenmeer drückt. Doch auch wenn die uralte Ganzheit Afrikas ein rückwirkend geschaffener Mythos ist, bleibt AfrikanerIn zu sein doch etwas, das im Umgang mit dem Westen intensiv gelebt wird. Bereits Afrikas Silhouette, die es wie eine Insel ohne Kontakt wirken lässt, stellt ein Identitätsmerkmal dar. Als Gegenreaktion auf eine Haltung, die Hams Nachkommen in der Bildsprache des Abendlands zum Inbegriff der »anderen« stilisierte und diese durch schamlose Ausbeutung und herablassende Verachtung traumatisierte, entstand ein Stolz auf die eigene Besonderheit, die immer wieder betont wurde, etwa im skandierenden Wortlaut des senegalesischen Bildungsgesetzes von 1971, das reformierte Lehrpläne präsentierte: »Die senegalesische Schulbildung ist eine afrikanische Bildung, die ihre Quelle in den afrikanischen Realitäten hat und die Entfaltung afrikanischer Werte anstrebt.« Die Formel »Wiege der Menschheit« ist zum Ausdruck der Legitimität geworden. So erstaunt es nicht, wenn Gründungsmythen wie der Afrozentrismus des senegalesischen Historikers Cheikh Anta Diop aufkommen, oder die Behauptung, ganz eindeutig müssten die ersten Menschen, da sie aus Afrika stammten, schwarz gewesen sein. Nordafrika wirkt bei solchen Überlegungen immer etwas außen vor. In allem, was über beschwichtigende, manchmal auch agitierende Äußerungen in den Ansprachen europäischer Politiker in Richtung Afrika hinausgeht, können die westlichen Staaten nur die Ergebnisse dessen, was sie gesät haben, zur Kenntnis nehmen: Der Kontinent ist im Bewusstsein seiner Einwohner inzwischen stark verankert. Afrika ist faktisch ein Geist, der von den Europäern geschaffen wurde – und der sie jetzt nicht mehr loslässt.

Verschiebungen in Eurasien

In den 1920er-Jahren entstand unter russischen Emigranten die »Eurasierbewegung« mit Fürst Nikolai Trubetzkoy als Vordenker. Ihr Grundgedanke, dass Russland eher asiatisch als europäisch sei, griff auf eine alte Strömung in der russischen Intelligenzija zurück, die sich im 19. Jahrhundert als Widerstand der Slawophilen gegen die »germanisch-römische Kultur« geäußert hatte. Im Manifest *Auszug nach Osten* von 1921 proklamierte Pjotr Sawitzki, die russische Identität sei durch eine Verschmelzung von slawischen und Turkvölkern entstanden (woraus eine eher offene Haltung zum islamischen Bereich resultierte). Das natürliche Umfeld – die unermesslichen Weiten im Kontrast zum Miniformat der europäischen Halbinsel – repräsentierte für diese panrussische Bewegung immer das entscheidende gestaltende Element. Ein solches Territorium im Griff zu halten, erforderte besondere kollektive Eigenschaften wie Zusammenhalt, Gehorsam, Asketismus. Der Ural wurde in keinerlei Hinsicht als eine Barriere gesehen, das viel zitierte »Eurasien« kannte keine Grenzen. Doch ungeachtet ihrer riesigen Ausmaße konnte diese Weltregion nicht ganz Asien und ganz Europa einschließen. Es handelte sich von Grund auf um ein Großrussland, dessen Gebiet von Polen (inbegriffen) bis zum Amur reichte, unter Einschluss ganz Zentralasiens und mit begehrlichen Blicken in Richtung der »warmen Meere« (wie die geopolitische Standardformel für die Küsten des Mittelmeers oder des Indischen Ozeans im Gegensatz zu den nicht eisfreien Häfen des Russlands früherer Zeiten lautete).
Seit dem Zerfall der Sowjetunion erlebt die Bewegung in Russland eine Renaissance. Das Neo-Eurasiertum, welches sich vor allem auf den Historiker, Geografen

und Spezialisten für die Steppenvölker Lew Gumiljow (1912–1992) bezieht, ist stark mit der orthodoxen Kirche konnotiert und geprägt von einer fundamentalistischen, die »Verwestlichung« ablehnenden Haltung mit rassistischen Zügen. »Superethnie«, einer ihrer zentralen Begriffe, umfasst die Völker der eurasischen Steppen, darunter Russen und Turkvölker. Für die extensive Sicht der »Eurasisten« dient das Reich Dschingis Khans als direkte Inspirationsquelle. Besonders groß ist die Verehrung für Gumiljow in Kasachstan, wo der ehemalige Präsident Nursultan Nasarbajew in der neuen Hauptstadt Astana (2019 in Nur-Sultan umbenannt) die Eurasische Gumiljow-Universität am zentralen Platz gegenüber dem Präsidentenpalast errichten ließ.
Von den gleichen ultranationalistischen Ideen bewegt, gründete der Verleger und Politiker Alexandr Dugin 2001 in Russland die »Eurasische Bewegung«. Diese neoeurasische Ideologie bildet die Speerspitze der Aufrechterhaltung der Macht Moskaus über das »nahe Ausland«. Für die Frage der Ostgrenze Europas ist sie von höchstem Interesse.

Dies gilt umso mehr, als es dazu eine türkische Variante gibt. Zwischen dem jüngsten Abrücken von einer Annäherung an die EU und dem Traum einer Groß-Türkei – einer Synthese aus Islam und Panturkismus – besteht ein wichtiger Zusammenhang. Der Turanismus tritt für eine Union der turksprachigen und finnougrischen Völker im Rahmen einer geopolitischen Entität ein, die »Turan« benannt ist – nach einem legendären Königreich, das mit dem Iran um die Herrschaft in Zentralasien konkurrierte.

Heute beruft sich die rechtsextreme ungarische Partei Jobbik auf den Turanismus. Ihre Sicht hat große Ähnlichkeit mit der Ideologie der russischen Eurasisten, mit denen sie allerdings in direkter Konkurrenz stehen, da beide nationalistische Bewegungen auf dieselben asiatischen Steppen Anspruch erheben. Als Einziger versucht sich Präsident Nasarbajew auf eine Synthese der beiden Strömungen zu stützen, um in Kasachstan das Gleichgewicht zwischen den orthodoxen, russischsprachigen und den muslimischen, Kasachisch sprechenden Einwohnern zu wahren.

Man ist also weit vom westlichen Verständnis des Begriffs »Eurasier« entfernt, der eine Person mit einem europäischen und einem asiatischen Elternteil bezeichnet. Dies zeigt, dass es im Westen kein vergleichbares »eurasisches« Konzept gibt.

Palliativa für das Ende der »Großen Erzählungen«?

Die Kontinente blicken auf eine (Kultur-)Geschichte zurück, die viele Hundert Jahre alt ist. Doch heute passt ihr Gebietsschema infolge der regionalen Dynamiken, vor allem fern von Europa, hinten und vorn nicht mehr und erweist sich als veraltet. Ozeanien, der zuletzt aufgetauchte und am wenigsten im kollektiven Bewusstsein verankerte Teil, geht langsam unter, und seine wichtigsten Bestandteile werden immer mehr von Asien vereinnahmt. Oft ordnen statistische Korpora oder Sportverbände Australien und Neuseeland bereits »Ostasien« zu. Analog dazu lösen sich der Nahe Osten und Zentralasien aus ihrer alten kontinentalen Zuordnung. Eigenartigerweise ist der Kontinentbegriff jedoch seit etwa 30 Jahren als Teil eines modernen Rückgriffs auf geografische Kategorien sogar wieder auf dem Vormarsch.

Sie lösen damit Einteilungsformen ab, die geopolitisch oder wirtschaftlich geprägt waren. Seit den 1980er-Jahren, als das Ende der »Großen Erzählungen« kam (wie Lyotard die evolutionistischen Modelle bezeichnete, in deren Zentrum Evolutionsstufen und eine fortschreitende Höherentwicklung standen), sind viele gesellschaftliche Interpretationsmuster von der Bildfläche verschwunden, insbesondere die marxistischen oder liberalen Fortschrittsmodelle. Das auf wirtschaftliche Entwicklungsstufen bezogene Vokabular (unterentwickelt / Entwicklungsland / hoch entwickelt) ist heute kaum mehr in Gebrauch. Es wurde durch eine eher auf geografische Grundbegriffe ausgerichtete Betrachtungsweise – 1980 eingeleitet mit dem »Nord-Süd«-Bericht der Brandt-Kommission – ersetzt.

Das bereits erwähnte Museum am Quai Branly ist der Inbegriff für die Absage an ein Denken, welches Menschen auf unterschiedliche Evolutionsstufen stellt. Bei seinem Entwurf wollten sich die Initiatoren explizit vom Vorläufer, dem Musée de l'Homme (Museum des Menschen) im Palais Chaillot, absetzen. Letzteres wurde als Schwestermuseum zum Pariser Museum für Naturgeschichte konzipiert und ist genau wie dieses um Evolutionsgalerien herum angeordnet, wo es menschliche Entwicklung zunächst als biologischen (durch Fossilien verdeutlicht) und später immer mehr als technischen (auf die Werkzeuge zentriert) Fortschritt zeigt. Das neue Museum wollte sich dezidiert von dieser Konzeption absetzen. Doch wie sollte man die Sammlung ordnen und präsentieren? Am Ende blieb die Einteilung nach geografischen Kriterien: Sie wurde als neutraler und natürlicher empfunden, die Kontinente ersetzen die Entwicklungsstufen. Doch zeigte sich hier nicht wieder die »illusionistische Laizität des modernen westlichen Denkens«, von der Georges Corm in *Orient-Occident, la fracture imaginaire* sprach? Sie erwiesen sich als ziemlich zählebig, diese Kontinente …

Afrika, gemalt von Robert Glaubke, 1957
(Cornell University, Ithaca, New York

Der seinerzeit in Chicago lebende Illustrator Robert Glaubke (1935–1970) wurde auch der »Hemingway des Pinsels« genannt. Pädagogische Momente und Abenteuerlust kommen in seinen Bildern zusammen. Afrika ähnelt hier Tarzans Welt und ist voller beeindruckender Tiere und wilder Zulukrieger vor dem Kilimandscharo – ein Großwildjäger-Klischee vom »Schwarzen Kontinent«. Glaubke hat ein ähnliches Poster für Australien gemalt.

Algiers
Tunis
Tangier
Rabat
Casablanca
MOROCCO
ATLAS MOUNTAINS
TUNISIA
Tripoli
Benghazi
Alexandria
Cairo
Port Said
Suez Canal
ALGERIA
LIBYA
EGYPT
SPANISH WEST AFRICA
SAHARA
FRENCH WEST AFRICA
Timbuktu
Port Sudan
Khartoum
Asmara
SUDAN
FRENCH SOMALILAND
BRITISH SOMALILAND
Addis Ababa
ETHIOPIA
SOMALILAND
GAMBIA
Dakar
PORTUGUESE GUINEA
Kano
Fort Lamy
NIGERIA
GHANA
Accra
Lagos
Freetown
SIERRA LEONE
Monrovia
LIBERIA
Ft. Archambault
FRENCH EQUATORIAL AFRICA
CAMEROONS
Yaounde
SPANISH GUINEA
UGANDA
KENYA
Nairobi
BELGIAN CONGO
Lake Victoria
Mount Kilimanjaro
TANGANYIKA
Dar es Salaam
Brazzaville
Leopoldville
Luanda
ANGOLA
Elisabethville
NYASALAND
RHODESIA
Salisbury
MOZAMBIQUE
SOUTH-WEST AFRICA
Windhoek
BECHUANALAND
Pretoria
Johannesburg
Lourenço Marques
SWAZILAND
UNION OF SOUTH AFRICA
Durban
BASUTOLAND
Cape Town
Cape of Good Hope
Port Elizabeth
ES
stalk lions with
s. After proving
tribe by a kill,
elt.
s of the Belgian
et tall. Famous as
lumes and tassels
or Negrillos) vary
n height. They kill
d poisoned arrows.
on-worshippers of
in small hunting
ve feet tall.
1907, the fierce
hree wars against
utch settlers.
Nilote tribe of the
t rest on one leg.
hey must pay for
r cannibals of the
n autocratic chief.
r jungles.
PARKS
P1 KRUGER NATIONAL PARK. In Transvaal; founded in 1898 by President Kruger. All native animals are found here in abundance.
P2 AMBOSELI NATIONAL RESERVE. On the northern slopes of Mt. Kilimanjaro, with elephants, buffalo, rhino and eland.
P3 KALAHARI GEMSBOK NATIONAL PARK. In northwestern Bechuanaland; contains numerous gemsbok, eland and other game.
P4 QUEEN ELIZABETH NATIONAL PARK. On the eastern shore of Lake Edward in Uganda; named for Queen Elizabeth II.
P5 PARC NATIONAL ALBERT. In Belgian Congo, on the western shore of Lake Edward; has mountain gorillas, hippos and others.
P6 NAIROBI NATIONAL PARK. Kenya's first park (1946). Animals include lions, hippos, giraffes, antelope, and many other species.

Der namhafte Anthropologe Claude Lévi-Strauss dankte Michel Leiris 1955 mit seiner Widmung in *Traurige Tropen* dafür, dass er es verstanden habe, ihn »auf die Spur der Geisterkontinente zu bringen«. Er hatte sicher nicht im Sinn, dass die Erdteile gespensterhafte Verstorbene seien. Mitte des 20. Jahrhunderts war die klassische Einteilung der Welt noch unwidersprochen gültig, obwohl der Kontext der Dekolonisation, die in vollem Gange war, förderlich für die Infragestellung von vielem war, das Europa aufgezwungen hatte. Selbst heute haben sich Kontinente und Ozeane nicht in Phantome verwandelt. Noch gilt der Grundsatz: »Erst das Versterben des Vererbenden macht den Erbenden zum Erben …«

Dieses Erbe wirkt in der heutigen Zeit – und morgen sicher noch mehr – frappierend unzeitgemäß. Der Schluss, dass die Lösung in einer neuen, für den heutigen Bedarf effizienteren Gliederung läge, scheint sich regelrecht aufzudrängen. Sie müsste allerdings befristet sein, sozusagen ein Verfallsdatum haben, und damit sie keinesfalls den Eindruck erweckt, natürlichen Ursprungs zu sein, müsste immer wieder an die historische Bedingtheit jeder Einteilung erinnert werden. Die hier angestellten kritischen Überlegungen sind allerdings nicht neu, und so darf nicht verschwiegen werden, dass alle Versuche, eine praktikable Einteilung zu finden, bisher vergebliche Liebesmüh blieben. Dieses Scheitern hängt mit dem Dilemma zusammen, dass eine Gliederung unmöglich ist, aber unbedingt benötigt wird. Denken und Ordnen ist für jeden kategorisierenden Ansatz die Grundvoraussetzung. Bevölkerungs- und Wirtschaftsstatistiken setzen ein gewisses Minimum an Datenhierarchisierung voraus. Zum Beispiel nimmt die Präsentation von Handels- und Zahlungsbilanzen in Form von Schaubildern immer gewisse Gruppierungen der Wirtschaftsströme vor; bei geoökonomischen Veränderungen kann sich die Zusammensetzung ändern. China, das unter Mao praktisch nicht am Welthandel beteiligt war und als eigene Einheit geführt wurde, zählt in den WTO-Statistiken heute zur Region »Asien/Pazifik«, die zusammen mit zwei weiteren Polen, der NAFTA (USA, Kanada, Mexiko) und Westeuropa (EU + Schweiz + Norwegen), die »Triade« der weltweit führenden Wirtschaftsregionen bildet. Den »intrazonalen« (im WTO-Jargon: innerhalb eines jeden Blocks) und »interzonalen« Handel zusammengerechnet, stand die Triade 2018 für 88 % des Handelsverkehrs der Erde, die restlichen 12 % bestritt der Rest der Welt. Schon morgen kann sich das wieder ändern – und die Statistik wird nachziehen. Geht es indessen um Präsentationen, die mit sozialen Kollektiven zu tun haben, die sich langsamer entwickeln, so wird man sie schwerlich in eine rein auf die Handelsbeziehungen reduzierte Gliederung einfügen können. Also trotz ihrer begrenzten Eignung bei den alten Kontinenten bleiben, die schon so lange hergehalten haben, auf das Risiko hin, sie anpassen zu müssen? Knappheit ist in jedem Fall das Gebot. Eine zu ausgeklügelte Zergliederung in

Aufnahme der Erde aus dem All

Diesem Kompositbild des Nordatlantiks liegen Satellitendaten zugrunde (Radaraufnahmen, Fernerkundungsdaten, digitale Fotomontage), die zu mehreren Aufnahmezeitpunkten (2000 und 2004) gewonnen wurden. Der Blick auf den Grönländischen Eisschild und das arktische Packeis ist frei. Europa ist bereits in Dunkelheit getaucht, in Amerika naht der Abend. Über dem Pazifik ist es Mittag, und in Japan dämmert bald der Morgen. Dank der geringen Bewölkung ist die Sicht hervorragend, mit Ausnahme der *Northeast Megalopolis* der USA.

viele diskrete veränderliche Einzelobjekte ist in ihrer Komplexität außerhalb der wissenschaftlichen Literatur nicht funktionsfähig und zum Scheitern verurteilt. Wie überlebensfähig im Gegensatz dazu ein stark vereinfachendes Schema ist, zeigt das Beispiel des Drei-Sektoren-Modells (primärer, sekundärer, tertiärer Sektor) des australischen Ökonomen Colin Clark, das meist noch zur Darstellung der Wirtschaftsproduktion und der Erwerbstätigkeit Anwendung findet. Lehrbücher und Wirtschaftsjournalisten halten an ihm fest, selbst wenn der tertiäre Sektor heute in immer mehr Ländern bereits über 80 % der Wirtschaftsleistung ausmacht; es ist einfach konkurrenzlos unkompliziert und offensichtlich universal anwendbar. Ein weiteres Beispiel ist der andauernd zitierte Nord-Süd-Gegensatz (Reich und Arm), sofern die Welt nicht gleich in »Nordhemisphäre« und »Südhemisphäre« eingeteilt wird. Dabei gibt es unzählige Überschneidungen, und die Zahl der »Schwellenländer« nimmt zu. Es wäre an der Zeit, qualitative Unterscheidungen vorzunehmen – doch die binäre Sicht hält sich hartnäckig.

Noch weniger lösbar erscheint das Problem aufgrund einer Entwicklung, die zu Beginn der 1980er-Jahre gemeinsam mit der Globalisierung einsetzte: der Entstehung einer räumlichen Struktur, die immer stärker vernetzt anstatt puzzleartig ist, egal, ob im letzteren Fall nur einige wenige Teile im Spiel sind (Kontinente, ökonomische Makroregionen, Kulturareale) oder eine große Anzahl wie die rund 200 Staaten der UNO. Bertrand Badie bezeichnete dies als »das Ende der Territorien«. In dieser Hinsicht ist eine horizontale Einteilung von vornherein zum Scheitern verurteilt. Doch andernfalls würde eine netzförmige Struktur unter Einbezug der modernen Vielfalt der Telekommunikationsmöglichkeiten zwar zu einer geringeren Diskretisierung führen, doch sie wäre hochkomplex, veränderlich – und erneut in der Anwendung ineffizient. Bereits in der Schwierigkeit, sie verständlich zu kartografieren, drückt sich ihre mangelnde Eignung aus.

Die weichen Kontinente

Also viel Lärm um nichts? Ein klares Nein – falls die kritische Betrachtung dazu beigetragen hat, für selbstverständlich Gehaltenes zu relativieren und seine geschichtliche Bedingtheit aufzuzeigen. Ein rein negativer Nutzen? Nein, trotz allem ein Gewinn. Positiv betrachtet, sind wir, anstatt reine Nachlassverwalter zu sein, in die Verantwortung genommen, unsere Zugehörigkeiten zu klären und unsere Zuordnungskriterien auszuhandeln. Die europäische Frage ist, wie hier immer wieder betont wurde, der Inbegriff für diese Herausforderung. Das Syndrom ist sicher nicht zufällig dort lokalisiert, wo die Idee der Erdteile geboren wurde. Die Europäer haben kein angestammtes Vorrecht auf ihre Grenzen: Sie sind angehalten zu klären, worüber sie sich definieren, wodurch sie sich unterscheiden und mit wem sie diese Identität teilen. Da sich die »geografische« Herleitung als nicht haltbar erwiesen hat, besteht kein Verbot (aber auch keine Verpflichtung), die Türkei, Israel oder Marokko als europäisch zu betrachten – oder eben nicht. Vielleicht aber auch – warum denn nicht? – Australien oder Argentinien …

Auch in »Asien« steht eine Positionsklärung an, selbst wenn sich der »Asiatismus« jüngerer Zeiten nur als antiimperialistische Gegenreaktion definierte. Der Eindruck verstärkt sich, dass die betroffenen Gesellschaften die Probleme dieser Weltregion untereinander klären und lösen müssen. Schließlich teilen sie nicht nur den Wirtschaftsraum, sondern zudem ein großes und vielfältiges Erbe gemeinsamer kultureller, sozialer und religiöser Erfahrungen. Subsahara-Afrika, das, wie zu sehen war, aus einer Sicht von außen ins Leben gerufen wurde, stellt heute eine lebendige soziale, kulturelle und manchmal politische Realität

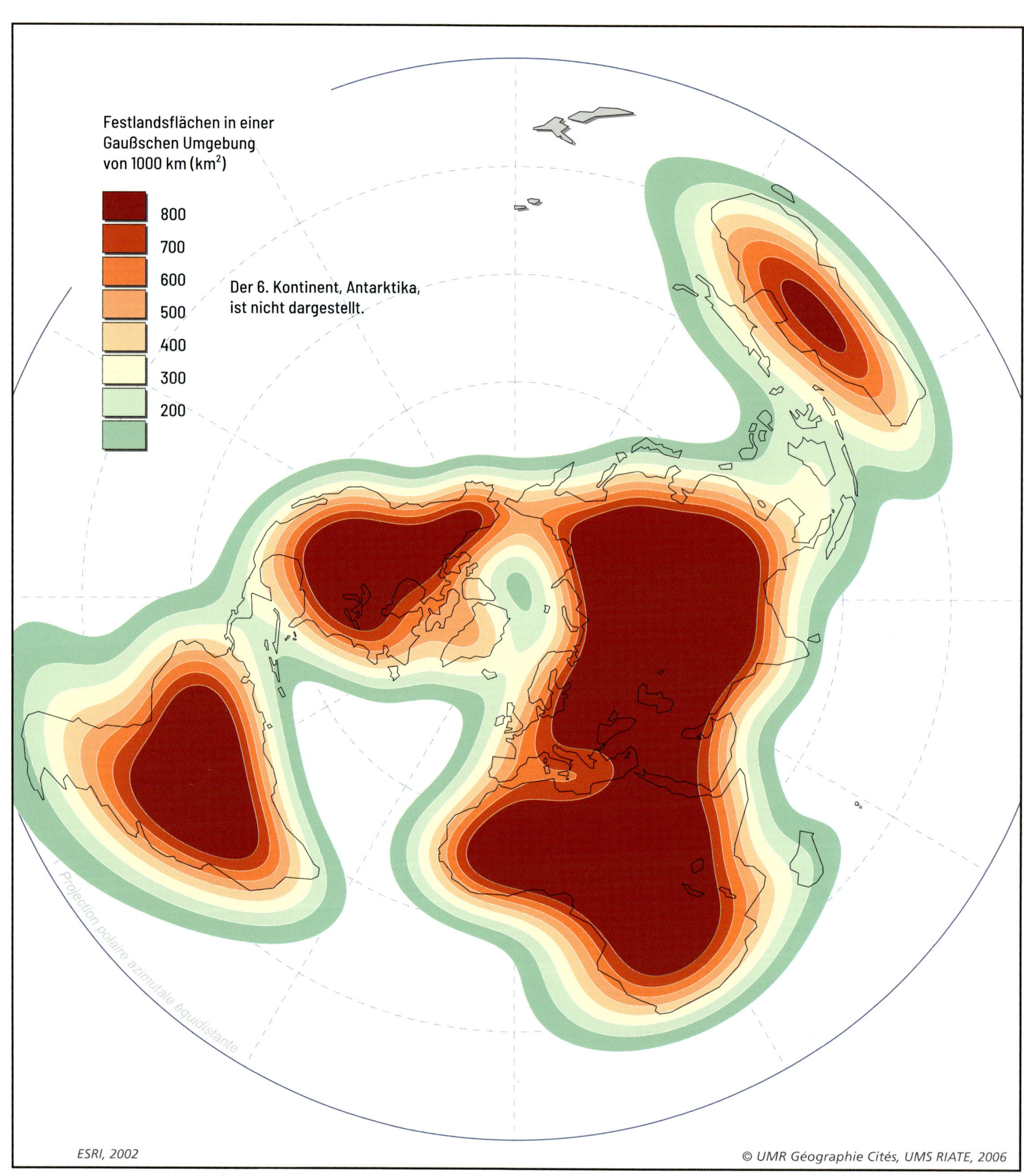
Festlandsflächen in einer Gaußschen Umgebung von 1000 km (km²)
800
700
600
500
400
300
200
Der 6. Kontinent, Antarktika, ist nicht dargestellt.
Projection polaire azimutale équidistante
ESRI, 2002
© UMR Géographie Cités, UMS RIATE, 2006

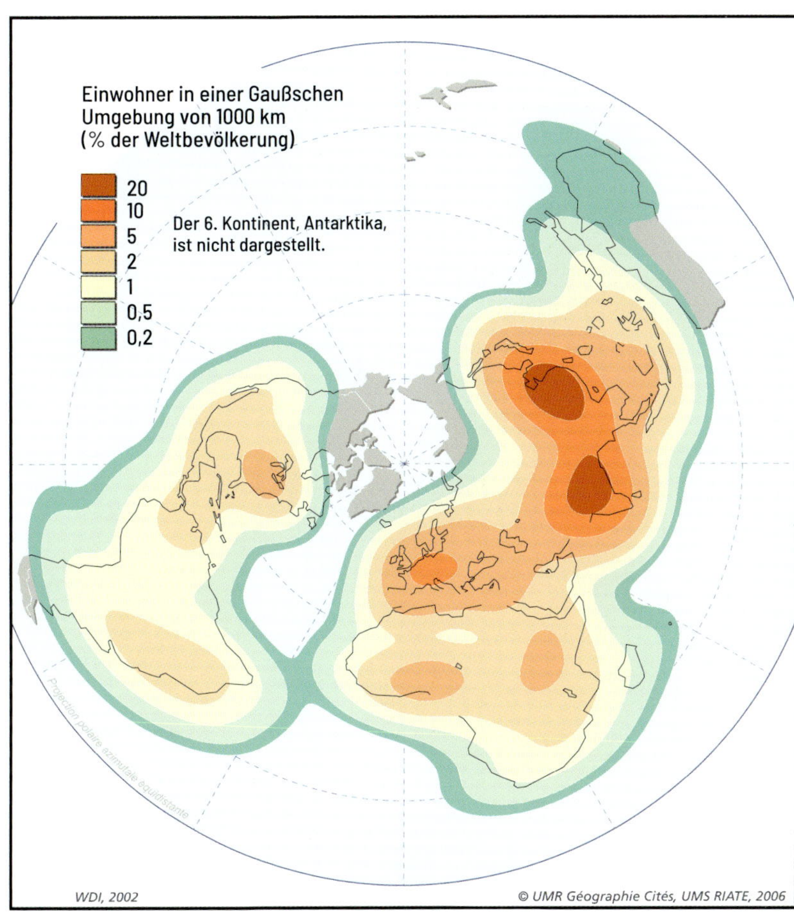

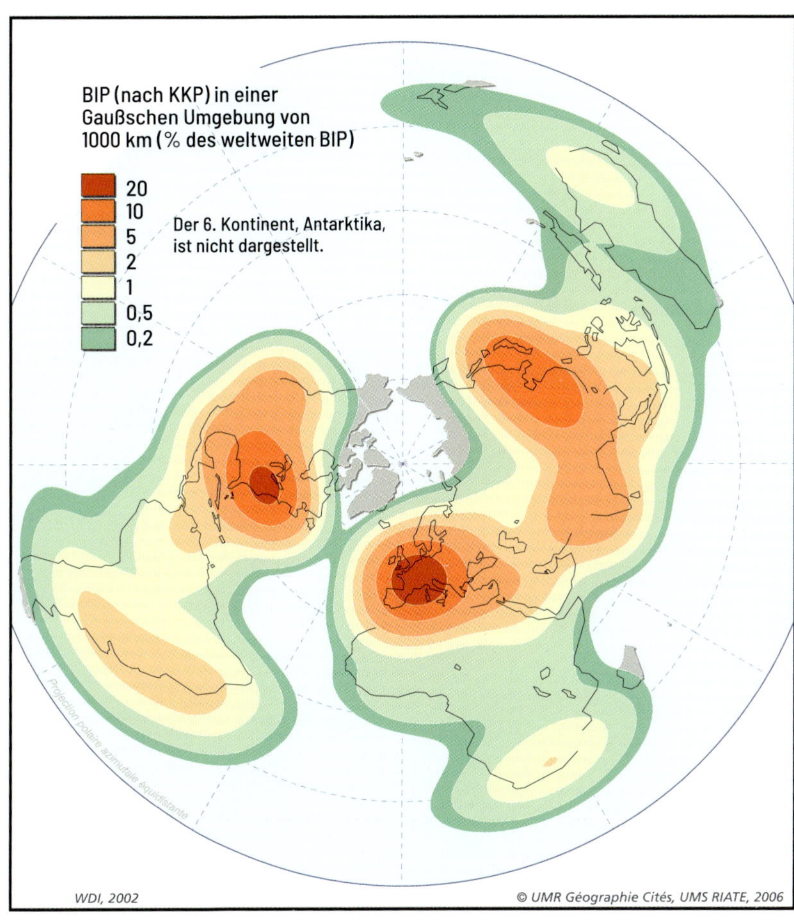

Drei moderne Darstellungsformen der Landoberfläche der Erde

(Potentialkarten, 2008)

Diese von Claude Graslands Team am französischen Forschungszentrum CNRS erstellten Karten zeigen für jeden Punkt der Erde die Bedeutung bestimmter Variablen in seiner Umgebung. Es entsteht ein sehr vereinfachtes (»geglättetes«) Bild der Verteilung von Land und Meer.

Festlandflächen-Potenzialkarte

Sind auf der ersten Karte mindestens 80 % der Gebiete im Umkreis eines Orts Landflächen, wird er in Dunkelrot dargestellt; sind es umgekehrt weniger als 20 %, ist er grün.

Einwohner-Potenzialkarte (für 1999)

Auf der zweiten Karte wird dieselbe Berechnungsmethode angewandt, diesmal bezogen auf die Einwohnerzahl: Leben im Umkreis von 1000 km über 20 % der Weltbevölkerung, wird der Bereich dunkelrot dargestellt, sind es weniger als 0,2 % der Menschen, in grüner Farbe.

Wohlstands-Potenzialkarte (für 1999)

Für die dritte Karte sind Berechnungsmethode und Farben dieselben, angewandt auf den im Umkreis von 1000 km repräsentierten Anteil am weltweiten Bruttoinlandsprodukt (BIP, kaufkraftbereinigt): dunkelrot = über 20 %, grün = unter 0,2 %.

Von Computergrafikern der NASA erstelltes digitales Kompositbild der Erde

Aus Satellitenaufnahmen (Juli 2004), Polareisbeobachtung mit Fernerkundungssensoren (28.8.–6.9.2001), Einzelaufnahmen der Wolkendecke (29.7.2001) und Radartopografiedaten des Space Shuttle *Endeavour* (Februar 2000) wurde diese wunderschöne Ansicht der Erde, die auf den Pazifik zentriert ist, generiert. Wie die Weltkarten des 16. Jahrhunderts ist sie ein zusammengesetztes Bild – nur ein auf ganz andere Art zustande gekommenes.

dar. Amerika ist deutlich in Nord und Süd geteilt, doch der Schnitt scheint eher am Rio Grande als an der Landenge von Panama zu liegen. Die Einordnung der Karibik ist in jedem Fall schwierig.

Der Appell, von den Kontinenten zu regionalen Gemeinschaftsbereichen politischer, wirtschaftlicher und kultureller Integration überzugehen, erfasst jedoch nur einen Aspekt der Frage. Die fortschreitende Globalisierung als einer der prägenden Faktoren dieses Regionalisierungsprozesses ermöglicht eine bessere Integration auf internationaler Ebene und zur gleichen Zeit eine Distanzierung von ihr. Sie setzt aber auch Prozesse in Gang, welche die Gültigkeitsdauer dieser neuen, bewusst geschaffenen Teile der Erde erheblich einschränken. Denn das kohärente geografische Gebilde »Welt« ist immer mehr eine Gesellschaft von Mehrfachzugehörigkeiten, hybriden Positionen und Mischungen, die Neues entstehen lassen. Dies wird sowohl an den Randbereichen zwischen den sichtbaren regionalen Kernen als auch simultan dazu im Inneren dieser Gebiete, die Identität konstituieren, manifest.

Wenn die Integration bestimmter neuer Mitglieder in die EU den Europäern, die bereits »zum Klub« gehören, Probleme bereitet, so deswegen, weil die Neuen teils Europäer und teils etwas anderes sind. Nordafrika hat auch eine afrikanische, arabische, muslimische und euromediterrane Identität. Die Ukraine ist gleichzeitig Teil Europas und Teil einer ausgedehnten, im weitesten Sinn russischen Welt. Grönland (ohnehin kein Krisenherd) ist Bestandteil Dänemarks, doch nicht der EU (aber auch nicht Amerikas). Dagegen liegen Martinique und Guadeloupe in Amerika und sind gleichzeitig Mitglieder der Europäischen Union. Die frühere Tatarei, seit dem 19. Jahrhundert Zentralasien genannt, gehörte seit der Hochantike dem iranischen und türkisch-mongolischen sowie seit Ende des 18. Jahrhunderts auch dem russischen Kulturraum an; neuerdings kehren chinesische Einflüsse zurück. Ozeanien hat zwar fast keine Geltung mehr (seit der Olympiade in Peking 2008 haben sich mehrere australische Sportverbände für die Olympiaselektion der asiatischen Zone angeschlossen), doch dies tut der westlichen Prägung von Neuseeland und Australien keinen Abbruch, und ihr Staatsoberhaupt ist immer noch Queen Elizabeth II. Russland macht sich seit Langem die eurasiatische Doppelausrichtung zunutze, dies aber letztlich zur Stärkung seiner russischen Identität. Die Liste solcher komplexer Zuordnungen könnte beliebig fortgesetzt werden. Man kann versuchen, auf einer Karte jene Regionen, die nur schwer eindeutig zuzuordnen sind und eine Art »weiche Kontinente« bilden, anderen Räumen – den »harten Kontinenten« – gegenüberzustellen, deren Identität fester ist. Die Grenzdiskussion ist kein rein europäisches Vorrecht und latent schwelen viele geopolitische »Kontinentalkonflikte«.

Eine postkontinentale Welt

Gleichzeitig beschleunigt sich die Zunahme der Migrationsströme, die heute auch Gebiete, deren Zugehörigkeit eindeutig scheint, und soziale Gruppen, die sich am Zuwanderungsort nur teilweise wiedererkennen, betreffen. Westeuropa, Nordamerika (vor allem Kanada), tendenziell immer stärker auch Japan mit seiner alternden Bevölkerung sowie die Länder des Arabisch-Persischen Golfs und eine Reihe anderer Gebiete erfahren eine starke Zuwanderung, was ebenfalls die Idee einer Einteilung infrage stellt. Afrikaner in Paris, Latino in Chicago, Chinese in Montreal, Inder in Bahrain, Philippiner in Tokio zu sein ist für viele Menschen die – nicht immer einfache – Lebenswirklichkeit, zumal sie,

falls sie »zurückkehren«, feststellen werden, dass sie sich in Bamako als Französin, in Managua als US-Amerikanerin, in Schanghai als Kanadierin, in Mumbai als Araberin, in Manila als Japanerin wiederfinden … Wir leben heute in einer postkontinentalen Welt.

Eine eindeutige Einteilung der Welt ist unmöglich, da sie notwendigerweise die Einheit dieser Welt aufbricht, die mit jedem Tag konsistenter (und gleichzeitig fluktuierender) wird. Kann man dies einfach so stehen lassen und mangels Alternativen auf eine Revision der alten Denkmuster verzichten, wenn doch das unüberhörbare Knirschen immer lauter wird? Eine zukunftsorientierte Haltung bestünde darin, solche wichtigen geopolitischen Einteilungen aufzugreifen, die zumindest zu einem guten Teil (wenn auch nicht vollständig) mit den kurzlebigeren Wirtschaftsregionen deckungsgleich sind. Gesellschaften in kritischer Situation sollten selbst wählen – hoffentlich in demokratischer Abstimmung. Riskieren wir es, eine solche Karte zu entwerfen! »Ein weites Programm«, würde de Gaulle gesagt haben. Und lassen wir uns dabei nicht davon abhalten, manchmal an die früheren »Erdteile« zurückzudenken wie an alte Damen mit verlebtem Charme, die trotz allem noch so einiges an Kunstgenuss und träumerischen Gedankenflügen für uns bereithalten.

Zwischen Asien und Europa
Asiatische Flüchtlinge versuchen am 29. Februar 2020 bei Edirne nach Europa zu gelangen. Edirne, das alte Andrinopel, liegt am Fluss Maritza (dem antiken Hebros), der in der Nähe der bulgarischen Grenze zwischen der Türkei und Griechenland verläuft. Die »kontinentalen« Teilungen können tödlich sein.

Anhang

Die lithosphärischen Platten

Die äußerste Schicht des Erdkörpers, die Lithosphäre, besteht aus relativ starren Platten, die aufgrund der Hitze im Erdinneren in ständiger Bewegung sind. Die Plattengrenzen sind Orte, an denen entweder Erdkruste entsteht (man spricht von Divergenz der Platten) oder im Gegenteil eine Platte unter eine andere gleitet und sich im Erdmantel auflöst (Konvergenz und Subduktion). Im ersten Fall bilden sich Grabenbrüche (Rifts) mit hoher vulkanischer Aktivität, wie der Mittelatlantische Rücken, im zweiten ozeanische Gräben und ebenfalls Vulkanismus, wie entlang des Pazifischen Feuerrings. Platten können kollidieren und zur Aufwerfung von Faltengebirgen führen. Das größte ist der Himalaya zwischen der indoaustralischen und der eurasischen Platte.

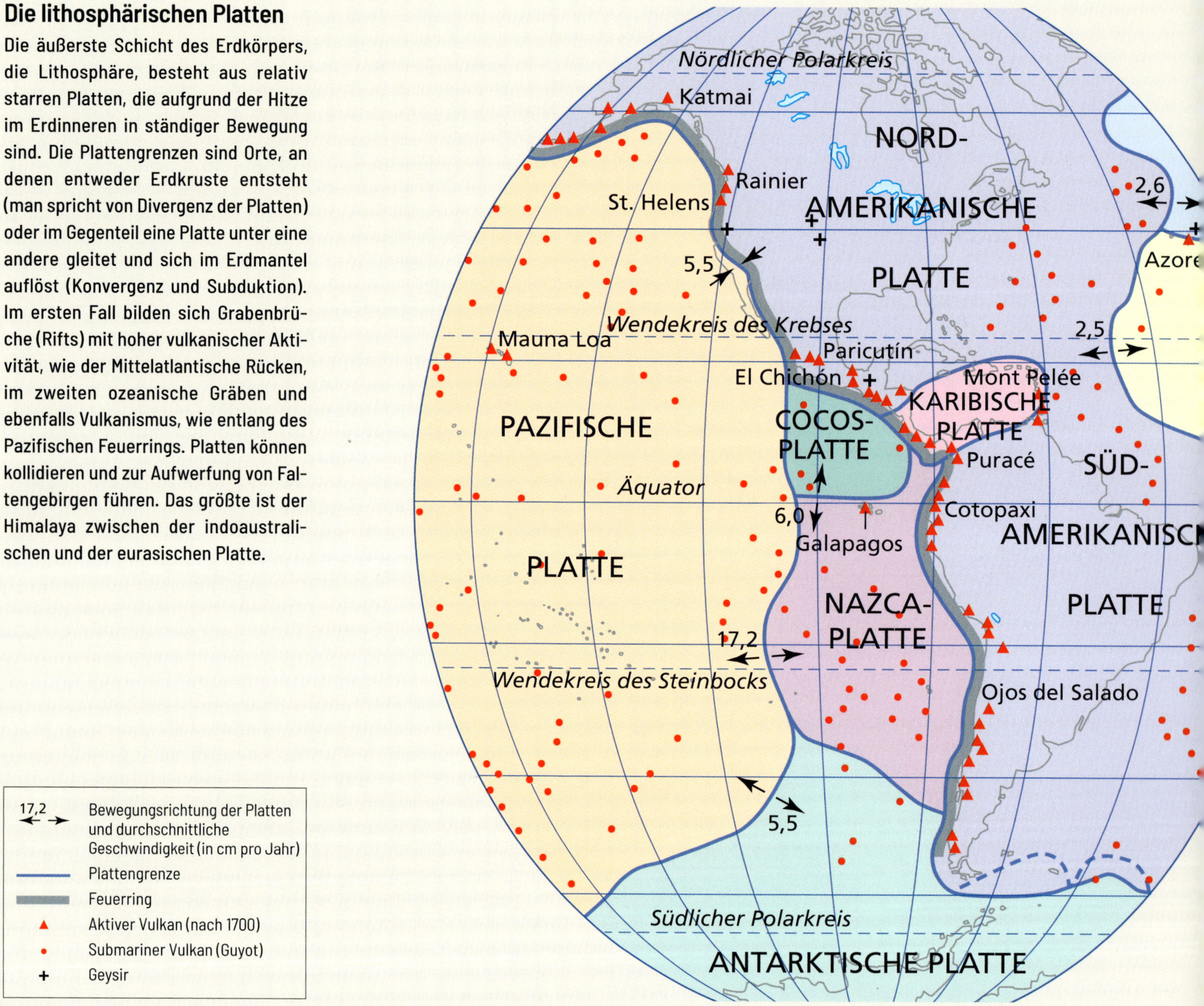

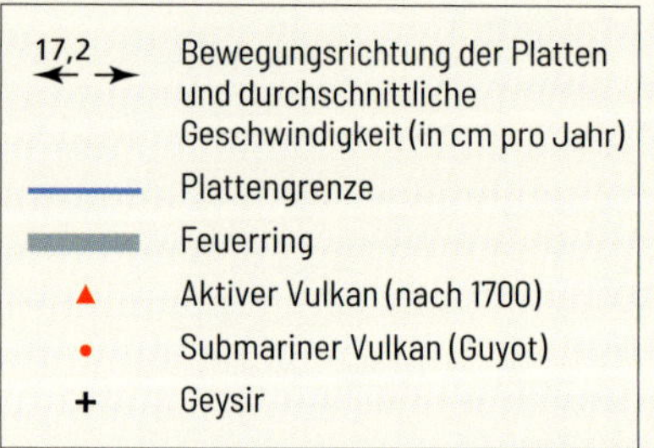

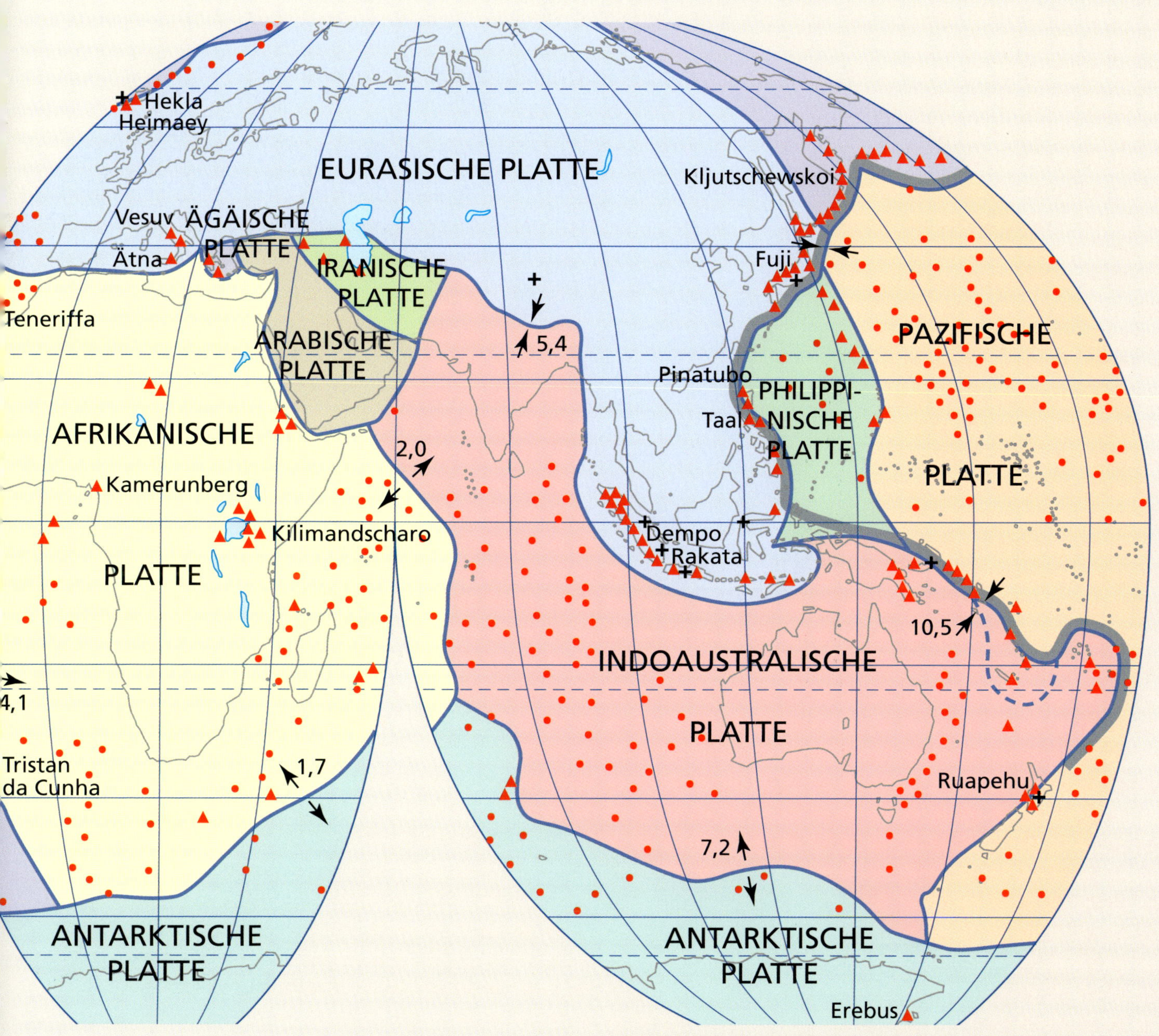
Hekla
Heimaey
EURASISCHE PLATTE
Kljutschewskoi
Vesuv
ÄGÄISCHE PLATTE
Ätna
IRANISCHE PLATTE
Fuji
Teneriffa
ARABISCHE PLATTE
5,4
PAZIFISCHE PLATTE
Pinatubo
PHILIPPI-NISCHE PLATTE
Taal
AFRIKANISCHE PLATTE
2,0
Kamerunberg
Kilimandscharo
Dempo
Rakata
10,5
4,1
INDOAUSTRALISCHE PLATTE
Tristan da Cunha
1,7
Ruapehu
7,2
ANTARKTISCHE PLATTE
ANTARKTISCHE PLATTE
Erebus

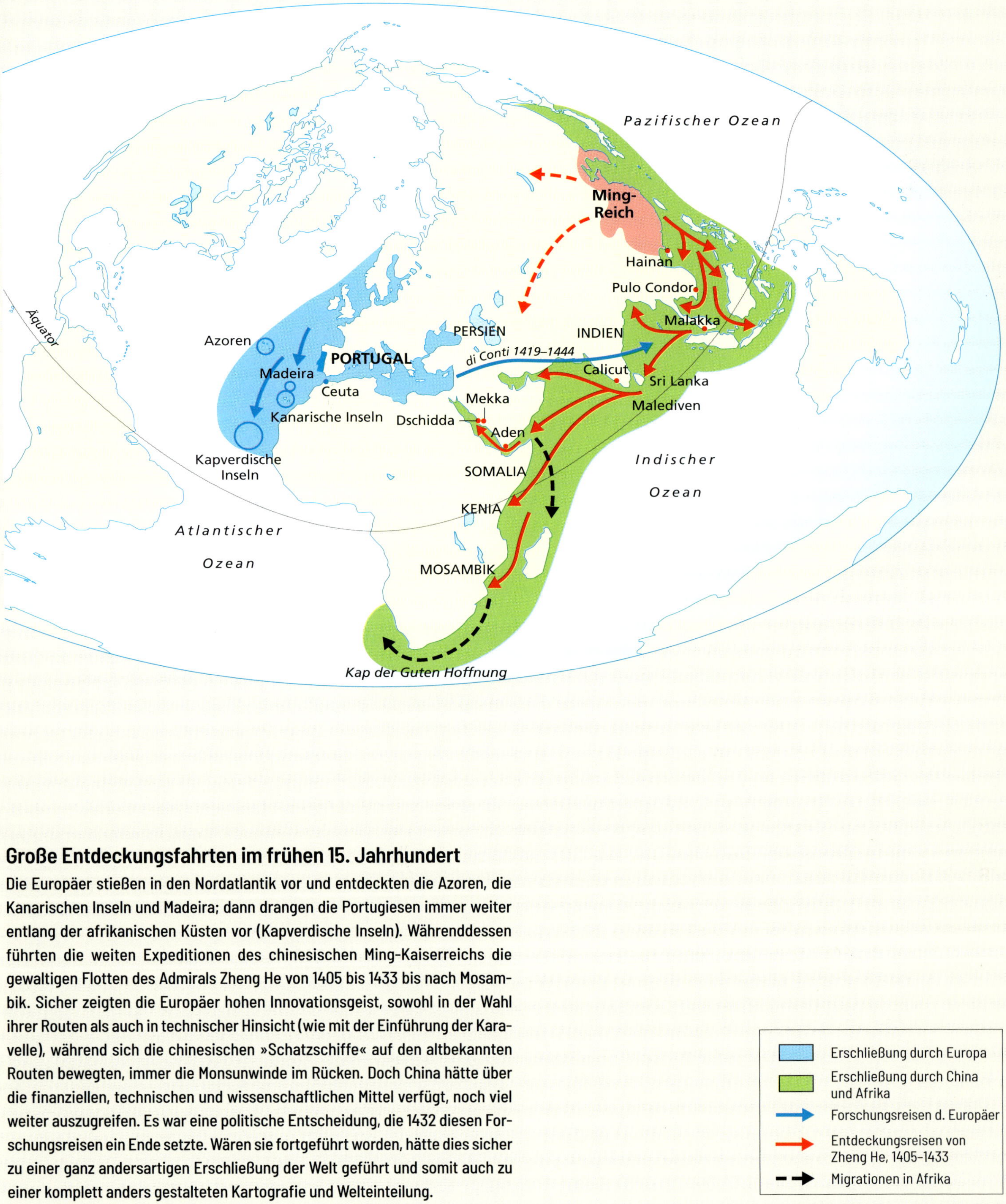

Große Entdeckungsfahrten im frühen 15. Jahrhundert

Die Europäer stießen in den Nordatlantik vor und entdeckten die Azoren, die Kanarischen Inseln und Madeira; dann drangen die Portugiesen immer weiter entlang der afrikanischen Küsten vor (Kapverdische Inseln). Währenddessen führten die weiten Expeditionen des chinesischen Ming-Kaiserreichs die gewaltigen Flotten des Admirals Zheng He von 1405 bis 1433 bis nach Mosambik. Sicher zeigten die Europäer hohen Innovationsgeist, sowohl in der Wahl ihrer Routen als auch in technischer Hinsicht (wie mit der Einführung der Karavelle), während sich die chinesischen »Schatzschiffe« auf den altbekannten Routen bewegten, immer die Monsunwinde im Rücken. Doch China hätte über die finanziellen, technischen und wissenschaftlichen Mittel verfügt, noch viel weiter auszugreifen. Es war eine politische Entscheidung, die 1432 diesen Forschungsreisen ein Ende setzte. Wären sie fortgeführt worden, hätte dies sicher zu einer ganz andersartigen Erschließung der Welt geführt und somit auch zu einer komplett anders gestalteten Kartografie und Welteinteilung.

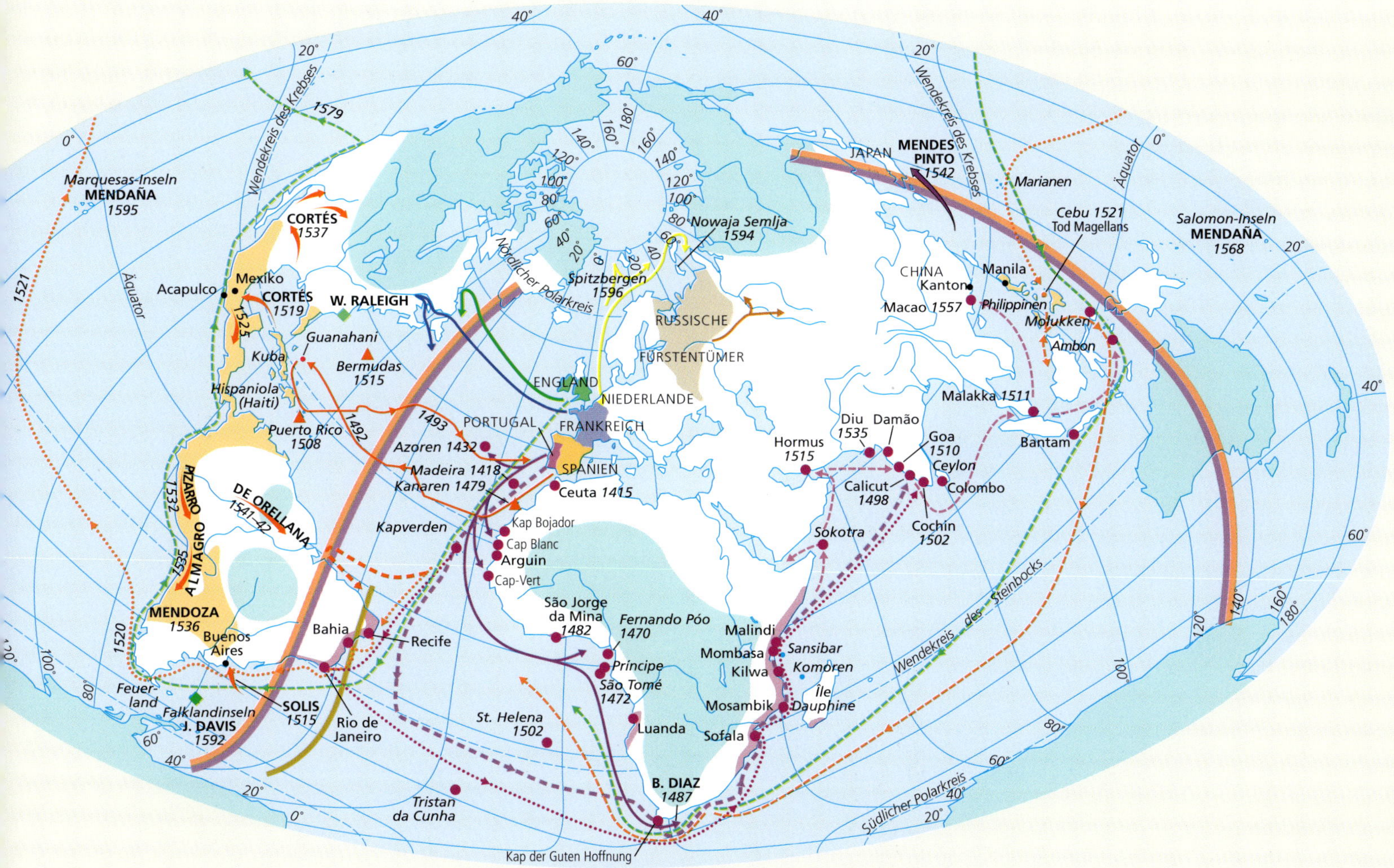

Reisen und Eroberungen der Europäer (15. und 16. Jahrhundert)

Anfang des 15. Jahrhunderts fuhren die Europäer weiter als bisher üblich in den Atlantik hinaus. Sie bemächtigten sich zunächst Makaronesiens (Madeira, Azoren, Kanaren, später Kapverden) und nutzten diese Inselgruppen als Versuchsfeld für nautische Verbesserungen, mit denen sie sich in noch größere Fernen wagen konnten. Ab 1434 drangen die Portugiesen systematisch entlang der afrikanischen Küste vor, um einen alternativen Seeweg nach Asien zu finden. Vasco da Gama erreichte im Jahr 1498 Indien. Doch unteressen hatte Christoph Kolumbus den Atlantik überquert und die Entdeckung Amerikas eingeleitet (1519 Cortés in Mexiko; 1531 Pizarro in Peru). 1519–1522 umsegelte Magellan als Erster die Welt.

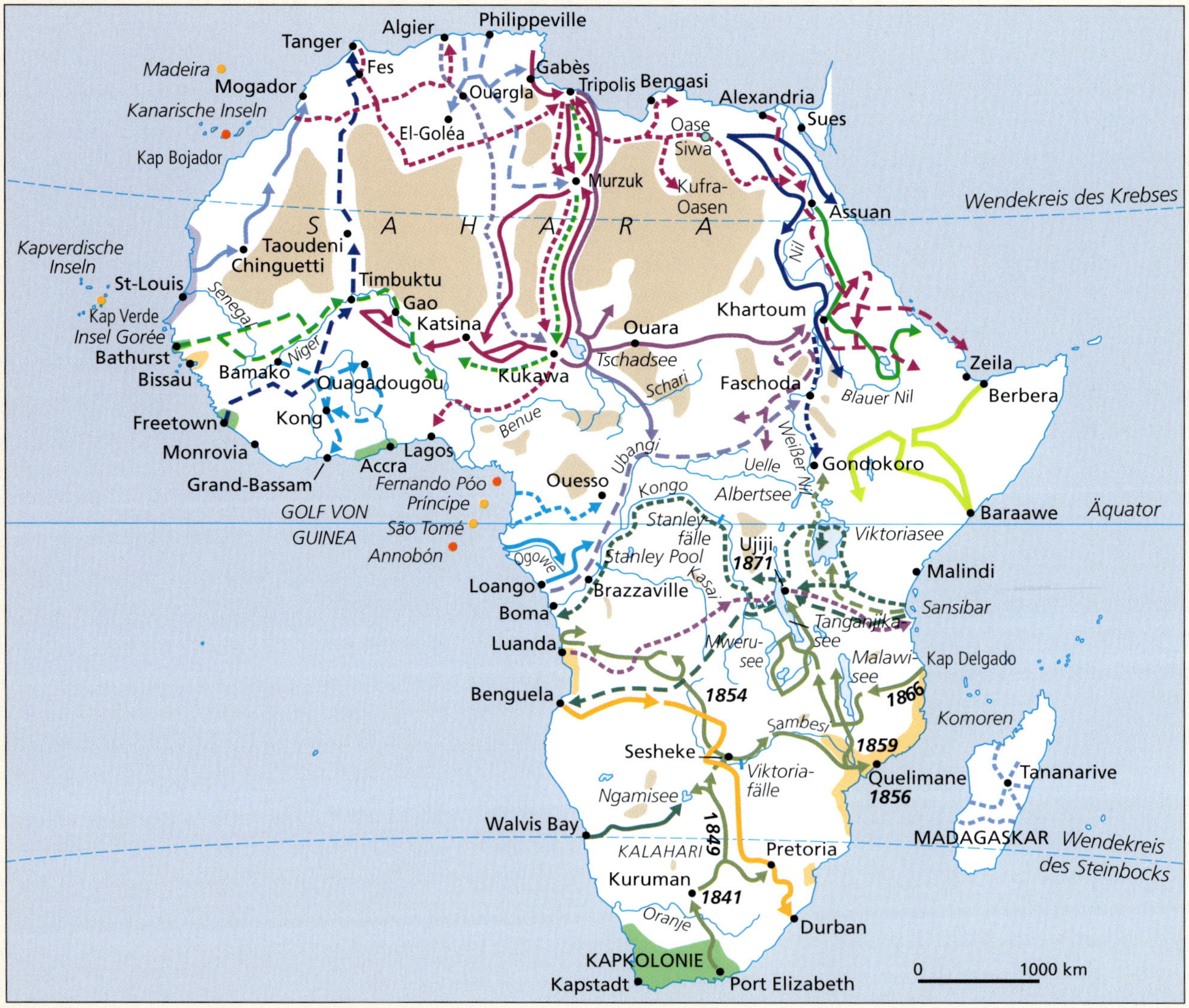

Die Erforschung Afrikas im 19. Jahrhundert

Fantasiedarstellungen auf Afrikakarten wichen im 18. Jahrhundert »weißen Flecken«. Forscher stürzten sich Anfang des 19. Jahrhunderts mit Unterstützung der neu gegründeten geografischen Gesellschaften auf diese intellektuelle Herausforderung. Stand zunächst die Erschließung von Festlandsverbindungen zwischen Nordafrika und Sudan im Vordergrund (Expeditionen von Clapperton, Caillé und Barth), verlagerte sich das Interesse im Gefolge Livingstones auf Äquatorialafrika. Die Engländer Cameron und Stanley entdeckten das mächtige Kongobecken. Ab den 1870er-Jahren überlagerten die Rivalitäten der Kolonialmächte das Forschungsinteresse. Auf dieser Karte wirkt Afrika wie eine Insel, die Anbindung an Asien ist verschwunden – eine gute Illustration seiner Essentialisierung und einer impliziten Definition als Kontinent.

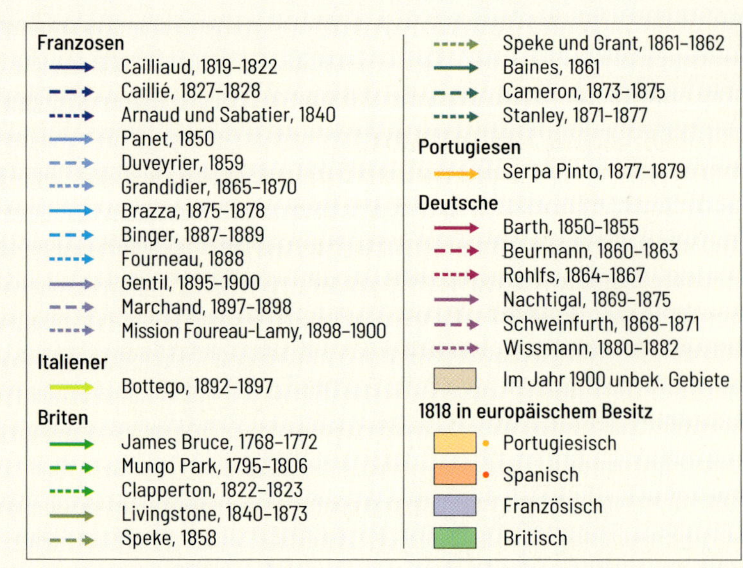

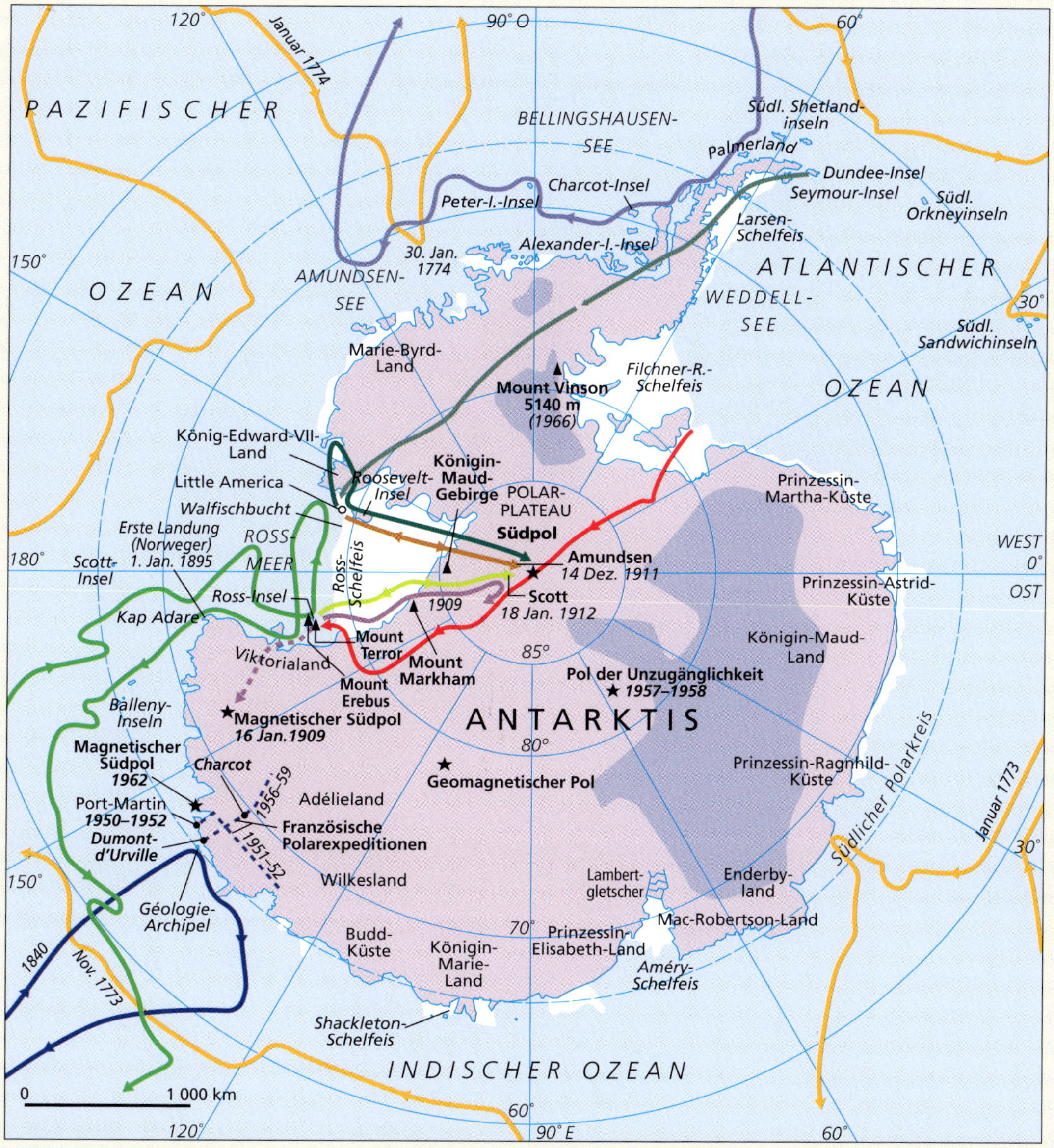

Die Erforschung der Antarktis

James Cooks zweite Reise (1772–1775) machte die Hoffnungen, auf einen riesigen Südkontinent zu stoßen, endgültig zunichte. Langsam kamen im 19. Jahrhundert Forschungsexpeditionen in Gang (Dumont d'Urville, Ross und Anfang des 20. Jahrhunderts Charcot mit seinem berühmten Schiff *Pourquoi-Pas?*), zu Lande sogar erst Ende des 19. Jahrhunderts, als politische Ambitionen an die Stelle des rein wissenschaftlichen Interesses traten. Dies mündete in den »Wettlauf zum Pol«, bei dem der Norweger Roald Amundsen dem Engländer Robert Falcon Scott um einen Monat zuvorkam. Das Zeitalter der »Entdeckungen« galt damit als abgeschlossen. Richard Byrd richtete 1929 *Little America* ein, die erste permanente Antarktisstation. Die Nutzung des Flugzeugs erschloss damals neue Möglichkeiten der Polarforschung.

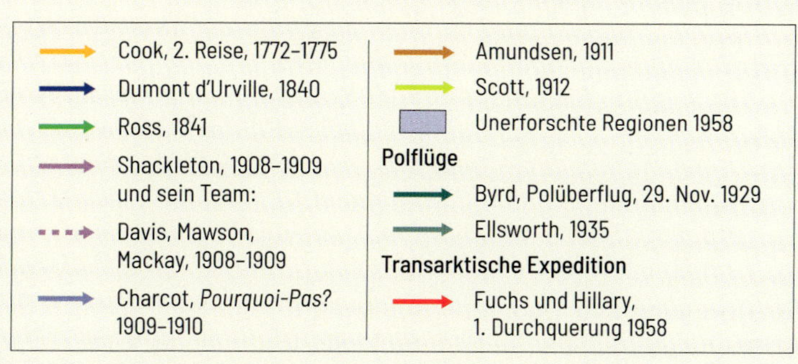

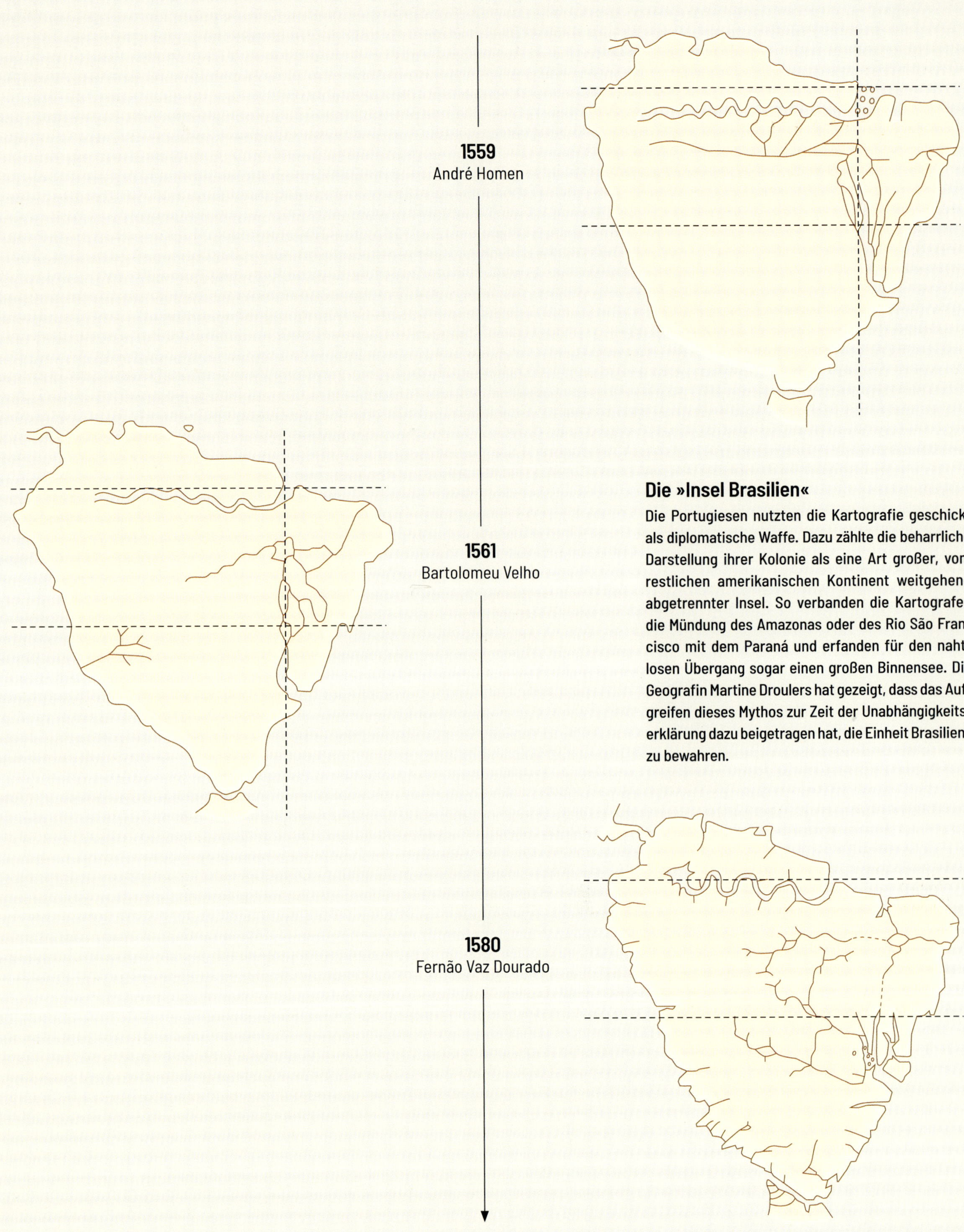

Die »Insel Brasilien«

Die Portugiesen nutzten die Kartografie geschickt als diplomatische Waffe. Dazu zählte die beharrliche Darstellung ihrer Kolonie als eine Art großer, vom restlichen amerikanischen Kontinent weitgehend abgetrennter Insel. So verbanden die Kartografen die Mündung des Amazonas oder des Rio São Francisco mit dem Paraná und erfanden für den nahtlosen Übergang sogar einen großen Binnensee. Die Geografin Martine Droulers hat gezeigt, dass das Aufgreifen dieses Mythos zur Zeit der Unabhängigkeitserklärung dazu beigetragen hat, die Einheit Brasiliens zu bewahren.

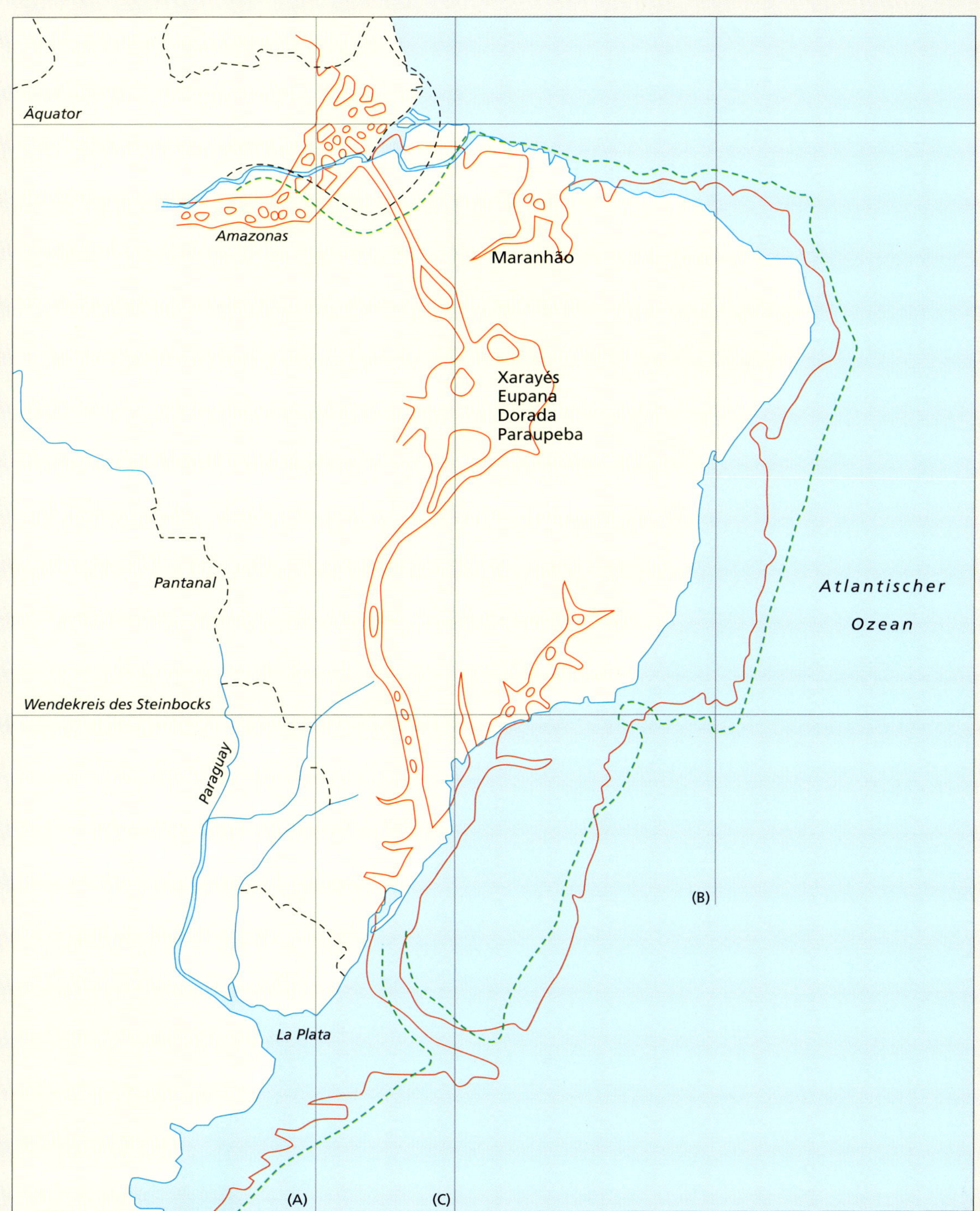
Äquator
Amazonas
Maranhão
Xarayés
Eupana
Dorada
Paraupeba
Pantanal
Atlantischer
Ozean
Wendekreis des Steinbocks
Paraguay
(B)
La Plata
(A)
(C)

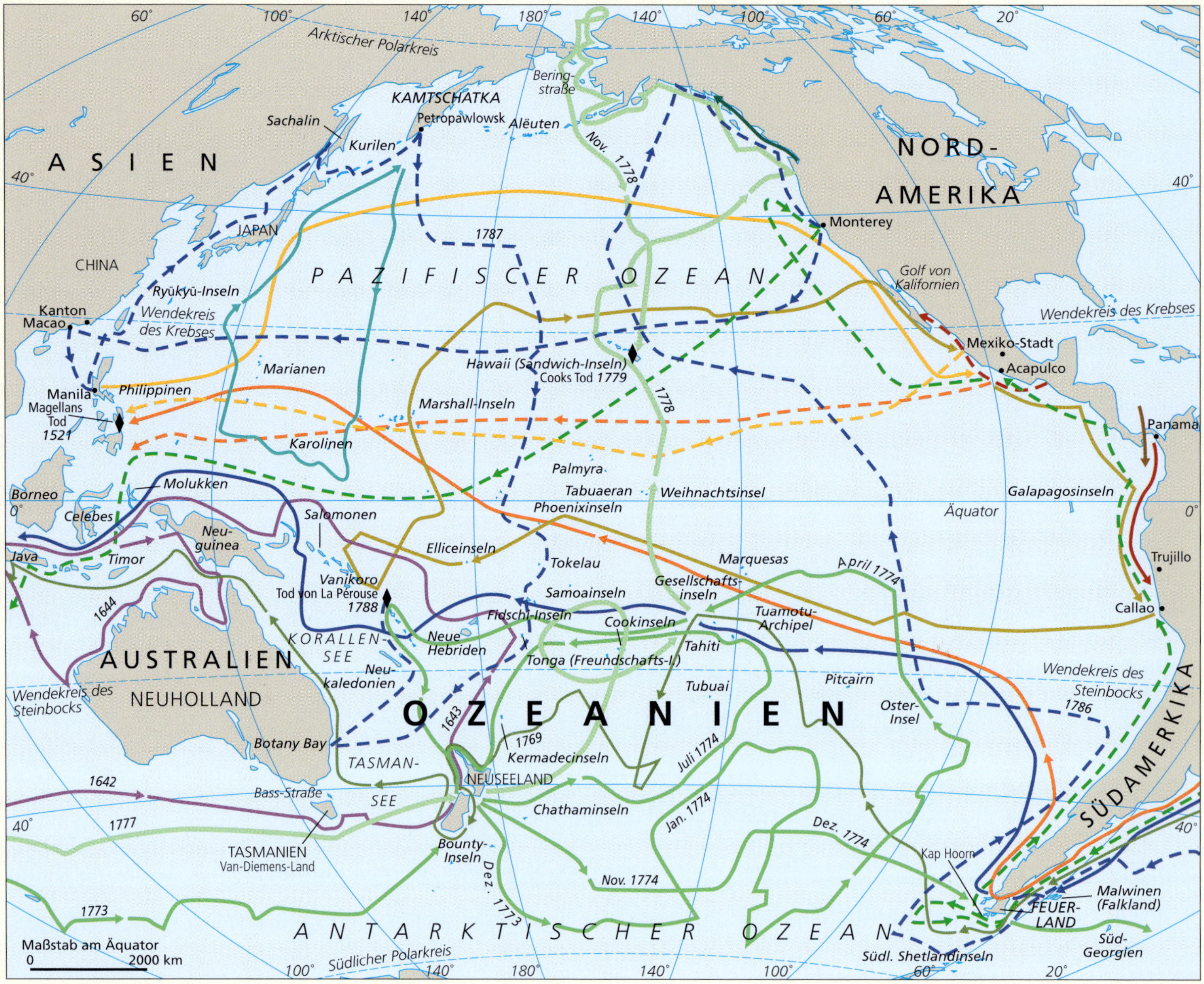

Die Entdeckung des Pazifiks durch die Europäer (16.–18. Jahrhundert)

Balboa bewies 1513, dass es einen weiteren Ozean »hinter« Amerika gibt. Als Erster durchquerte Magellan, der auf den Philippinen den Tod fand, 1520–1521 den Pazifik. Dieser Ozean blieb im 16. Jahrhundert spanischer Einflussbereich; Manila-Galeonen kursierten zwischen Mexiko und den Philippinen. Dann machten ihn die Holländer, die sich auf den Insulinden etabliert hatten, zum Gegenstand ihres Interesses. Doch nach der großen Reise von Abel Tasman (1642–1643), die so manche Illusionen über einen legendären Südkontinent zerstreute, verlangsamte sich die Erforschung und kam erst wieder in den 1720er-Jahren in Gang. Die Russen setzten ihren Vormarsch in Sibirien fort und erkundeten den Nordpazifik. Mit der Aufklärung stand auch wissenschaftliches Interesse hinter den Expeditionen. Die Fortschritte in der Positionsbestimmung (Entwicklung von Chronometern zur Längenmessung, Verbreitung von Sextanten) ermöglichten die Navigation auf dem riesigen Ozean und dessen relativ präzise Kartografierung (Cook, Bougainville, La Pérouse).

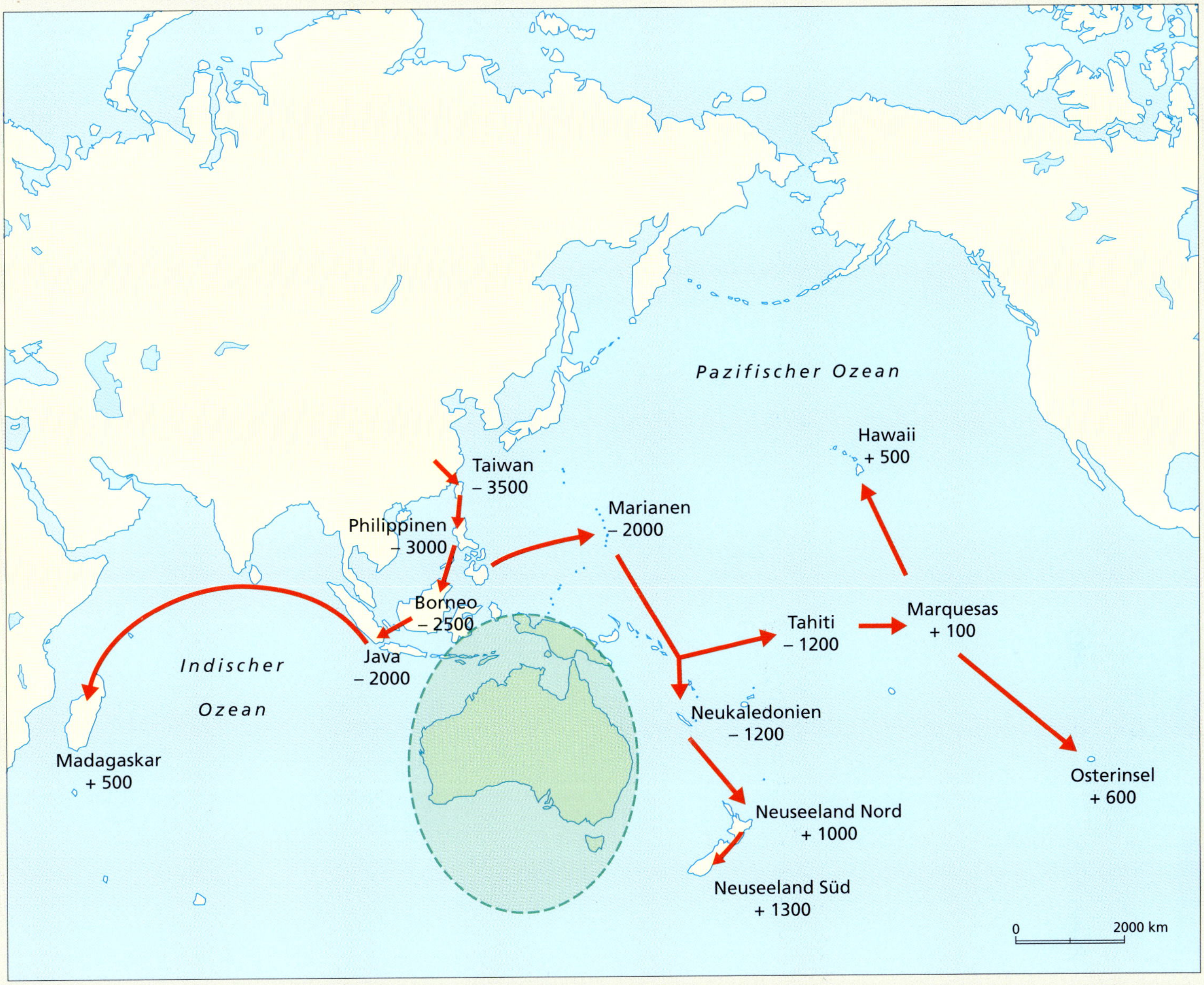

Pazifischer Ozean
Hawaii
+ 500
Taiwan
– 3500
Marianen
– 2000
Philippinen
– 3000
Borneo
– 2500
Tahiti
– 1200
Marquesas
+ 100
Java
– 2000
Indischer
Ozean
Neukaledonien
– 1200
Madagaskar
+ 500
Osterinsel
+ 600
Neuseeland Nord
+ 1000
Neuseeland Süd
+ 1300
0
2000 km

Die Verbreitung der malaiisch-polynesischen Völker vor Magellan

Die außerordentliche Ausbreitung der »Argonauten des Pazifiks« (von Bronislaw Malinowski 1922 in einem bekannten Werk so genannt) wird zu oft außer Acht gelassen. Dabei handelt es sich um die größte Ausdehnung einer Gruppe von Menschen vor dem europäischen Zeitalter der Entdeckungen, die potenziell zum Ausgangspunkt einer Globalisierung hätte werden können. Sie waren hervorragende Seefahrer, die mit ihren Ausleger-Pirogen und Seekarten aus Stäben und Kaurimuscheln fast alle Inseln des Pazifiks besiedelten und möglicherweise nach Amerika und über den Indischen Ozean bis Afrika gelangten.

Welt der Papua und Aborigines
Wahrscheinliche Etappen der austronesischen Ausbreitung

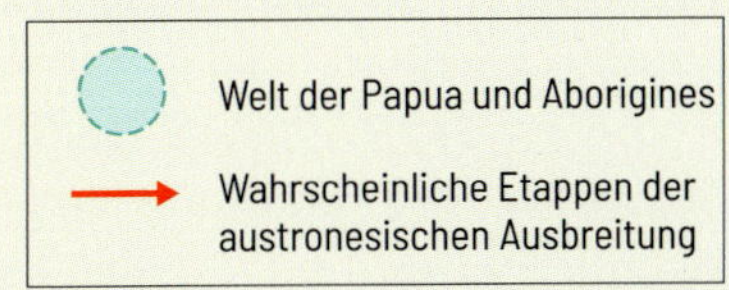

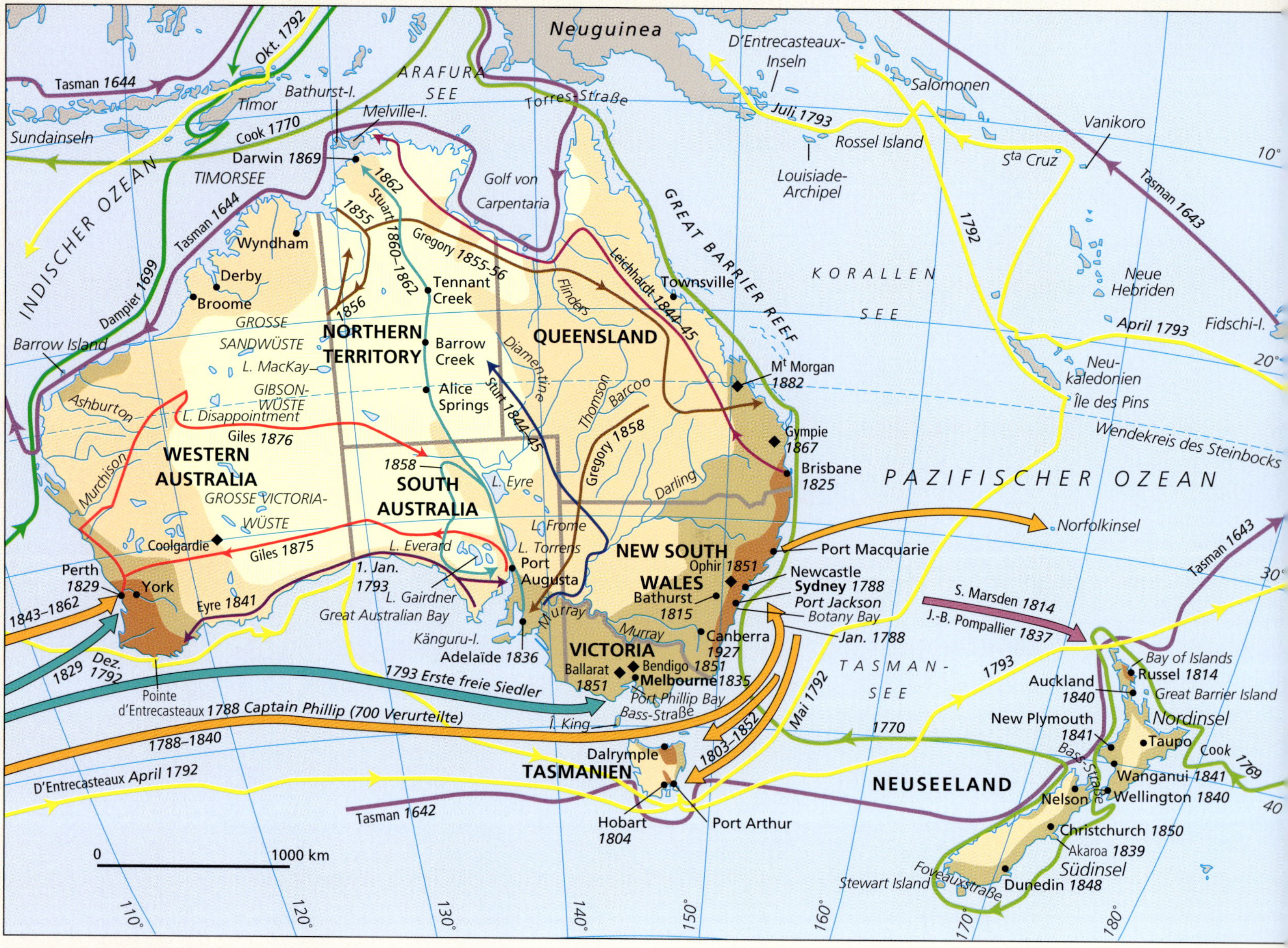

Das Vordringen Großbritanniens in Australien und Neuseeland

Vermutlich kannten die malaiischen, chinesischen und japanischen Seefahrer Australien, aber es waren Europäer, die es zum ersten Mal umrundeten (Tasman, 1642) und die Küsten kartografierten (Cook, 1770); das Gleiche galt für Neuseeland. Die ersten englischen Siedler ließen sich 1788 in Port Jackson, dem heutigen Sydney, nieder. Das Innere Australiens wurde aufgrund seiner Trockenheit nur langsam erschlossen. Erst 1862 gelang es Stuart, den Kontinent von Süd nach Nord zu durchqueren. Auch die Besiedlung Neuseelands war wegen des Widerstands der Maori schwierig.

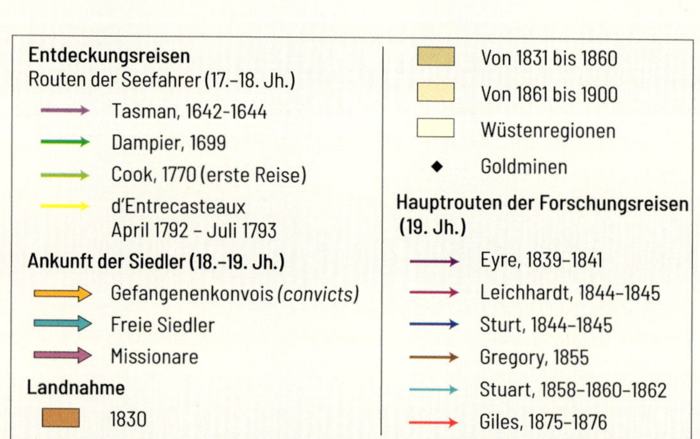

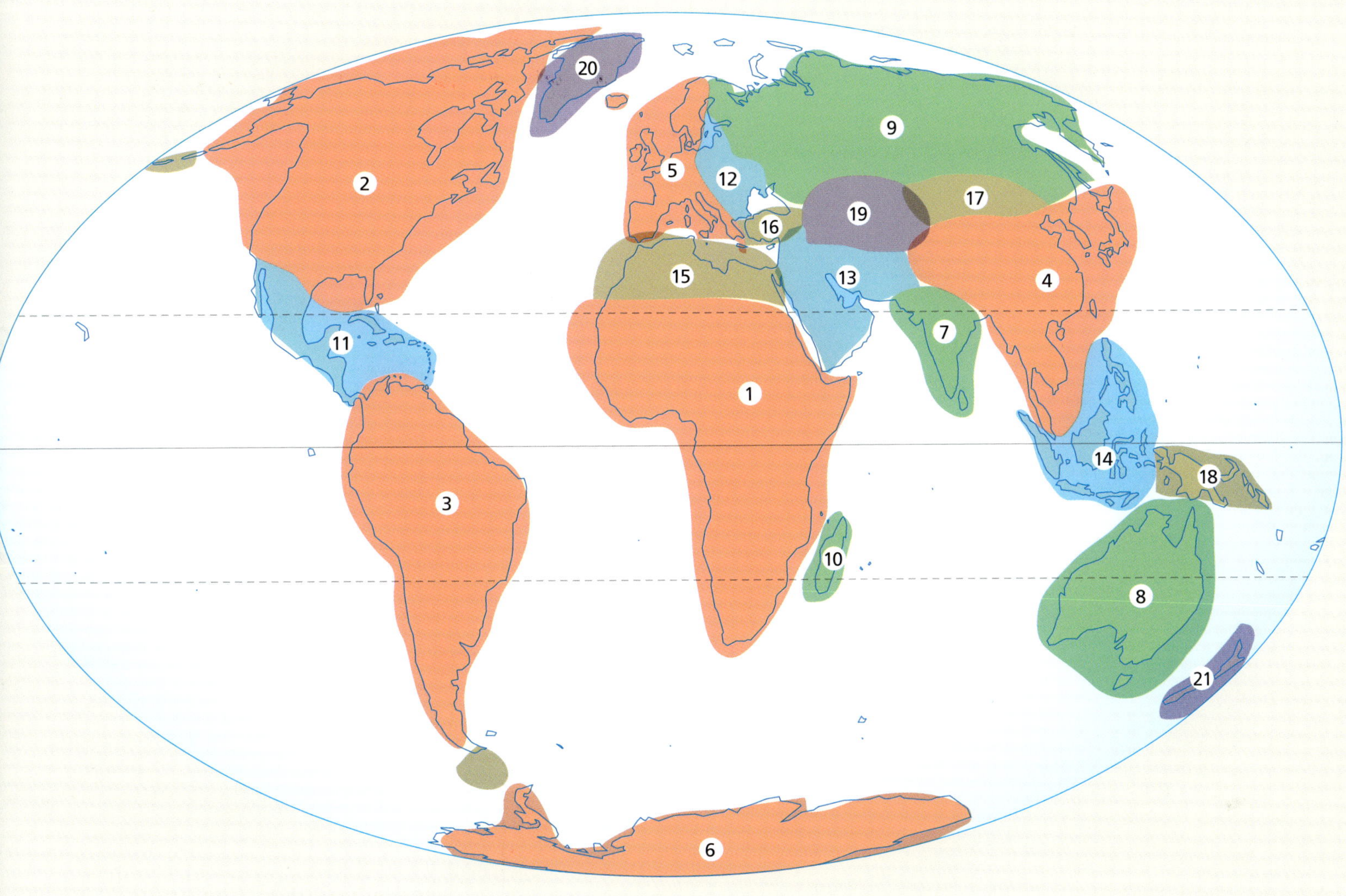

»Harte« und »weiche« Kontinente

Seit der systematischen Klassifizierung der Welt durch die Enzyklopädisten im 18. Jahrhundert gilt, dass jeder Ort auf der Erde zu einem Kontinent gehören muss. Dies ist gar nicht so einfach, wenn man den Alltagsgebrauch der Kontinentnamen, vor allem auch im Journalismus, betrachtet. Diese Karte will eine Ahnung vermitteln, wie uneindeutig die kontinentale Zugehörigkeit vieler Weltregionen ist. Kinshasa liegt zum Beispiel zweifellos in Afrika, aber wozu gehört Kairo? Zu Nordafrika, zum Vorderen Orient oder Nahen Osten, zur arabischen Welt, zum Maschrik, zu Afrika?

Die harten Kontinente

Weltregionen mit eindeutiger kontinentaler Zuordnung:
1. Subsahara-Afrika; 2. Nordamerika; 3. Südamerika; 4. Asien; 5. Europa; 6. Antarktis

Stark autonome Regionen

7. Indischer Subkontinent; 8 Australien, der Inselkontinent; 9. Russland, weder Europa noch Asien; 10. Madagaskar

Zwischenregionen

11. Mittelamerika u. Karibik; 12. Osteuropa; 13. Naher od. Mittlerer Osten; 14. Indonesien u. Philippinen, im 19. Jh. Teil Ozeaniens u. im 20. Jh. Teil Asiens

Regionen mit uneindeutiger Zuordnung

15. Nordafrika; 16. Türkei; 17. Mongolei; 18. Neuguinea

Ungünstig gelegene Randgebiete

19. Zentralasien; 20. Grönland; 21. Neuseeland

Für die Weiterreise ins Herz der Ozeane und Kontinente

Geopolitik vor dem Hintergrund geografischer Einteilungen

- Zur Analyse des subjektiven Charakters von Projektionsverfahren siehe Band 8084 *(Représenter le Monde)* der Zweimonatsschrift *Documentation photographique* (La Documentation française, 2011). Zur Frage der Grenzen Europas: Sylvain Kahn und Jacques Lévy, *Le Pays des Européens* (Paris 2019).

Auch Kontinente und Ozeane haben eine Geschichte

- Dem Denken in Kontinenten war bereits *The Myth of Continents. A Critique of Metageography* von Martin W. Lewis und Kären E. Wigen (Berkeley 1997) gewidmet, eine akademische Abhandlung, die sich von diesem Werk deutlich unterscheidet. Sie bietet einen Querschnitt der Klassifizierung geografischer Elemente (nicht nur der Kontinente), lässt aber Darstellungen der Erdteile und die Gründe für deren Beständigkeit beiseite und enthält keine Aussagen über die Ozeane. In dieselbe Richtung geht *Grandeurs et mesures de l'écoumène* von Isabelle Lefort und Philippe Pelletier (Paris 2006), dessen großes Verdienst darin besteht, sich nicht allein auf die westliche Tradition zu fokussieren, sondern asiatische Weltbilder ernsthaft einzubeziehen.
- Der Begriff »Triade« wurde 1985 von Ken'ichi Ōmae erfunden. (*Macht der Triade*. Wiesbaden 1985). Zur Begriffsgeschichte von »Nord-Süd-Konflikt« siehe Christian Grataloup, *Vision(s) du Monde. Histoire critique des représentations de l'Humanité* (Paris 2018).
- Zur Geschichte der Theorie der Plattentektonik gibt es eine gute Abhandlung von Sue Bowler: *Restless Earth. A Beginner's Guide to Plate Tectonics* (1954).
- Zur Olympiaflagge siehe das Vorwort von Pascal Boniface zu Pierre Coubertins *Mémoires olympiques* (Bartillat, 2016) (dt. *Olympische Erinnerungen*, 1936, überarb. 1996).

Das Weltbild der Kirchenväter

- Zur Geschichte der antiken Kartografie gibt es umfangreiche Literatur: In Frankreich gilt *La Carte, image des civilisations* von George Kish (Paris 1980) als das Standardwerk. Theoretische Betrachtungen zu Karten des Altertums (vor allem zur Bedolina-Karte) finden sich bei Christian Jacob, *L'Empire des cartes* (Paris 1992) und im Katalog zu der exzellenten Ausstellung *Les Couleurs de la Terre* (Hrsg. Monique Pelletier; Paris 1998).
- Zur biblischen Vorstellung des Erdenraums: JeanLuc Piveteau, *Foi chrétienne et relation de l'homme au territoire*, in der Fachzeitschrift *Hérodote*, Nr. 42, 1986; Jean Bottero, *Naissance de Dieu. La Bible et l'historien* (Paris 1986). Enger gefasst zur Tradition der Arche-Noah-Erzählung siehe Don Cameron Allen, *The Legend of Noah, Renaissance Rationalism in Art*, Science and Letters (Champaign 1949). Zur mittelalterlichen *Mappa mundi:* Patrick Gautier Dalché (Hrsg.), *La Terre. Connaissance, représentations, mesure au Moyen Âge* (Turnhout 2013).
- Die Verfluchung Hams (bzw. Kanaans) ist ein besonders heikles Thema, da hier das Religiöse häufig von Rassismus durchsetzt war. Eine sehr

seriöse Arbeit zur Geschichte der Interpretationstraditionen ist Benjamin Braude: *Cham et Noé. Race, esclavage et exégèse entre islam, judaïsme et christianisme*, in der Zeitschrift *Annales HSS*, Januar–Februar 2002, S. 93–125. Großes Misstrauen ist dagegen gegenüber dem häufig verwendeten *Hebrew Myths: The Book of Genesis* von Robert Graves und Raphael Patal (New York1963) angebracht, welches eine ältere Anthologie (Louis Ginzberg, *The Legends of the Jews, Philadelphia*, Jewish Publication Society, sieben Bände, 1909–1938) zusammenfasst, in der Fragmente aus der rabbinischen Exegese zu einer höchst unwahrscheinlichen chronologischen Erzählung zusammenstückelt werden. Von dem muslimischen Historiker at-Tabarī (Muhammad ibn Dscharīr at-Tabarī, ca. 839–923) stammt ein alter Text, auf den sich rassistische Interpretationen gern berufen. Dies tut z. B. Dom Augustin Calmet in der zweiten Ausgabe (1728) des biblischen Lexikons *Dictionnaire historique et critique, chronologique, géographique et littéral de la Bible*, welches weit über das katholische Milieu hinaus maßgeblich war. Tabarī ging übrigens sehr subtil vor, um über Noahs Fluch berichten zu können, denn nach muslimischer Auffassung durfte Noah als Prophet nicht in dieser Weise handeln. Tabarī aber schob jüdische Quellen vor, ohne sie zu dementieren, was einer Rechtfertigung des Handels mit afrikanischen Sklaven alle Möglichkeiten offen hielt. Zum späten (1843) Auftauchen von Hams „Nachdunkeln" in der Ikonografie siehe Ladislas Bugnier (Hrsg.), *L'Image du Noir dans l'art occidental* (Paris 1976; engl. *The Image of the Black in Western Art*, 1983). Zur Kontextualisierung des Ganzen sei verwiesen auf Léon Poliakov, *Le Mythe aryen. Essai sur les sources du racisme et du nationalisme* (Paris 1994; dt. Der arische Mythos, Hamburg 1993).

- Zu Justin dem Märtyrer siehe dessen *Dialog mit dem Juden Tryphon* (Fribourg 2003). Es sei angemerkt, dass weder die in den Qumran-Rollen überlieferte Version des Bibeltexts (Volltext bei Plon, Paris 2001) noch der Koran (Sure 71) die Trunkenheit und Nacktheit Noahs erwähnen.
- Als wichtigste Referenz zum Dreiklassenmodell der indoeuropäischen Gesellschaften gilt Georges Dumézil, *Mythe et épopée* (3 Bände, Paris 1968, 1971 u. 1973; dt. *Mythos und Epos*, Frankfurt/M. ab 1989). Die Informationen zu den mittelalterlichen drei Ordnungen stammen aus Georges Dubys Werk *Les Trois Ordres ou l'imaginaire du féodalisme* (Paris 1978, S. 300–310; dt. *Die drei Ordnungen – Das Weltbild des Feudalismus*, Frankfurt/M. 1981).
- Zum Handel in der Alten Welt siehe Christian Grataloup, *Géohistoire de la mondialisation* (Paris 2015). Der Text von Joinville stammt aus *La Vie de Saint Louis* (Paris 2002; dt. *Das Leben des Heiligen Ludwig*, München 2014).

Bis an alle Enden der Welt

- Randles W.-G.-L., *De la Terre plate au globe terrestre. Une Mutation épistémologique rapide* (1480–1520) (Paris 1980). Um tiefer einzusteigen: Jean-Marc Besse, *Les Grandeurs de la Terre* (Lyon 2003).
- Zur Waldseemüller-Karte (und der Erfindung des Worts »America«): Toby Lester, *La Quatrième Partie du monde* (Paris 2012; dt. *Der Vierte Kontinent*, Berlin 2010). Die Cantino-Planisphäre steht im Mittelpunkt von Gérard Vindts Roman *Le Planisphère de Cantino* (Paris 1978).
- Zum Verbot Kaiser Karls V., in seiner Korrespondenz das Wort »Europa« zu gebrauchen (stattdessen: «Christenheit»): Lucien Febvre, *L'Europe: genèse d'une civilisation* (Paris 1999).
- Zu den jüdischen *Conversos* siehe Nathan Wachtel, *La Foi du souvenir. Labyrinthes maranes* (Paris 2001). Tudor Parfitt, *The Lost Tribes of Israel. The History of a Myth* (London 2003).
- Sind die Amerindianer Menschen?, Jean-Claude Carrière, La Controverse de Valladolid (Paris 1993).

Die Kunst, die Welt zu beherrschen

- Serge Gruzinski, *Les Quatre Parties du monde. Histoire d'une mondialisation* (Paris 2004). Zu den Festen der Vizekönige von Peru mit personifizierten Darstellungen der vier Erdteile zur Feier der weltumspannenden spanischen Monarchie siehe den Artikel von Solange Alberro, *Modèles et modalités: les fêtes vice-royales au Pérou, xvie-xviie siècles*, in: *Annales HSS*, Mai–Juni 2007, S. 607–637..
- Andrea Pozzo wurde wie viele Freskenmaler lange Zeit verkannt, da Kunsthistoriker meist der Tafelbildmalerei, die in Museen zu besichtigen ist, den Vorzug geben. Eine gute Quelle ist V. de Feo, *Andrea Pozzo. Architettura e illusione* (Rom 1988).
- Die Piazza Navona als Symbol Roms im Zentrum der Welt: Laurent Grison, *Mise en abîme et orbialisation*, in der Quartalszeitschrift *Mappemonde*, Nr. 59 (2000), und Géraldine Djament, *Rome éternelle ou les métamorphoses de la capitale* (Paris 2010). Im Krimi-Comic *Les 4 Fleuves* (Text: Fred Vargas, Zeichnungen: Baudoin; dt. *Das Zeichen des Widders*) baut eine der Figuren den Vierströmebrunnen aus Bierdosen nach..

Antipoden, Atlantis : Ozeanien

- Den besten Überblick über die griechische Kartografie gibt *La Géographie antique* von Germaine Aujac in der Reihe *Que sais-je?* (Paris 1975). Eine sehr klare Darstellung findet sich auch bei Christian Jacob, *Géographie et ethnographie en Grèce ancienne* (Paris 1991). Ein guter Roman erzählt die Geschichte der Vermessung der Erde durch Eratosthenes: *La Chevelure de Bérénice von Denis Guedj*, (Paris 2007).
- Zu den Zonenkarten und allgemein zu mittelalterlichen Kopien antiker Karten: Barbara Obrist, *La Cosmogonie médiévale. Textes et images*, Band I, *Les Fondements antiques* (Florenz 2004). Zu Betrachtungen über die Kugelgestalt der Erde im Mittelalter: Germaine Aujac, *La Sphère, instrument au service de la découverte du monde. D'Autolypos de Pitané à Jérôme Sacrobosco* (Orléans 1993).
- Zur Geschichte der Längenbestimmung: Dava Sobel, *Longitude* (Paris 1998; dt. *Längengrad*, München 2013). Zur Geschichte des antipodischen Kontinents: Numa Broc, *La Géographie de la Renaissance, 1420–1620* (Aubervilliers 1986). Von Broc stammt auch eine sehr klare Zusammenfassung in *Cartes et figures de la Terre* (Paris 1980): *De l'antichtone à l'antarctique. Terra + ou – incognita* (S. 136–150). Immer noch meisterhaft: Armand Rainaud, *Le Continent austral. Hypothèses et découvertes* (Paris 1893).
- Zu Atlantis: Pierre-Vidal Naquet, *L'Atlantide. Petite histoire d'un mythe platonicien* (Le Kremlin-Bicêtre 2006 ; dt. *Atlantis. Geschichte eines Traums*, München 2006). Eine brillante Analyse der Gefallenenrede, die Thukydides dem Perikles in den Mund legt (im zweiten Jahr des Peloponnesischen Kriegs) – Aspasias Rede in Platons Menexenos ist ihr nachempfunden – enthält Nicole Loraux *L'Invention d'Athènes* (Paris 1993; engl. *The Invention of Athens*, Cambridge, MA 2006). Von einem Überblick über die esoterische Literatur zu Atlantis und zum Kontinent Mū wird abgesehen; es sei hier nur auf die von Lauric Guillaud zusammengestellte Anthologie verwiesen: *Atlantide, les îles englouties* (Paris 2000). Immer noch ein maßgebliches Standardwerk: Lyon Sprague de Camp, *Lost Continents. The Atlantis Theme in History, Science and Literature* (New York – Dover 1954).
- Lemurien, zu Beginn eine wissenschaftliche Hypothese, wird bald von Anhängern des Okkultismus aufgenommen, häufig in Kombination mit einer Atlantis-Nostalgie. Das wichtigste Werk dazu ist *Die Geheimlehre* (1888) von Helena Blavatsky, Gründerin der Theosophischen Gesellschaft. Es folgen *The Story of Atlantis and the lost Lemuria* von Walter Scott-Elliott (1893), Aufsätze Rudolf Steiners (frz. *La Lémurie et l'Atlantide*, 1923), *Les Révélations du Grand Océan* von Jules Hermann (1927) und viele weitere, die zahlreichen Romane nicht mitgezählt, die mehr

oder weniger auf angeblichen »wahren Tatsachen« beruhen.

- Ein Leckerbissen ist *Dictionnaire des lieux imaginaires* von Alberto Manguel (Arles 1998).

Die Einteilung der Ozeane

- Dieses Thema wird selten behandelt: Christian Grataloup, *L'invention des océans. Comment l'Europe a découpé le monde liquide*, in: *Géoconfluences* (Online-Zeitschrift, 2015). Jean-René Vanney, *Géographie de l'Océan global* (Paris 2001).
- Zu den fälschlich als »Portulane« bezeichneten Karten: Catherine Hofmann u.a., *L'Âge d'or des cartes marines. Quand l'Europe découvrait le monde* (Paris 2012; engl. *The Golden Age of Maritime Maps*, Richmond Hill 2013), der Katalog der exzellenten Ausstellung, die über die Website der BNF aufrufbar ist. (http://expositions.bnf.fr/marine/expo/salle1/index.htm)
- Éric Tessier u. Emmanuelle Vagnon, *La Fabrique de l'océan Indien. Cartes d'Orient et d'Occident* (Paris 2017).
- Fabrice Argounès *u.a.*, *Atlas de l'Océanie* (Paris 2011).

Wir und die anderen

- Der Titel ist eine Reverenz an Tzvetan Todorov, *Nous et les Autres. La Réflexion française sur la diversité humaine* (Paris 1989). Das Zitat von Loti stammt aus *Géographies de Gauguin* von Jean-François Staszak (Paris 2003).
- Die anthropologische Literatur gibt zahlreiche Kosmogonien wieder: Pierre Duhem, *Le Système du monde. Histoire des doctrines cosmologiques, de Platon à Copernic* (10 Bde., Paris 1913–1958). Eine der bekanntesten ist die der Dogon: Marcel Griaule, *Dieu d'eau. Entretiens avec Ogotemmêli* (Paris 1966).
- Zur Konstruktion der nationalen Identitäten ist folgendes Buch ein Standardwerk und liest sich gleichzeitig wie ein Roman: Anne-Marie Thiesse, *La Création des identités nationales. Europe, xviiie-xxe siècle* (Paris 1999). Zu den Grenzen stammt das große Werk von Daniel Nordman, *Frontières de France. De l'espace au territoire* (Paris 1998).
- Zur Geschichte der chinesischen Kartografie: Joseph Needham und Wang Ling, *Science and Civilisation in China*, Band III, Kapitel XXII, *Géography and Cartography* (Cambridge 1959) und J. B. Harley und David Woodward, *Cartography in the Traditional East and Southeast Asian Societies* (Chicago 1994). Philippe Pelletier, *L'Extrême-Orient. L'invention d'une histoire et d'une géographie* (Paris 2011).
- Zur Symmetrie zwischen der Konstruktion einer säkularisierten Zeit und der Ausarbeitung einer naturalisierten Raumkonzeption findet sich eine sehr gute Analyse in: Johannes Fabian, *Time and the Other. How Anthropology Makes Its Object*, New York 1983; (frz. Ausgabe: *Le Temps et les autres. Comment l'anthropologie construit son objet* [Toulouse – Marseille 2006]).
- Die Erfindung der westlichen, genauer gesagt britischen Konzepte vom »Nahen« und »Mittleren Osten« wurde von Vincent Capdepuy in *Proche ou Moyen-Orient? Géohistoire de la notion de Meaddle East* (in: *L'Espace géographique*, Nr. 37, 2008, S. 225–238) analysiert. Das Zitat über den indischen »Beinahe-Kontinent« stammt aus dem Band *Afrique du Nord, Moyen-Orient, Monde indien* (S. 246), hrsg. v. François Durand-Dastès und Georges Mutin (Paris 1995).

Eine neue Weltkarte?

- Jacques Lévy (Hrsg.), *L'invention du Monde* (Paris 2008).

S. 6 : Kartenverkäufer. Englische Porzellanfigur aus der zweiten Hälfte des 18. Jh.s

S. 9: Westeuropa und der Maghreb. Ausschnitt aus dem Wandfresko in der *Sala del Mappamondo* (Kartensaal) der Villa Farnese in Caprarola; Giovanni Antonio da Varese, genannt Venosino

S. 11: Empfang eines europäischen Gesandten beim Großwesir Damat Ibrahim Pascha. (Gemälde von Jean-Baptiste Vanmour)

S. 12: Allegorische Darstellung Europas (Stich von Julius Goltzius nach einer Zeichnung von Maarten de Vos, Antwerpen, Ende 16. Jh.)

S. 13: Allegorische Darstellung Afrikas (Stich von Julius Goltzius nach einer Zeichnung von Maarten de Vos, Antwerpen, Ende 16. Jh.)

S. 14–15: Heinrich Büntings Karte Europas in Form einer anthropomorphen Darstellung (1581)

S. 16: Allegorische Darstellung Asiens (Stich von Julius Goltzius nach einer Zeichnung von Maarten de Vos, Antwerpen, Ende 16. Jh.)

S. 17: Allegorische Darstellung Amerikas (Stich von Julius Goltzius nach einer Zeichnung von Maarten de Vos, Antwerpen, Ende 16. Jh.)

S. 18: Die Erde aus dem Weltall gesehen (Mercator-Projektion)

S. 21: Zentraler Teil einer Weltkarte von Samuel Thornton (um 1702–1707)

S. 24–25: Darstellung der Welt nach dem System von Ptolemäus (Gerardus Mercator, 1585)

S. 26–27: Weltkarte von Vuillemin in Mercator-Projektion (1857)

S. 29: Litosphärische Platten

S. 31: Der Grabenbruch bei Thingvellir (Island)

S. 33: Ägäis und Kleinasien (Francesco Grisellini, 1717–1787)

S. 34–35: Der Felsen von Gibraltar (Foto, um 1900)

S. 37: Plakat der Olympischen Spiele von London (1948)

S. 39: Die Trunkenheit Noahs (Mosaik in der Pfalzkapelle von Palermo)

S. 41: TO-Karte. Illustration zur Geografie des Isidor von Sevilla (Frz. Nationalbibliothek [BNF])

S. 42: Weltdarstellung auf einer babylonischen Tafel (7. Jh. v. Chr., British Museum)

S. 44: Karel van Mander, *Confusio Babylonica* (Stich, um 1598, BNF)

S. 45: Die unter Noahs drei Söhne verteilte Erde (Buchmalerei), Simon Marmion zugeschrieben (ca. 1459–1463, Kgl. Bibliothek, Brüssel)

S. 46: Die Mappa di Bedolina (Archäologiepark der Gemeinde Seradina-Bedolina, Norditalien)

S. 47: Nachzeichnung des Archäologen Miguel Beltran Lloris

S. 49: Weltkarte aus dem *Kommentar zur Apokalypse* (um 1050)

S. 50: *Mappa mundi* aus den *Grandes Chroniques de France* (um 1270, Bibliothek Sainte-Geneviève, Paris)

S. 53: Der Raub Europas durch Zeus in Stiergestalt (Griechische Kratervase, um 380 v. Chr., Museum für kykladische Kunst, Athen)

S. 55: Römisches Mosaik mit der Darstellung Afrikas (Casale, Sizilien)

S. 58–59: Noahs Trunkenheit (Mosaik in der Basilica di San Marco, Venedig)

S. 60–61: Die drei Söhne Noahs (James Tissot, zwischen 1893 und 1902, Jewish Museum, New York)

S. 63: Friedrich Herlin, Die Anbetung der Heiligen Drei Könige (um 1462, Museum Nördlingen)

S. 64–65: Mosaik der Heiligen Drei Könige (Basilica di Sant'Appolinare Nuovo, Ravenna, 6. Jh.)

S. 66: Martin Behaim, Erdglobus von 1492 (Faksimile, 19. Jh., BNF)

S. 67: Die Welt im Kopf eines Narren (aquarellierter Stich, um 1590, BNF)

S. 69: Afrika und Amerika auf der Weltkarte von Martin Waldseemüller (1507)

S. 71: Darstellung einer Karavelle (Guillaume Brouscon, 1548, BNF)

S. 72–73: Die Welt in einem Kleeblatt von Heinrich Bünting (1582, BNF)

S. 74: Gefälschte Karte von Vinland eines deutschen Jesuiten und Nazigegners, zwischen 1933 und 1935 (Universität Yale)

S. 76–77: Erstes Erscheinen des Namens America: Die Weltkarte von Waldseemüller (1507, British Library, London)

S. 79: Amerigo Vespucci (Detail einer Weltkarte von Waldseemüller)

S. 80–81: Cantino-Planisphäre (1502, Biblioteca Estense, Modena)

S. 83: Erste gedruckte Karte der Neuen Welt (Sebastian Münster, 1540)

S. 84–85: Brasilien im Atlas Miller (1519, BNF)

S. 87: Asien als Pegasus, Heinrich Bünting (1581, Darmstadt)

S. 88–89: Japanischer Wandschirm mit Darstellung einer Weltkarte (Ende 17. Jh., Stadtmuseum Kobe)

S. 90: Darstellung der vier Erdteile auf dem Coronelli-Globus (BNF)

S. 93: Der Ural als Grenze zwischen Europa und Asien (Ausschnitt aus der Asienkarte im Atlas von Malte-Brun, Garnier Frères, Ausgabe von 1860)

S. 95: Die vier Rassen in einem Grundschulbuch (1947, Librairie Gründ)

S. 96–97: Die menschliche Rasse und ihre Haupttypen (Charles C. Savage, 1854, Cornell University)

S. 98: Das Lob der Gleichheit der Menschen (Radierung aus der Revolutionszeit, 1789, Musée Carnavalet)

S. 101: Deckenfresko der Wallfahrtskirche von Steinhausen (1731, Johann Baptist Zimmermann)

S. 105: Frontispiz aus dem Atlas von Abraham Ortelius (Antwerpen 1595)

S. 106: Allegorie der vier Kontinente (18. Jh., Museum der Neuen Welt, La Rochelle)

S. 109: *Die Anbetung der Könige* von Velasquez (1619, Prado)

S. 110–111: Fresko im Mittelschiff der Kirche Sant'Ignazio in Rom (Andrea Pozzo, Ende des 17. Jh.s)

S. 113: Die Wunder des hl. Franz Xaver, Rubens (1619, Kunsthistorisches Museum Wien)

S. 114: Amerika auf G. B. Tiepolos Deckenfresko im Treppenhaus der Residenz Würzburg (1752)

S. 115: Amerika im Schlosspark von Versailles (Skulptur von Gilles Guérin, 1675)

S. 116: Afrika im Schlosspark von Versailles (Skulptur von Jean Cornu, 1682)

S. 117: Europa auf G. B. Tiepolos Deckenfresko im Treppenhaus der Residenz Würzburg (1752)

S. 118: Mosaik der vier Flüsse in der Nikolauskapelle der Stadt Die (12. Jh.)

S. 119: Ausschnitt aus dem Mosaik In der Kapelle von Die

S. 120–121: Vierströmebrunnen von Bernini, Piazza Navona in Rom (1648–1651).

S. 123: Statuen des ehemaligen Palais du Trocadéro (1878)

S. 123: Die vier Erdteile: Figuren aus Hartporzellan nach einem Entwurf von Johann Andreas Herrlein (1720–1796), (Fuldaer Porzellanmanufaktur, 1780er-Jahre, ca. 25 cm hoch)

S. 124–125: *Die Vier Kontinente* von Rubens (um 1615, Kunstistorisches Museum Wien)

S. 126: Der Springbrunnen des Pariser Observatoriums (1874)

S. 127: Die Vier Erdteile – Afrika (Jean-Baptiste Oudry, Öl auf Leinwand, 1724)

S. 129: Kapitän Cooks Schiffe *Resolution* und *Adventure* in der Bucht von Matavai auf Tahiti, 1773–1774 (Gemälde von William Hodges, National Maritime Museum, London)

Abbildungen

Register

Bildnachweis

Titelseiten: Katalanischer Atlas, Abraham Cresques, 1375. Foto Coll. Archives Larousse; S. 6-7: Foto © Metropolitan Museum of Art, New York; S. 9: Foto © Bridgeman Images/Leemage; S. 11: Foto © Christie's Images/Bridgeman/Leemage; S. 12-13 et 16-17: Foto © The Metropolitan Museum of Art, New York; S. 14-15: Foto Coll. Archives Larousse; p. 19: © Worldsat International/SPL/Cosmos; S. 21: Foto © The New York Public Library; p. 24-25: Foto © Archives Larousse; S. 26-27: Foto Coll. Archives Larousse; S. 28-29: © NOAA; S. 31: Foto © Bernhard Edmaier/SPL/Cosmos; S. 32: Foto © De Agostini/Leemage; S. 34-35: Foto © Coll.Ch.Goeury/Adoc-Photos; S. 37:Ph. O.Ploton © Archives Larousse; S. 39: Foto © Luigi Lunifosi/La Collection; S. 41: Foto Coll. Archives Larousse; S. 42: Foto © Aisa/Leemage; S. 44: Foto Coll. Archives Larousse; S. 45: Bibliothèque royale de Belgique, Bruxelles. Foto Coll. Archives Larbor; S. 46: Foto DeAgostini/Leemage; S. 47: © Agenzia Turistico Culturale Comunale di Capo di Ponte; S. 49: Foto Coll. Archives Larbor; S. 50: Foto © Bridgeman Images; S. 53: Foto Coll. Archives; Larousse; S. 55: Foto © DR; S. 58-59: © Luisa Ricciarini/Leemage; S. 60-61: Foto © The Jewish Museum, New York; S. 63: Foto © Interfoto/La Collection; S. 64-65: Foto © Luisa Ricciarini/Bridgeman Images; S. 66: Foto Coll. Archives Larousse; S. 67: Foto © Natioal Maritime Museum, Greenwich/Leemage; S. 69 und ebd. S.76-77: © Heritage Images/Leemage; S. 71: Foto Coll. Archives Larbor; S. 72-73: Foto Coll. Archives Larousse; S. 74: Foto © Yale University; S. 79-77: Foto Coll. Archives Larbor; S. 80-81: Foto Coll. Archives Larousse; S. 83-81: Foto © Barry Lawrence Ruderman Antique Maps; S. 84-85: Foto Coll. Archives Larousse; S. 87: Foto Coll. Archives Larousse; S. 88-89: © Kobe, City Museum/Dist. La Collection; S. 90: Foto Coll. Archives Larousse; S. 93: © Gusman/Leemage; S. 95: Foto Coll. Archives Larousse – DR; S. 96-97: Foto © Cornell University, Ithaca; S. 98: Foto © Archives Larbor; S. 101: © Erich Lessing/AKG-images; S. 105: Foto Coll. Archives Larousse; S. 106: Foto © Josse/Leemage; S. 109: Foto © Josse/Leemage; S. 110- 111: Foto © Andrea Jemolo/AKG-images; S. 113: © Musée du Vatican, Rome/Coll. Archives Larbor; S. 114: Foto © Erich Lessing/AKG-images; S. 115: Foto © RMN-Grand Palais (Château de Versailles)/ Daniel Arnaudet; S. 116: Foto © RMN-Grand Palais (Château de Versailles)/Daniel Arnaudet; S. 117: Foto © Erich Lessing/AKG-images; S. 118: Foto © Jean Bernard/Leemage; S. 119: © Jean Bernard/Leemage; S. 120- 121 Foto © Hervé Champollion/AKG-images; S. 123 o. g: Foto O. Ploton © Archives Larousse; S. 123 o. d: Foto O. Ploton © Archives Larousse; S. 123 u.: Foto © The Metropolitan Museum of Art, New York; S. 124-125: Foto © AKG-images; S. 126: Foto Olivier Ploton © Archives Larousse; S. 127: Foto © Christie's Images/Bridgeman Images; S. 129: Foto Coll. Archives Larbor; S. 133: Foto Coll. Archives Larbor; S. 134-135: Foto © Archives Larbor; S. 136: Foto Coll. Archives Larousse; S. 137: Foto Coll. Archives Larousse; S. 138: © D.R.; S. 139: Bibliothèque Sainte-Geneviève, Paris. Foto Coll. Archives Larousse; S. 140: Foto Coll. Archives Larousse; S. 141: Foto Coll. Archives Larousse; S. 142- 143: Foto © Cornell University Library, Ithica; S. 144: Foto © National Library of Australia, Canberra; S. 146-147: Foto Coll. Archives Larousse; S. 148 ht: © Fototeca/Leemage; S. 148 u.: © D.R.; S. 149: Prod. Nero-Film. Foto Coll. Archives Larousse; S. 150-151: Foto © Fototeca/Leemage; S. 152: Prod. Nero-Film AG, Berlin Internationale Filmgesellschaft. Foto Coll. Archives Larousse; S. 153: Foto Olivier Ploton © Archives Larousse – DR; S. 155: Foto Olivier Ploton © Archives Larousse; S. 156-157: Foto © Heritage Images/Leemage; S. 158-159: Foto Coll. Archives Larbor; S. 161: Foto © Service historique de la Défense, Vincennes; S. 163: Foto Coll. Archives Larbor; S. 164: Foto © Roger-Viollet; S. 167: Foto Coll. Archives Larbor; S. 168: Foto Library of Congress, Washington; S. 169: Foto Library of Congress, Washington; S. 170: Foto Coll. Archives Larousse; S. 171: Foto Coll. Archives Larbor; S. 173: Foto © DR; S. 174- 175: Foto Privatsammlung; S. 177: Foto Privatsammlung; S. 178- 179: Foto Privatsammlung; S. 180: Foto © Barry Lawrence Ruderman Antique Maps, La Jolla; S. 181: Foto © Cornell University Library, Ithica; S. 182-183: Foto Coll. Archives Larbor; S. 184: Foto © The Metropolitan Museum of Art, New York; S. 187: Foto © SuperStock/Leemage; S. 191: Foto O.Ploton © Archives Larousse; S. 192: Illustr. von Adolphe Millot - Archives Larousse; S. 193: Foto Coll. Archives Larousse; S. 194- 195: Foto © Cornell University Library, Ithaca; S. 196: Foto © Kyoto, Ryukoku University/Dist. La Collection; S. 198- 199: Foto Library of Congress, Washington; S. 200- 201: Foto Library of Congress, Washington; S. 204- 205: © Biblioteca Ambrosiana, Milan, Auth. No Int 12/09; S. 207: Foto © RMN-Grand Palais/Daniel Arnaudet. © Etienne Hauville-DR; S. 208: Foto Coll. Archives Larousse – DR; S. 209: Foto © Bridgeman Images; S. 210: Foto Coll. Archives Larousse; S. 213: Foto Coll. Archives Larbor; S. 214- 215: Foto © Alamy Images/Photo12.com; S. 218- 219: © The Art Archive/Biblioteca Nazionale Marciana/Gianni Dagli Orti; S. 222- 223: Foto © Cornell University Library, Ithaca; S. 225: Foto © Earth Observatory/Nasa; S. 230- 231: Foto © Nasa; S. 233: Foto © Belal Khaled/NurPhoto via AFP

Die französische Originalausgabe ist 2020 bei Editions Larousse, Paris unter dem Titel *L'invention des continents et des océans. Histoire de la représentation du monde* erschienen.

Die Deutsche Nationalbibliothek verzeichnet diese Publikation in der Deutschen Nationalbibliografie; detaillierte bibliografische Daten sind im Internet über www.dnb.de abrufbar.

wbg THEISS ist ein Imprint der wbg.

Die Herausgabe des Werkes wurde durch die Vereinsmitglieder der wbg ermöglicht.

Redaktion und Satz: Dr. Rainer Schöttle Verlagsservice, Neufinsing
Einbandgestaltung: Jens Vogelsang, Aachen
Einbandabbildungen: Vorderseite: Jodocus Hondius, *Typus orbis terrarum*, © Archives Larousse; Rückseite: Windrose aus einem Portulan des 16. Jahrhunderts, ©Roger-Viollet
Gedruckt auf säurefreiem und alterungsbeständigem Papier
Printed in Europe

Besuchen Sie uns im Internet: www.wbg-wissenverbindet.de
ISBN 978-3-8062-4344-4